中华文脉
SINIC CONTEXT

从中原到中国

王战营 / 主编

U0112590

至味中国

饮食文化记忆

王仁湘 著

中原出版传媒集团
中原传媒股份公司

河南科学技术出版社

图书在版编目（CIP）数据

至味中国:饮食文化记忆 ／ 王仁湘著.—郑州:河南科学技术出版社，
2022.2（2023.4重印）
（中华文脉:从中原到中国）
ISBN 978-7-5725-0651-2

Ⅰ.①至… Ⅱ.①王… Ⅲ.①饮食－文化－中国 Ⅳ.①TS971.202

中国版本图书馆CIP数据核字(2021)第276096号

出版发行：河南科学技术出版社
地　　址：郑州市郑东新区祥盛街 27 号 邮编：450016
电　　话：（0371）65788613　65788685
网　　址：www.hnstp.cn

出 版 人：张　勇
责任编辑：杨秦予　冯俊杰
责任校对：李振方
封面设计：张　伟
内文设计：李新坡
责任印制：牟　斌
印　　刷：河南博雅彩印有限公司
经　　销：全国新华书店
开　　本：720 mm×1020 mm　1/16　印张：19.25　字数：288 千字
版　　次：2022 年 2 月第 1 版　　2023 年 4 月第 3 次印刷
定　　价：78.00 元

如发现印、装质量问题，影响阅读，请与出版社联系调换。

前言

书写饮食史，书写饮食文化，并不是一件轻松的事。俗话说：三辈子做官，才懂得吃穿。虽然我品尝过国宴，也常下老百姓的"苍蝇馆子"，经历过三年困难时期，但我也很难说自己懂得了吃这个行当，况且我没有当过官，体会不到做官与吃穿那种微妙关系。

虽没有那样的经历，却并非就不方便来说说滋味。吃得不够，但书我却是读了一些，在故纸堆爬过，我由考古一途又多了些感悟。所以说，我与往古飘香的滋味不期而遇。

牛年（2021 年）春节，我在央视开讲，谈的是饮食，而且是饮食考古。与编导商议的主题，就是吃什么，怎么烹饪，如何去吃，涉及食料、炊具和食具，正好可以发挥自己考古的特长。我当时说，考古发现的器具，多数都与饮食有关，但习惯上却并不与饮食作关联研究，更何况考古中还出土不少食物与庖厨遗存，还有不少艺术品如壁画和雕塑都与饮食有关，都是可以深入研究的好资料。

本书中的许多篇章，都是以考古资料为依托，有食物，也有食具，所以，也可以认为这是一部"有味道"的文化读物。考古不仅让历史有形有色，而且还有声音，有味道。书中附有不少插图，也都得益于考古的发现。

但凡要书写饮食，首先不能忽略了食料，这关系到食物的生产，还会涉及物种的传播过程。食物生产除了包括获取食料，还包括烹饪技法的运用，调味原则的创立。有了食物就有了相关的进食规范，饮与食的器具随之完善起来。与饮食过程相应的礼仪规范也逐渐建立起来，其中很难说哪一个方面最重要、最关键，它们其实是缺一不可、相辅相成的。

当然，与饮食过程相关联的，还有饮食的态度、饮食的观念，特别是对饮食的认知程度，这也是历代食客都十分注意的问题。

还有非常重要的一点，就是饮食其实表现为阶段性的提升，而这种阶段性总是与科学水平的提升有关。例如，同样都是熟食，陶器时代与铜器时代有明显的不同，而到了铁器与瓷器并行的年代，人们得到的食物更是不同。这样也就逐渐改变了人的味觉体验，也随之改变了人对饮食的认识。

饮食与科学相关，也与艺术相关。没有科学与艺术的观照，我们无法想象人类的生活会成为什么样子，吃什么，怎么吃，可能不会有我们所能看见的餐桌风景。

与科学和艺术相关的过去的一切，都已经成为历史，但饮食所创造的文化，却绵延不绝地展现着新的内涵。忘不了的是那些滋味，忘不了的是那些传统。将饮食定义为文明的重要驱动力，我想读者应当不会有什么异议。

我们对于传统文化的记忆，不能没有饮食记忆。一部书写中国饮食文化的书，不能不写出味道，要写味中味，还要写味外味，这才可称为至味。这一部《至味中国：饮食文化记忆》，也是我对以往研究的一个梳理，虽然并没有太新鲜的说辞，却也考虑要面面俱到，例如，时间轴要顾及由史前到明清，社会层面要讲王侯将相与平民百姓，但这样一来，就显得有些庞杂了。我们知道滋味是丰富的集合体，味觉也适应着丰富的滋味，获得不同的感官刺激。那我们何不将这样的庞杂当作一碗五侯鲭来品尝，也许就能获得至味的感受来。

王仁湘

二〇二一年八月

目　录

第一章
火食之道

人类在旅途已经走过了百万年的岁月。人一代代地繁衍，最基本的需要是饮食。作为个体的人天天要有饮食补给，作为群体的人不断在这补给中发展科学与文化，推动了历史前行。

茹毛饮血是人类经历的漫长无火饮食时代的生动写照，火发明以后，人类开启了火食时代。农耕和制陶的发明，使人类迈进了科学饮食时代。

一、人猿相揖别

人类与其他动物共同生活于地球，在地球上各自展开自己的生命旅程。人也属于动物一类，当然是最高等的动物，人与其他动物形体不同，生存方式也不同。

人类与动物的不同，关键的区别在哪里？对于这样一个人兽分野的重大命题，中国古代先哲早有认识。如《列子》中云："有七尺之骸，手足之异，戴发含齿，倚而趣者，谓之人。"《礼记·礼运》则引孔子言说："故人者，天地之心也，五行之端也，食味、别声、被色而生者也。"

这里所说的人之为人，即是说手足功用不同，用两足行走，有语言能力，饮食讲究滋味，还采用与一般动物不同的饮食姿态，这就是区别于动物的人。简短的话语既说明了人与兽的形体差异，也列举了行为方式的区别，应当算作较为完备的解释了。

细一想来，人平日可以粗茶淡饭，却总要追求适口的滋味，五味咸酸苦辣甜，一味不可少。人有时可以狼吞虎咽，却总要聆听席不正不坐、割不正不食的教诲，这就是食之有仪。而一般的动物呢，还有与我们很像的猩猩们呢，它们就没法与人相提并论了。

我们注意到以往古人类学家探究人类起源问题，将注意力集中到两足行走的起源上。学者们认为，两足行走的形成，不仅是一种生物学上的重大改变，而且是一种重大的适应性改变。甚至有人这样说：所有两足行走的猿都是"人"。这种说法虽然很绝对，却也有一定道理。

这样说的依据，是因为两足行走的猿，在获取食物时采用的方式与过去不同了，在环境改变后这应当是一种更有效的行为方式。我们可以做出这样的推测：由于气候环境的变迁，由树居改为地面生活的猿类，在寻找食物的过程中形成了简单的劳动，促使前肢分化为手，后肢分化为脚，最终站立起来直立行走，这一走，就走出了猿群，完成了从猿到人的根本性转变。人猿相揖别，也许就在这个时候。

从这个意义上说，直立行走是人类祖先从事食物生产过程中获得的一项重大改变。直立行走以后，猿人的视野大大扩展了，大脑逐渐发达起来，语言也从更大范围的交往中产生，劳动也愈来愈具创造性，这种创造性劳动的标志之一，就是工具的制作。掌握制作工具技能是人类智慧最集中的体现，也是人类社会得以不断发展进步的根本动力之一。

人与动物的区别，看似明显，却又不容易表述清楚。动物中有等级高低的分别，有生物学家将指头和趾端带扁甲、大指与其余各指具有对掌功能、上下颌各有两对门齿的哺乳动物，称为灵长目动物，这便是最高等的哺乳动物。各类猿与猴都属灵长目，人也位列其中。作为动物的人，虽然与猿猴同列在灵长目之内，但人与一般的灵长类动物又有着根本的不同。

在一些古人类学家看来，人与一般灵长类动物的本质区别，在于人会使用工具，所以人被称为"使用工具的动物"。还有的学者则更明确地将人界定为制造工具的动物，认为在工具问题上，人与动物之间存在着"根本无法估量的差距，无论动物使用什么样的工具，这些工具绝不是它们自己制造的"。

有的学者通过对黑猩猩的实验观察，发现类人猿能够使用和制作简单工具。例如黑猩猩会用木棒作杠杆，会用木棒挖掘东西，会将两根短木棒连接成一根长木棒，用这样制作出来的长木棒获取手臂拿不到的食物。

人们也注意到这样一个事实：人使用工具是个积累和进步的过程，但类人猿却并非如此，它们只是一代代地重复那些简单的技能而已，在经验上没有积累，它们在使用工具上没有产生连续性的心理过程。人类的每一代都继承了前辈的工具和技术，并不断创造更新，正是这种技术的积累与进步，使人不仅脱离了动物界，而且使人逐渐由野蛮状态进入到文明时代。对此，美国学者约翰·杜威曾经在《哲学的改造》一书中写下这样一段话："人由于保存了他以往的经验而与低等动物相区别……对动物来说，经验是随生随灭的，而每一种新的活动和经验都是孤立的。但人却生活在这样一个世界中，其中，每个都与对以往存在过的事物的反响和回忆相关，而每个事件都是对其他事物的提示，因此，人不像野生动物那样，生活在一个单纯的实在事物的世界里，而是生活在一个象征与符号的世界之中。"

许多动物都会收集和储藏食物，我曾在野外发掘中发现大量鼠洞，洞中存满了老鼠们辛辛苦苦运来的老玉米，它们要为度过寒冬准备足够的食物。我还曾在夕阳下观察蜘蛛忙于结网，一副胸有成竹的样子。它有时还没等到网完全织好就能有所收获，总有倒霉的飞虫自投罗网。蛛网有精巧的经纬布丝，蜘蛛还会在日落日出时修补残破的网。这小生灵有时甚至能捕捉到蜥蜴，它会将猎物用蛛丝粘捆起来，存到它认为妥当的地方，等到饥饿时再美美地享用。

看到蜘蛛，又让人很自然地想起蜜蜂来。蜜蜂从树木花朵取材，造出精致的蜂房，酿出甜美的蜜。蜘蛛和蜜蜂，一个是总有收获的布网狩猎者，一个是职业的采花酿蜜者，它们都会制作生产食物的工具，甚至都是与灵长目毫不相干的低等动物。其实几乎包括所有的动物，还有许多植物，都有大小不同的类似获取食物的本领。人本来也是属于自然界动物中的某一类的，但是人类不断发展着生产食物的技能，而不是像蜘蛛和蜜蜂那样重复着祖祖辈辈那样的唯一技能，这也许是人不断进步的一个重要原因。人由采集到狩猎、畜养、农耕，在更新食物生产方式的过程中不断进化。

人是动物，人有动物般的血肉之躯，有与灵长类动物相类似的生理机能。但人又不是一般的动物，而是最高级的、最特殊的动物。人有能动地认知世界、认知自身的心智，有改造世界、完善自我的能力。人还拥有自己的社会、历史与文化，人是世间万物的主宰。许慎《说文解字》中云："人，天地之性最贵者也。"斯言是矣。

　　人与动物的区别，尤其是与类人猿的区别，不仅是在使用与制作工具之类技能上。美国哈佛大学的学者艾萨克曾发表过这样的观点：至少五项行为模式将人类和我们的猿类亲戚分开了，一是两足行走的方式，二是语

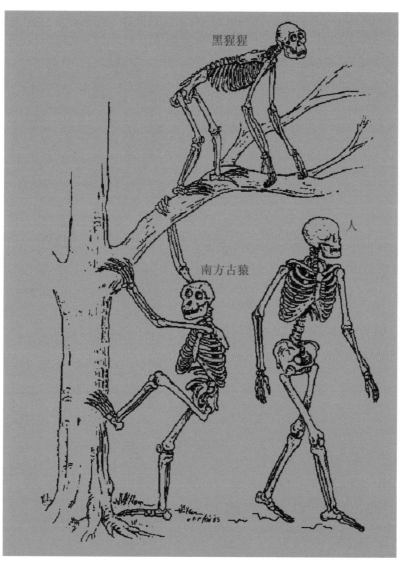

猩猩与人：不同的行走方式

言，三是在一个社会环境中有规律有条理地分享食物，四是住在家庭营地，五是猎取大型动物。

这个说法特别强调了人的社会属性，强调了人的群体活动特性。对于早期人类这五项行为模式，其中的每一项都可以充分展开细作讨论，如语言和居住方式问题，不是三言两语能解说明白的，这里我们可以重点关注一下两足行走、分享食物和猎取大型动物这三项行为模式。这三项行为模式与饮食生活密切相关，说明人与兽的分野在很大程度上是通过饮食活动显现出来的，猎取大型动物、分享食物都是早期人类的生活规则。

科学家们认为，劳动是人类祖先具备的一种特殊的适应手段，正是劳动，才使生物演化转变为社会演化，后者成为人类发展的根本动力。劳动筛选并保存了人类祖先机体遗传基因的有利突变，劳动选择了人，劳动保存了人，劳动作为人类的一种适应方式，正是人类先祖所具备的潜能发展的产物。恩格斯在《劳动在从猿到人转变过程中的作用》中说，劳动是整个人类生活的第一个基本条件，它的意义达到了这样的程度，"以致我们在某种意义上不得不说：劳动创造了人本身"。

需要说明的是，作为早期人类进化动力的劳动，一般指的就是人类维持生存的各种生产活动，其中最主要的就是获取食物的生产活动，如采集、狩猎、谷物栽培和烹调等。考察史前人类食物生产活动的方式、过程及其变化，正是考古学研究的一个重要的内容。通过考古研究，人猿揖别的过程可以解释得非常清楚。

我们可以说，吃是早期人类进化的必经之途，从一定角度看，是吃的方式、吃的内容、吃的观念不断变换，使得人类体质、社会、文化的进化获得了强劲的动力。吃改变了人，也改变了人类社会与文化，而且促进了科技的发展与进步。

二、咀嚼改变容颜

人类最早的活动，都与生计有关，与获取食物有关。旧石器时代的狩猎活动，对人类社会及人类自身发展的影响是巨大的，狩猎行为的终极目标是开发食物资源，但它起到的作用却比获取食物要大得多。

可以推想，人类在追寻猎物的过程中逐渐加深了对自然界的了解。他们要弄清各种动物的生存与活动的规律，以确定捕猎的地点与时机。此外，人们还要根据不同的狩猎对象，设计不同的捕获方法，不断改进工具。在追捕猎物的过程中，人们知道自身的奔跑速度不如动物快，急切寻求超越自身、超越动物速度的武器，石球、投枪、弓箭等或许就是在这样的思考中发明的。在长途追猎中，猎手们要携带足够的水，于是发明了皮囊之类的容器。狩猎行为就是这样发展了人类的智力，使人手与脑的配合越来越协调。肉食不仅促进了脑与手的进化，也促进了工具的进步。

狩猎活动不仅改善了人类的大脑思维，还大大促进了人类体质方面的进化。有研究者认为，人类正是在追捕猎物的过程中逐渐脱去了体毛，将自己的外表与动物明显区别开来。体毛阻碍了人类在剧烈活动中的散热要求，脱毛也就成为人类追求美味肉食的结果。也有人认为，人类体毛是在熟食的作用下脱去的。这里的熟食指的自然也是肉食，从这个意义上说，人类进化的

从猿到人的体质变化

脱毛过程与结果，确实与狩猎有着非常紧密的联系。

狩猎作为获取肉食的活动，还要求有意义重大的社会结构和合作。有效的出猎，要有恰当的组织方式，有时甚至在不同的族群之间进行协调动作，这样，人类在共同的狩猎活动中又发展了交往技能。

我们从学者的研究成果中可以知道，狩猎活动在人类进化过程中的作用十分重要。达尔文在《人类的由来》一书中曾明确提出了这样的观点：用人造武器狩猎是人真正成为人的因素之一。这个道理是再明白不过的了，饥饿的狩猎者行猎的结果，解决的不仅仅是饥饿问题，更改变了人类自己。

人是有人样的，从表面形象看，人之为人，确实首先在用双足行走。人的面容与猿类区别也很大，面部主要特征为短吻。直立人在牙齿上的变化很有特点，前部牙齿增大，后部牙齿减小，成为与南方古猿最显著的区别之一。

显然，人类牙齿的这种变化可能与食性的改变有关，经常性的肉食取代了过去那些植物性食物，食物制备技术有了一定发展，使得咀嚼时后部牙齿用得较少，结果下颌骨和面部相关骨结构变小，人的吻部自然也就向后收缩了许多。收缩了外凸的吻，人类的面容便与猿类产生了明显的差别，

从猿到人吻部的变化

慢慢获得了如今平正而和善的脸庞。

咀嚼自然是一种饮食活动，直立人咀嚼方式的改变，是食性改变的结果，也是食物原料改变的结果。换句话说，是人类由采集者进化到狩猎者的结果，是扩大的肉食来源改变了人的容颜。

就体质形态而言，人类的改变面对的是进化，但也是明显的退化。从这个意义上讲，人类的进化的确可以看作是一种退化。我们现代的食品，有越做越精的趋势。而我们的牙齿，用处也就会越来越小，咀嚼越来越省力，牙齿的继续退化将是不可避免的了。这就让人担心，人类进食时咀嚼的力度越来越小，将来吻部也许还会发生明显变化，会不会前伸回复到古猿时代的模样呢？这让人感到有些不可思议，好在未来非常遥远，我们现在不必为此忧心。

三、古猎人寻踪

考古发现告诉我们，生存在百万年前的人类祖先，已经会制造包括打制石器在内的原始工具，开始了人类漫长的进化旅程。在同大自然的艰苦搏斗中，人类积累了越来越多的智慧，使自己成为最高级的动物。一般动物都有独特的获得食物的方式，以维持自己的生存。动物之间的弱肉强食，就是一种最典型的生存竞争形式。人类早期的生活，时刻都处在这种竞争当中。

我们知道，有许许多多在形体上和力量上远远超出人类的动物，但是它们都没有可能战胜人类，相反人类却依靠群体的力量与智慧战胜了它们。比如庞大的犀牛、凶猛的剑齿虎，都曾经是人类早期的腹中之物。正如《吕氏春秋·恃君览》中所云："凡人之性，爪牙不足以自守卫，肌肤不足以捍寒暑，筋骨不足以从利辟害，勇敢不足以却猛禁悍。然且犹裁万物，制禽兽，服狡虫，寒暑燥湿弗能害，不唯先有其备，而以群聚邪。群之可聚也，相与利之也……"凭借群体的力量，人类制服了禽兽万物，战胜了寒暑燥湿。

围猎，许多人围起来，同时向野兽发起进攻，这是人类最初猎取大小

史前狩猎图

动物的主要方式。那时虽然没有哪怕是最原始的弓箭，或者连最有效的陷阱也没有被挖掘，但是人们可以将动物驱赶进泥沼中，或使它们跌下高高的悬崖，然后再捉来美美地享用。这种狩猎方式在即便有了投枪、弓箭等进步武器的时代，也十分有效，充分显示了人类群体的力量。在内蒙古阴山和云南沧源地区发现的许多古老的岩画中，都能看到这种围猎活动的壮观场面。

有古人类学家说，早期人属的体质显示出对肉食的积极追求，他们多数可能是精明的猎手。为了确定人类是何时开始运用采集狩猎方式维持自己的生存，古人类学家仔细分析化石和考古资料中透露出的信息。生活在不同环境中，会有不同的食物来源，采集和狩猎的对象有着明显的区别。人类学家发现在多数现存的采集狩猎者社会中，有明确的劳动分工，女人负责采集植物类食物，男人几乎个个都是猎人。远古时代的情形，也并不难以考查，考古已获得了许许多多的证据，它们为了解史前猎人的行为提供了足够的资料。

在山西芮城的西侯度旧石器时代早期遗址，人们发现了生活在 180 万年前的西侯度人制作的打制石器，还发现了带有切割痕迹的鹿角和烧烤过的动物骨骼等，不少兽类的头骨因敲骨吸髓被砸碎。西侯度人使用粗糙的石器猎获各种动物，将猎物烧烤后作为食物。考古学家所见的动物骨骼鉴定出的种属主要有纳玛象、野猪、鹿、披毛犀、野牛和羚羊等，它们中的大部分应当是西侯度人的猎物。

考古学家在云南的元谋人遗址也发现了许多哺乳动物肢骨化石的碎片和烧骨，表明元谋人的食谱主要是由他们中的猎人建立起来的，元谋狩猎者的猎获物中较重要的有野猪、水牛、马、剑齿象、豪猪和各种鹿类，以食草类动物为主。

在陕西蓝田人遗址见到的动物化石有三门马、大熊猫、野猪、斑鹿、剑齿象、剑齿虎、中国貘、爪兽、硕猕猴和兔等，这些应该是当时人们吃的肉食。

北京人的洞穴里也有大量的各种哺乳动物化石，这些都是人们的猎物，

打制石器的旧石器时代猎人

其中鹿类化石的个体多达 3000 头，狩猎鹿类也许是北京人独有的嗜好，也许是当时人们生活中的鹿类太多的缘故，也许是捕猎鹿类较为便利。不过，鹿类行动迅捷，捕获是非常不容易的。有人类学家认为，史前人类捕获鹿类的有效方法是不停地追赶，美洲印第安人追赶鹿群时，追到它精疲力尽而倒地，鹿的蹄子都完全磨掉了，由此可见猎人们的韧力，为获得猎物他们付出的体力该有多大！

在北京人这些猎人的洞穴中，还发现了火烧过的朴树籽，朴树籽是他们的食物，是从大自然得来的采集品。

北京人洞穴中发现的烧骨和朴树籽

人类最早的狩猎方式，有追赶、围捕、设置陷阱、击打等法。到了旧石器时代中晚期，一些专用的狩猎武器发明了，投枪、石球和弓箭成为猎人手中的新型武器。在山西峙峪和下川两处旧石器遗址都出土了石片打制的箭头。弓箭的使用，在旧石器时代是一件非同寻常的事，有的学者将它的发明视为"蒙昧时代高级阶段开始的标志"，也是旧石器时代的猎人走向成熟的标志。史前猎人们可能还掌握了火攻的方法，天性惧火的动物常常逃脱不了灭亡的命运。中国北方早期智人丁村人还会用石球做成一种飞石索，可以猎获奔跑迅捷的鹿类。

对于旧石器时代的狩猎者来说，不同年代的猎获物是有区别的，这多半不是由他们的嗜好决定的，常常是由他们的能力与狩猎方式的成效决定的。早期旧石器时代的人类只掌握简单的狩猎方式，群体组织也比较弱小，在猛兽面前往往无能为力。他们选择的捕猎对象，常常是猛兽中的老弱幼小者，如北京人遗址里发现的肿骨鹿老幼个体有 2000 头之多。北京人对食草类和杂食类动物表现有较高的兴趣，优先猎取它们之中的老弱者。

旧石器时代中期人类生活的环境有了改变，一些重要的哺乳动物，如剑齿虎、肿骨鹿、硕豪猪等绝灭了，人类的食谱中不见了早先的一些动物，同时也出现了一些过去少见和不见的动物，如野马、野驴、赤鹿等。这个时代的狩猎水平有了很大的提高，在大同盆地边缘生活的许家窑人，以野马为主要的捕猎对象，他们因此被称为旧石器时代的"猎马人"，在他们生活的地点发现的动物化石数以吨计，这都是当时的庖厨垃圾。生活在汾河岸边的丁村人，除了捕获犀、鹿、野马、牛等哺乳动物外，还以鱼类为食，捕获的鱼有的长达 1 米以上。旧石器时代晚期人类有了弓箭，使用弓箭的峙峪人主要的猎物是野马和野驴，所以他们也被称为"猎马人"。

河套人的猎物以羚羊为主，可以称之为"猎羚羊人"。

但在很多时候，猎人们常常空手而归，幸运的机会很少降临。实际上还有一些人类学家不认为早期人类有着有效的狩猎行为，他们的肉食来源是动物的死尸。

山林草莽是游猎的理想场所，池沼湖泊中也有人们所需的食料。那里有丰富的游鱼虾蚌，是又一可观的食物来源地。最难征服的还是那些机警的飞禽，它们有令人羡慕且久久渴求的翅膀。人类最先发明的高速武器弹弓和弓箭，可能多半是用来对付它们的。尽管一些候鸟具有从北方远飞到南方的本领，但它们产下的卵却常常成为原始人的美味。《太平御览》引《括地图》说："夏后之末世，民始食卵，孟亏去之，凤凰随焉……"吃鸟蛋似乎非仁非义，鸟中之王凤凰不忍睹此情景，愤然离去，这当然是没有根据的说法。此说还将人们开始食卵的时代定在夏禹之世，显然也太保守了。

除了动物，人类更可靠的食物来源还是植物，是长在树枝上、结在藤蔓上、埋在地下的各类果实。在这些果实一时寻觅不到的时候，人类便不由自主地把注意力转向植物茎叶，选择品尝那些适合自己口味的茎与叶。不知通过多少代的努力，才择选出一批批可食植物及其果实。

渔猎与采集便如此结合起来，这样的生产方式成为早期人类获取食物的主要途径。

研究表明，人类的谋生方式大约可以区分为五种形态，它们出现的时段不同，从早到晚依次是采集和狩猎、初级农业、畜牧业、精耕农业和工业。除采集和狩猎为向自然索取食物外，其他四种谋生方式都是高级别的食物生产。环境决定着人类的谋生方式，人类生存环境在不同时期的变化，使得人类的谋生方式会发生一定的改变，或主要采用一种谋生方式，或兼取两种与多种方式。"人类不是生来就清白无罪的"，为了说明人类早期的狩猎生活，有人类学家曾发出这样的感叹。还有的人类学家甚至做出过这样的形象比喻：原始人类生活的整个更新世，不断沿着一条石头和骨头的踪迹前进，石头就是人类的武器，而骨头则是人类的庖厨垃圾。人们用石头作武器，猎取各种动物为食，维持自己的生存。考古学家也正是由那些以百万年计的庖厨垃圾中，获得了远古狩猎者的许多信息。

最早的人类是从动物群中分化出来的，虽然不再与动物为伍，为了生存与发展，却依然要与动物同行，他们要从动物身上获取相当部分的能量，这使得他们一代代地成为狩猎者，用动物的血肉强壮自己的体魄。

先民最早的经常性的生产活动，是通过采集和狩猎获取食物。对男子而言，他们每个人都是勇敢的猎人。有人曾做过这样的估算：从古到今在地球上生活过的人有 800 亿之众，而 700 亿以上的人为狩猎兼采集者。

有的古人类学家认为，人类在发明石器工具以后，突然能得到以前无法得到的食物。这样，他们不仅能扩大他们的觅食范围，而且增加了成功地生育后代的机会。生殖过程是一种消耗很大的活动，扩大膳食包括肉类，会使生殖过程更加安全。肉食对史前人类是如此的重要，对生殖繁衍、对体质进化，都有非常重要的作用。恩格斯曾指出，肉食在人类形成过程中具有重要意义，肉类有丰富的营养，它缩短了消化过程，有效地保存了人的精力与活力，对大脑的发育也产生了重要影响。肉食还推动了两个有重大意义的进步，即火的使用与动物的驯养。

早期人类的进化对肉类的需求很高，特别是脑的发育。脑量的增加需要靠提高能量供应来实现，肉类是热量、蛋白质和脂肪的集中来源，只有在食物中提高肉类的比例，早期人类才可能形成超过南方古猿的脑量。

到了新石器时代，狩猎仍然是重要的生产活动，有的遗址出土大量骨制箭镞，证实人类肉食的来源在很大程度上还要依赖猎物。

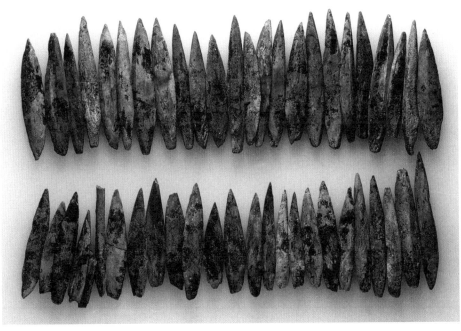

浙江海宁出土的骨制箭镞

四、茹毛饮血的时代

刚刚告别动物界的人类，最初的饮食方式与一般动物并无多大区别，还不知烹饪为何物，只是生吞活削，按先哲们的话说，叫作"茹毛饮血"。对于人类这一段艰难的漫长历程，中国汉代及汉代以前的许多学者都有过精到的论述，这些论述虽未必十分科学，我们也不必苛求前人。

据汉代《白虎通义》说："古之时未有三纲六纪，民人但知其母，不知其父，能覆前而不能覆后。卧之詓詓，起之吁吁，饥即求食，饱即弃余。茹毛饮血，而衣皮苇。"

又据《礼记·礼运》说："昔者先王未有宫室，冬则居营窟，夏则居橧巢。未有火化，食草木之实，鸟兽之肉，饮其血，茹其毛。"

综合这些论述，便是说在人类文明之初，没有后来的婚姻制度，所以人们只知母亲，而不知父亲是谁。寒冷的冬天人们住在洞窟里，炎热的夏季则睡在由树枝架起的棚巢上。那时还不知用火，所以是生吃鸟兽之肉和草木果实，渴了喝动物的血和溪沟里的水，冷了就披上兽皮。由于常吃生冷腥臊之物，对肠胃造成很大损害，很少有身体健康的人。

这些说法一方面将人类早期的生活描绘成一派丰衣足食的景象，似乎人人都是那么自得其乐；另一方面又把当时的人描写成受尽伤害，似乎人人都是疾病缠身的样子，这显然是不全面的。当时的食物完全顺应大自然的安排，有丰盛之时，也有短缺之时。尤其是寒冷的冬季，在华北地区，结果实的草木都凋谢了，如果捕获不到聊以充饥的禽兽，那就只好饿肚子了。从许多野蛮部族中常常会发生在找不到食物时食人这一点看，刚刚脱离动物群不久的人类，很难不发生类似的事情。即使在文明社会，这种例子也并不是完全见不到。所以不能以为人类童年的生活是那么美好，甚至称其为黄金时代。

至于说到当时的人因生食而会导致肠胃之疾，我们大可不必有这个担心。人类最初还保留有动物的特性，大约还不至于有不适应生食的情况，在多数情况下，恐怕也不会出现消化不良的症状。我们不能拿人类现在已经退化的肠胃功能去为史前人担忧。生活在内蒙古和黑龙江地区的鄂伦春人，他们在学会火食以后，烤肉煮肉都只做到五六分熟，食者认为熟透了反而不好吃，实际上他们的胃口是适宜生食的。贵州地区有的人也喜食生肉，东北的赫哲族则爱吃生鱼。这表明，进入火食时代以后，人类或多或少地还怀念着过去那种茹毛饮血的生活，常常要体味祖先所创造的那种生活模式，这也不足为怪。这种茹毛饮血时代的传统烙印，还不知要经过多少年代才能完完全全地磨平。

人类认识了火以后，就跨入一个新的饮食时代，这便是火食时代。掌握了用火技能的人类，接着又发明了取火和保存火种的方法，这样就有了光明，有了温暖，也有了热食。

有了火以后，熟食的比重逐渐增加，火熟的方式也由简单向复杂演进，人类的烹饪技艺逐渐发展和完善起来。

五、燧人钻火的传说

在火成了必不可少的生产生活资料以后，人类又发明了一些人工取火的方法，从而可以创造出火种来。人工火照亮了人类文化的进步之路，如果没有火，人的饮食是不可想象的，现代的一切文明成就也恐怕不会产生了。人类成了火的主人，也就成了这个世界的主人。这是人类支配自然力的第一次尝试，它揭开了人类征服自然、改造自然的辉煌篇章。

饥饿、寒冷与黑暗，汇成一片苦海，早期人类在这苦海中痛苦挣扎。自从人类掌握了用火，发明了取火和保存火种的方法，便获得了光明、温暖和熟食。没有哪一种动物会生火做饭，只有人，才是火的主人。

人类最早使用的是天然火，被称作"天火"。自然界中还有一些能自发生火的物质，据古籍中的记载，有被称为"燧木"的火树等。

人类最早用火的确切证据还没有找到，所以开始用火的时代我们也不得而知。周口店北京人洞穴发现过用火遗迹，洞穴中

北京人用火的灰烬层

发掘到厚达 4 ~ 6 米的灰烬层，夹杂着一些烧裂的石块和烧焦的兽骨，还有烧过的朴树籽。北京人的年代最早可达 70 多万年前。在其他较早的人类化石地点，也曾发现炭层和烧骨，但材料不够丰富。如何看待这些现象，考古界还存在分歧，有人认为是用火的遗迹，也有人认为是自然野火造成的，一时谁也说服不了谁。

有了野火，将它引燃到需要的地方并不难，但要让它不再熄灭，却不是一件容易的事。稍不留意，断了火种，要想再遇到天降新火，那就很难了。如何保存火种，可能是原始人遇到的第一个技术性问题。那遥远时代的真实情形，我们很难弄清楚了，但是从那些开化较晚的民族中却不难找到例证。

篝火法是不少民族采用的保存火种的有效方法。用火时不断往火堆上添加木柴，不用时再用灰烬盖上，让火堆保持无明焰的阴燃状态。需要时，只要扒开灰烬，添上干草枯枝，即可重新燃烧。

原始人最初还不会营建房屋，没有固定的居址，不可能在某一个地方逗留太久，他们必须不断迁徙，寻求更多的食物资源。迁徙时，人们首先想到的当然是火，他们必须随身带上火种。也许移火常用的是火炬法，点上几支火把，一路上不断接续柴草，火种便被带到了新的活动场所。这当然会有风险，火炬随时都会熄灭。东北兴安岭一带的鄂伦春人有个好办法，将桦树上的干蘑菇点燃后插在小木棍上，别在腰间便可上路。干蘑菇燃烧时没有火焰，不易熄灭，只要在它将要燃尽时，再点着另一块早先准备的蘑菇就行了。四川大凉山的彝族人用野草捻成长绳，这种草绳也有阴燃的特点，点燃一端，火种就保存下来了。

偶一不慎，火种熄灭了，人们不知又要经过多长时间的等待，天火才能下降人间。也许就是在这种焦急的等待中，人类萌发了造火的念头，这恐怕算得上人类第一个伟大的理想。我们难以想象，人类迈出这伟大的一步是多么的艰难，而这闪耀着智慧之光并照亮以百万年计的人类进化史的伟大发明，几乎在大多数原始集团中都完成了，人类用各种方法造出了自己迫切追求的第一把火。

在我们这个高速发展的科学时代，电子火枪和打火机之类已不是什么新鲜玩意，但这造火技术的发展却不是一朝一夕的事。世界曾普遍使用的取火器具火柴，直到 19 世纪上半叶才发明出来。历史上曾经发明过许多种造火的办法，它们都曾经历了很长时间的试验，其中最难的莫过于钻木取火了。

中国古代将远古燃起的第一把人造火的功劳归给"燧人氏"。燧人氏是谁呢？是造火者。虽然肯定有最先造出火的人，他的真实名字却没有流传下来，也许他根本就没有一个像样的名字，出于感激，古人称他为燧人氏，以纪念他的伟大发明。

晋人王嘉的《拾遗记》一书，对燧人氏造火有生动的描述。书中说，在很远很远的地方，有一个不识四季和日夜的燧明国，那里的人长生不死，厌世时自会升天而去。国中有一种火树名为"燧木"，树枝盘曲，云雾缭绕其间。将树枝折断互相摩擦，便能生出火来。后来的一个圣人为了寻求熟食的办法，遍访日月星辰，一无所得，他实在太累了，便坐在一棵大树下歇息，原来这就是那棵奇异的火树。正巧此时有一只像猫头鹰的鸟用嘴在啄树枝，火苗随之粲然而出。圣人兴奋极了，赶忙回去折取小树枝相钻，终于钻出明亮的火来。

这圣人就是燧人氏。燧人氏钻木取火的传说还见于《韩非子·五蠹》和班固的《白虎通义》。我们尽可不必全信王嘉等人描述的神话，但谈到造火者是因受某种自然现象的启发而用钻木方法钻得火出，却是合乎情理的推想。在古代，不仅有燧人氏造火的说法，也有说黄帝或伏羲造火的，但这些都只是传说而已。

摩擦生热，通过很简单的实验便能体验出来，但钻木取火，却有很多人持怀疑态度，在科学界还引起过激烈的争论。钻木取火最早的证据虽没找到，然而至今还保存在一些民族中的例证却是无可辩驳的。海南的黎族人的做法是，用一块山麻木削成砧板，在一侧挖成若干小穴，穴底刻一竖槽，槽下有导燃的艾绒。当用一根细木杆垂直快速地在穴孔上钻动时，摩擦部位发热直至冒出火星，火星通过竖槽降落到艾绒上，艾绒就被点燃了。云南的佤族人则用硬木在蒿秆上钻，钻出的火星可将草点燃。他们还用藤条或竹篾绕在木棒上来回拉锯，也能锯出火星来。熟练的人只需几分钟就能钻锯出火，高超的钻手十秒就足够了。

钻木取火实际上是钻取火星，要取得火星并不只限于钻木一途。如果敲击石块，火星似乎来得更容易一些。在制作石器的过程中，石料碰击会迸出耀眼的火花，这火花偶尔引燃了植物细纤维，人们由此而发明击石取火。通过不断摸索，后来终于找到铁矿石同坚硬的燧石相击这种更有效的方式，这样可以很容易得到足够点燃草等易燃物的火星。燧石俗称火石，以火石取火，即便在火柴已经普及的时代，也为某些人群所乐于采用，这不能不说是上古的遗风。

可以想象得出，第一颗火星从人手中迸射出来，第一团人造火从人的脚下燃烧起来，这时人们欣喜若狂的状态，绝不亚于当今点燃火箭发射器的航天科学家。

起初，火的用途是有限的，归纳起来，只有取暖和熟食两项。此外，火还可以用来猎取野兽和防备猛兽袭击，火是工具，也是武器。自从人工取火成功，人们再也不用担心篝火突然熄灭，他们已经一跃而成火的主人。

六、火食发端

设想最初的熟食，或者说是原始的烹饪，那是最简单不过的了。既无炉灶，也无锅碗，陶器亦未发明，人们还是两手空空。这时的烹饪方式主要还是烧烤，或者还有"炮"。鄂伦春人有时将兽肉直接丢在火堆中烧熟，有时则用树枝穿起来，插在篝火旁炙烤。苦聪人吃刺猬时，用泥土包住整个刺猬放火内烤干。从这类例子中，我们可以看到先民们饮食生活的缩影。

还有一种"石板烧"，不仅有现代民族学的例证，也见诸古代文字记述。《礼记·礼运》注云："中古未有釜甑，释米捭肉，加于烧石之上而食之耳。"《古史考》也说："神农时民食谷，释米加烧石之上食之。"就是说，神农时代，人们将米和肉放在烧烫的石板上烤熟再吃。云南独龙族和纳西族群众，常在火塘上架起石块，在石板上烙饼。这个办法在美洲荷匹族民众中也很流行，不唯中国独有。

利用石块熟食，还有一种绝妙的做法。虽然没有陶器，但木制的或兽皮制的容器还是有的，可利用它们作烹饪器具。我国东北地区的一些少数民族将烧红的石块投进盛有水和食物的皮容器内，这样不仅水能煮沸，肉块也能烹熟，只是投石过程要反复多次以至数十次。云南傣族群众宰牛后，将削下的牛皮铺在挖好的土坎内，盛上水和牛肉，然后将烧红的石头一块块投进水里。鄂伦春人也用烧石投进桦树皮桶里煮食物，有时还把食物和水装进野兽的胃囊，架在篝火上烧烤。

类似办法在世界其他原始民族中也很流行，如印第安人用牛皮当锅烹煮食物，这些方法可称为无陶烹饪法。在没有陶器的时代，可算是绝顶高明的烹法，人们的美味大餐就用这原始的办法做了出来。

从这些发明看，并不是有了铜鼎铁锅才有美味。类似例子还有许多，比如盛产竹子的南方，人们截一节竹筒，装上生食，煨在炭火中，同样能做出香美的馔品，古人称之为"竹釜"。在柳条筐里炒谷子则更有趣：将几块烧红的炭块放进盛谷子的筐内，然后不停地晃动筐子，谷子炒熟了，而筐子依旧完好无损。

值得一提的是，有一类石块具有很好的保温性能，在古时人们曾拿它做成独特的烹饪器具。据唐代刘恂的《岭表录异》所载，岭南康州悦城县山中有"樵石穴"，当地人常常将这种樵石琢成烧食器，把它放火中烧热，拿出来用物体衬垫稳妥，接着便可放入牛鱼肉及葱韭等作料，很快便能使食物熟透，直到吃完，这樵石做的烧食器仍然很烫。很难知道这种樵石的使用历史究竟有多久，或许其历史可追溯到上古时代。

火给人带来了美味，同时也带来了一些烦恼，而且会造成毁灭性的灾难。人们盼望着有这么一个神灵，来掌管这可亲而又可畏的火。传说中古代部族的首领帝喾手下有一位"火正"叫祝融，他的职责便是掌管火的政务，被后世奉为"火神"。西周王室尚有火正一职，易名为"司爟"，即司爟氏，主管火禁和取火。不过这时已不是老程式的钻木取火了，而是以阳燧"取明火于日"，直接从太阳光中取火，故称阳燧。阳燧以铜制作，形如铜镜，可聚日光点燃艾烛等导燃物。

人类自从有了自己造出的火，就开始有比较稳定的火化熟食，因而大大加快了进化的速度，体质形态越来越接近于现代人。但这仅仅只是开始，人类的饮食生活虽然有了根本的改善，但食物来源仍有限，人们的创造力还在很低的水平，依然受到饥寒疫疠的威胁。周口店的发掘表明，北京人过着十分艰难的生活，平均寿命很短，很多人在幼年便夭折了。人类学家通过发掘到的 38 个北京人个体的研究，发现死亡于 14 岁以下的有 15 人，活到 15~30 岁的有 3 人，活到 40~50 岁的有 3 人，活到 60 岁的仅有 1 人，另有 16 人死亡年龄不明。

早期人类生活尽管艰难，但毕竟在一步步成长，尤其是人工火，它照耀着人类的进化之路。如果没有火的创造与应用，我们现在或许还在猿人圈里徘徊。

七、绿色革命

人类越是在艰难的时候，越是对自然有敏锐的洞察力，以找出摆脱困境的理想途径。当男人们四处打猎之时，女人们也忙碌不停，纷纷到住地附近采集果实。春去秋来，花开花落，这样年复一年无穷反复的规律，起初使人迷惑不解，但思考和探索早已开始了。

大概是将吃剩的植物籽实扔在住地附近，于是植物发芽、开花、结实，人们观察到一个完整的生长过程，收集到无意种出的果实。人类在这个基础上又有意地进行了无数次实验，也不知经过了多少代人的经验积累，终于他们不再感到惊奇，他们成功了，农业时代到来了。这个过程被现代科学家称为"绿色革命"，这个革命的主力军无疑是妇女，妇女为人类创造了新的生机。

中国古代将农业的发明归功于神农氏。《白虎通义》中说："古之人，皆食禽兽肉。至于神农，人民众多，禽兽不足。于是神农因天之时，分地之利，制耒耜，教民农作。"《新语·道基》中也说："至于神农，以为行虫走兽难以养民，乃求可食之物，尝百草之实，察酸苦之味，教民食五谷。"就是说，在禽兽不足以维持人们的生活时，神农发明农具，教人们根据天时地利种植作物，使谷物成为人们主要的食物来源。神农当然也是传说人物，又称烈山氏、厉山氏，被后世奉为农神。

最初的农业种植不仅规模小，方法也很原始。后来经历刀耕火种的阶段，发展到锄耕农业，人们懂得了土地开垦、休耕、施肥、灌溉等耕作技术，种植面积扩大了，栽培作物品种也逐渐增加了。生产用的工具也不断改进，发明了磨光石器，提高了土地开垦效率。人类学家把原始种植业和磨光石器以及家畜饲养业，作为新石器时代到来的重要标志，这三者之间有着不可分割的联系。

西亚地区的新石器革命，完成了大麦、小麦的栽培和山羊、绵羊、猪、牛的驯化，有大约1万年的历史。美洲中南部在距今约七八千年前开始种植西葫芦，此后又栽培成功南瓜、菜豆和玉米。这些发现基本都处于"前陶"新石器时期。中国还没有找到这个时代的遗迹和遗物，农业种植遗存都属于陶器出现的时代。

远古时代农耕技术的发明，许多学者都认为原始农业的出现，是人类认识世界、改造自然的巨大成功，或者称作是人类社会的第一个转折点。地球上的最后一次冰期结束之后，气候随之逐渐变暖，在变化了的环境中人类也慢慢改变着生产和生活方式，世界各地在流浪中的采集与狩猎者群体，都掌握了各种农业技术。

原始的农耕垦殖方式出现在1万年前，经过了由火耕到锄耕的过程。中国锄耕农业的出现，应当不会晚于1万年前。这时的农耕已有了较大的规模，人们已培育出了较好的栽培作物品种，收获量能满足人们的生活需要，并有了一定数量的粮食储备。据统计，全球粮食、经济、蔬菜、果树等作物共有666种之多，起源于中国的有136种，也有说有170多种。考古学发现的证据表明，中国新石器时代的粮食作物有粟、黍、稻、麦、薏苡和芝麻，另外还有20多种植物遗存，如油菜、葫芦、甜瓜、大豆等，有的可能也属于栽培作物。集中体现中国"绿色革命"的成果，是小米、大米两大谷物的栽培成功。由于地理环境的差异，中国原始农业耕作形成了南北两个不同的类型。

长江中下游及南方地区，气候温暖湿润，雨量充沛，古今农作物均以水稻为主。考古学家发掘到大量的史前稻作遗存，时代最早的发现是在长江中游地区。湖南道县玉蟾岩遗址，距今 1 万年以上，那里发现了目前所知时代最早的稻作遗存。江西省万年县仙人洞遗址也发现了稻作遗存，年代与玉蟾岩遗存相当。稍晚的湖南地区的彭头山文化遗址，也发现了栽培稻的证据，距今有 9000 年以上的历史。经过了不太长的一段时期的发展，也就是距今七八千年前的时代，长江流域的水稻栽培已相当普遍，而且已驯化培育成功了粳稻、籼稻。在一些新石器文化遗址，发现了大量的炭化稻壳堆积，有的陶器内还可见到残留的大米锅巴，有的陶胎内还见到掺入的稻壳炭粒。发现稻作遗存的最南端的新石器遗址，是广东曲江石峡遗址，年代晚了许多。

虽然长江和华南的新石器时代居民以水稻为主要栽培作物，但近年的一些考古发现却明白无误地证实，史前黄河流域也曾有过一定面积的水稻栽培，这似乎也表明当时的黄河流域可能比起今天要湿润温暖一些。仰韶文化居民也有栽培水稻的历史，在陕西华县（今渭南市华州区）泉护村发现过类似稻谷的痕迹，河南郑州大河村遗址发现过稻壳痕迹。在龙山时代的豫、陕、鲁地区，都有零星的稻作遗存发现，当时的栽培规模可能不及长江流域。

在气候干燥的黄河流域，史前人们最早栽培成功的谷物是小米，即粟。黄河流域原始农业文化的出现，也可追溯到 1 万年以前，与长江流域几乎在同一时期。黄土高原土壤均匀松散，富含肥力，有利于耐旱作物的生长。黄河中游的地理环境，与世界上农业发生最早的西亚地区的扇形地带相近，具备产生早期农业文化的适宜条件。在黄河流域的一些早期新石器遗址里，考古发掘到了明确的旱作谷物粟的证迹，它们是世界上最古老的栽培粟，表明黄河流域是粟（即小米）的原产地。粟生长期较短，耐干旱，生长前期要求温度渐高，光照加长，后期要求温度渐低，光照缩短，非常适宜在黄河流域栽培。

数十处新石器时代遗址发现了粟和黍的遗存，它们主要分布在黄河流域。小米遗存在一些最早的新石器时代遗址都有发现，在稍晚的仰韶文化、龙山文化遗址中均有出土。它们或被装入陶罐，作为随葬品埋入墓中，或作为储备埋藏在地窖内，其最早年代约为距今 1 万年，是世界上发现的最古老的小米实物。

在其他几个重要的栽培作物起源地，如西亚两河流域、南亚印度河和恒河流域，都没有见到粟类遗存。欧洲大约在距今 5000 年前后才开始种植粟。1987 年在河北徐水南庄头发现一处距今约 1 万年的新石器时代早期遗址，出土了植物种子，表明华北平原已开始栽培某些食用植物，农业已经诞生。

年代较早的还有河北武安磁山遗址的发现，在许多窖穴内都发现了粟和黍的堆积。原始农耕技术出现以后，经过 3000 多年的发展，到仰韶文化时期已经比较成熟。当时的农作物主要品种是粟。在西安半坡遗址数座房址中的陶器内，都发现过炭化的粟。

陕西西安半坡遗址出土的炭化粟米

新近的研究显示，在早期更多种植的是黍，黍又称为糜子，脱粒后为黄米。它的生长期较短，喜温暖，耐干旱，耐盐碱，耕作技术要求不高。史前黍的遗存已发现了十几处，多分布在北方地区。塞北地区兴隆洼文化的几处遗址有年代较早的发现，表明其有超过 8000 年的历史。黍的栽培年代可能同粟一样古老，只是后来种植范围没有那么广泛。

农耕作为新型的食物生产方式，在地球上出现了数千年之后，除了很少一部分仍然以渔猎经济为生的人群以外，绝大多数的猎人都变成了牧人和农人，农耕文化在一些中心地区开始后，很快就传遍了全球。

谷物生产从根本上改变了人类的饮食生活，这种比较稳定的食物来源，造成了人类长久的定居，农人的聚落出现，在环境条件较好的地方，人口密度明显增加，这就必然带来建立在农耕基础上的人类文明。有了粮食储备的人类，不仅解决了饥饿问题，更有可能将过去几乎全部耗费在寻觅猎物上的能量，投入到许多新的工作中，于是纺织、快轮制陶、冶金术出现了，文明也出现了。

小麦的出现，让大米、小米不再独霸一方。小麦是现代农业最重要的粮食作物之一，小麦栽培面积和总产量均居世界粮食作物第一位，全球有 1/3 以上人口以小麦为主要食粮，在现代中国，小麦的重要性仅次于水稻。

在旋转石磨出现之前，小麦也有可能开始使用低等技术粉碎，最有可能的是碾法。早期的碾是小盘平碾，不是大盘轮碾，小盘平碾难以为面食的普及做出太大的贡献。

任何外来物种传入我国后，都要经历曲折的本土化过程。这种中国化或称汉化的过程，最终得到的是汉式食物，面条、饺子和馒头都是小麦汉化食用成功的范例。

秦汉以前，古籍上称大豆为菽，菽和粟在周代是北方人的主粮，但考古发掘的早期大豆遗存，却是在南方的河姆渡遗址出土的。

古代常有"五谷""六谷"之说，包含的内容不太一致，一般指的是稷（小米）、黍、麦、菽、麻、稻，除麦和麻以外，其余作物都有 7000 年以上的栽培史。蔬菜作物北方出土了油菜籽，南方则有葫芦籽和完整的葫芦，它们与上述稷、黍、菽、稻具有同样悠久的历史。

华北粟类旱地农业，华南稻类水田农业，这个格局自古就影响到南北饮食传统的形成。主食的大不相同，不仅带来了文化上的差异，甚至对人的体质发育也产生了深远影响。有一种观点就认为，以稻米为主食的部族有旺盛的繁殖力，有性早熟的特点，因为水稻中构成米蛋白质的氨基酸成分，较其他粮食有很大的不同。

内蒙古敖汉旗兴隆沟遗址出土的黍粒　　　湖南澧县八十垱遗址出土的稻谷

从烹饪方式而言，也因为食物类别不同而显示出一些南北差异，这一点到后来愈加明显，尤其是面食在北方普及之后。起初不论是稻米，还是小米乃至小麦，基本都是以粒食为主，差别不太明显。

渔猎和采集尽管是人类维持繁衍生息的重要方式，但它们只反映出一种动物攫取食物的本能，没有反映出人所具有的高超智慧。一些动物也会制造食物，如蜜蜂酿蜜，知道储备食物，如老鼠储粮，但这都只是本能的活动，不能与人相提并论。人在掌握造火技术以后，又实现了家畜驯养和作物栽培，这些已不是动物的本能，而是伟大的创造。人类通过劳动不仅创造了自己，而且创造了一个不断更新的世界。

不论是渔猎得到的动物，还是采集得到的果品，数量有时是十分有限的，而且还有季节限制，这些食物又不便长期储备，人类的生活没有保障。人口不断增加，人们不得不寻找新的出路。

为获取更多的肉食，人们首先考虑的是提高渔猎技术，弓箭和渔网应运而生。传说伏羲氏首创结绳为网，当然他同燧人氏一样，也是一个神话人物，代表着史前社会发展的又一阶段。

　　人们在猎取野兽时，间或会捕捉到一些受伤而尚未丧命的小动物，他们很自然地会先食用那些已死的猎物，活着的动物则暂时存放几日，偶尔可能还会给它喂点草料。在其他食物比较充裕时，人们也许并不急于杀死这些动物而使它们的生命延续更久。动物畜养就这样不知不觉地产生了，野生动物经过长期驯化繁育，逐渐演化为家畜。

　　家畜中的狗起源很早，它是由狼驯化的，开始是猎人们为提高狩猎效率而培养的得力帮手。狗易于驯养，嗅觉灵敏，行动快速，能帮助猎人寻找和追捕野兽甚至保护猎人。中国大多数新石器时代遗址都有狗的遗骸出土，最早的距今有七八千年。

　　不过，人们饲养最普遍的家畜还是猪，其年代与狗基本同时。很多地区的新石器时代居民都有用猪随葬的习俗，其中甘肃永靖县秦魏家遗址的一座墓中出土了68块猪下颌骨，可以想见当时猪的圈养数量已相当可观，由此也可以窥出人们食猪肉的传统有多么久远的历史。

　　由于气候等自然地理条件的不同，中国南北方的家畜品种有一定差异。猪和狗南北都有，而且都是以猪为主，人们还制作过一些猪与狗的雕塑艺术品。其区别在北方有鸡，而南方则有水牛，也都有6000年以上的历史。过去一直认为中国家鸡引自印度，这并不符合事实。稍晚一些，北方又成功驯化马、猫、山羊和绵羊，属公元前3000年前后的龙山文化时期。南方是否还有更多的家畜，目前还没有找到更多的确切证据。

　　中国传统饲养的主要家畜，历来称为"六畜"，即马、牛、羊、鸡、犬、豕，这些在新石器时代都已驯化成功，饲养也比较普遍。到了殷商时代，猪、马和水牛等都有了相当好的品种。家畜驯养成功，不仅为人们提供了新的肉食来源，而且提供了前所未有的役力，反过来又推动了生产力的进一步发展，人类掌握了对自然力新的支配权。

八、陶烹滋味

　　当种植业成为一种主要的食物获得手段，人们的饮食结构就发生了根本性的变化。谷物已成为主要的食物，不过如何食用，却成了一大难题。谷物不宜生食，起初大概是将谷粒放在石板上热烤，或放在竹筒中烹熟，类似方法说不清延续了多少个世纪。

人类也在寻求烹饪谷物的新方法，陶器成为最早的也是最合适的烹饪器具之一，陶器的发明也因此开启了人类历史的一个全新时代。

陶器发明的机制，我们已经不能确知，但相关的一些推论为我们打开了一扇解释的大门。人们设想，天上降下一阵大雨，地上变得一片泥泞，雨过天晴，湿软的黏土被烈日晒得十分坚硬。要是再遇到雨天，硬泥立即又变软。这种司空见惯的事，也许不会引起人们的兴趣。但是在另外一些场合就不同了，比如在湿地上或硬土面上燃起篝火，火堆下的泥土烧干烤红了，那儿可能再也不会因雨而变得泥泞；落到火堆中的黏泥块烧结了，再也不变形了；或者泥筑的居所偶一不慎失火，地面与墙壁被烧烤得更加坚硬……这些现象的反复出现，会触发人们的好奇心。

细心观察的人们发现自己使用的容器都经不住火的考验，如葫芦、竹筒以及简陋的篮子，它们一入火中，便会化为灰烬，而泥土却不怕烈火，遇火反而更坚实。于是人们便在这些易燃的容器外抹上一层黏泥，再放到火里一试，果然不怕火烧。烤灼时间一长，里面的容器还是冒出了青烟，最终化为灰烬。当人们还没来得及灰心丧气的时候，便惊奇地发现，原来里面的容器虽已无存，而外面的泥土层却没坏，反而变成了新的容器，陶器大概就这样在偶然间发明出来了。

接着，人们就发现，制作陶器并不一定非用易燃容器作胎，可直接用陶土塑形，这就免去了一道工序。后来制陶工艺越来越完善，尤其是发明陶窑焙烧技术以后，陶器火候更高，更加结实耐用，品种也不断增加。

当然，这只是关于陶器起源的一些推测，事实上大概并不是这么轻而易举就完成的。但陶器终究是发明出来了，人类又完成了一项科技革命。

人们可以将陶器直接放在火中炊煮，这为人类社会从半熟食时代进入完全的熟食时代奠定了基础。陶器显然是为适应新的饮食生活而创造的，当种植业产生以后，人类有了比较稳定的食物来源，不再像过去那样频繁迁徙，开始了定居生活，陶器正是在这个时候来到人们的世界里的。制炊具的陶土中掺有砂粒、谷壳、蚌壳末等，具有耐火、不易烧裂和传热快等优点，这些经验在现代也仍是一条不可违反的定规。

不要小看了最初面世的这些粗糙的陶器，虽然人们最开始连给它装饰花纹的想法都没有，可是如果没有它们，后世就不会造成精美的青铜器和高雅的瓷器，这是人类依靠科技而取得进步的一个伟大开端。

人类走出山林，开始定居生活，一座座简陋的房屋聚合成村落，人们按一定的社会和家族规范生活其间。这些矮小的住所既是卧室兼餐厅，同时又是厨房，没有更多的设备，几乎无一例外都有一座灶坑，再就是不多的几件陶器。生活在距今六七千年前的关中地区仰韶文化居民，居住的是半地穴式房屋，上面是木结构的草屋顶。居室中间多半是一个平面像葫芦瓢形的火塘，火塘旁边还埋有一个陶罐，那是专门储备火种的。烹饪用的陶罐可以直接煨在火塘内，也可以用石块支起来。

到了龙山文化时期，人们普遍住上了抹得平整光滑的白灰面房子，居室中心仍固定为火灶之所。在寒冷的冬季，当太阳匆匆落下山后，一家人就围着火灶吃饭、睡觉。进食时极有规矩，长辈将食物按份分给每个家庭成员，大家随意围坐在一起吃。常常也没有固定的早晚餐，谁饿了随时都可以找东西吃。不过食物分配已有较强的计划性，预先要将过冬谷物储备在仓库里——北方多用地窖，全家靠此过冬，一直挨到下一个收获季节的到来。

最早的夹砂炊器都可以称为釜，古人说它是黄帝始造。黄帝被我们尊为人文始祖，传说他先为轩辕氏部落首领，定

古老的陶釜（湖南玉蟾岩遗址出土）

居西北高原，后来东进，在阪泉（今河北涿鹿东南）一带打败炎帝，又击败九黎族，擒杀蚩尤，被推为炎黄部落联盟首领。又传说宫室、舟车、蚕丝、医药、棺椁、文字、历法、算术、音律等，都是黄帝时代所发明。人们将"始造釜甑"，以至于成就"火食之道"的功勋，都归于黄帝，这是可以理解的，是为了附会他"成命百物"的说法。只是古人把黄帝生存的年代定得太晚了，包括三皇中的燧人氏、伏羲氏与神农氏，都定得太晚了。燧人氏和伏羲氏应归属于旧石器时代，而神农和黄帝应生活在新石器时代初期，他们基本代表了几个不同的饮食文明。

炊器中陶釜的发明具有重要意义，后来的釜不论在造型和质料上发生过多少变化，它们煮食的原理都没有改变。更重要的是，许多其他类型的炊器几乎都是在釜的基础上发展改进而成的。例如甑便是如此。甑的发明，使得人们的饮食生活又发生了重大变化。釜熟是指直接利用火的热能，谓之煮；而甑烹则是指利用火烧水产生的蒸汽能，谓之蒸。有了甑蒸作为烹饪手段后，人们至少可以获得超出煮食一倍的馔品。

中国陶器的出现，大体有上万年的历史。在经过约 2000 年的发展以后，陶器制作达到很高水平，精美的彩陶出现了。彩陶不宜作炊器，可以作水器和食器等。大约在距今 7000~5000 年，可称之为彩陶时代，以黄河中游地区仰韶文化的彩陶为代表。黄河下游和长江中游地区的大汶口文化、大溪文化和屈家岭文化，也有十分精美的彩陶。论数量之多、绘制之精的彩陶，那要数甘青地区的发现，那里的马家窑文化彩陶很早便已闻名于世。

富于中国特色的甑，在陶器出现之初似乎还没有被发明。在中原地区，陶甑在仰韶文化之前已开始见到，但数量不多，器形也不太规范。到了龙山文化时期，甑的使用已十分普遍了，黄河中游地区的每个遗址几乎都能见到陶甑。不过在黄河上游和下游地区，即便到龙山时代，所能找到的用甑的遗迹也不是太多。

在水稻产区长江流域，甑的出现应当更早。长江中游地区的大溪文化已有甑，屈家岭文化中更为流行。长江下游地区的三角洲，马家浜文化和崧泽文化区居民都用甑蒸食，跨湖桥文化区发现了最早的陶甑，年代为公

浙江杭州跨湖桥遗址出土的陶甑

元前 6000 年上下。从目前的发现看，甑出土的地点多集中在黄河中游和长江中下游地区，表明中部地区饭食中粥食的比重要超过其他地区。

蒸法是东方区别于西方饮食文化的一种重要烹饪方法，这种传统已有近 8000 年的历史。直到现在，西方人也极少使用蒸法，像法国这样在烹调术上享有盛誉的国家，据说厨师们连"蒸"的概念都没有。西方人创造了蒸汽机，人们由此进入蒸汽时代，但东方利用蒸汽能的历史却不是西方所能比拟的。

陶甑的外形与一般陶器并无多大区别，在器底刺上一些孔洞，做成箅，以便蒸汽自下上达。使用时将甑套装在釜口上，下煮上蒸。崧泽文化区中居民的甑略有所不同，通常做成没有底的筒形，然后用竹木编成箅子，嵌在甑底使用。蒸食时，将甑套在三足的鼎上，他们不大时兴用釜，这样便形成一种复合炊器，考古学家们称之为甗。从龙山文化时代开始，甗的下部由实足的鼎改为空足的鬲，到商周时成为重要的青铜礼器之一。

炊具经历了礼器化的过程，有的还被赋予了政治概念。如鼎，在商周时曾被作为王权的象征，是最重要的青铜礼器，而黄河中下游地区 7000 年前原始的陶鼎便已广为流行，几个最早的文化集团都用鼎作为饮食器，鼎的制法和造型都有惊人的相似之处，都是在容器下附有三足。陶鼎大一些的可作炊具，小一些的可作食具。大约经历了不到 1000 年的时间，也就是到了仰韶文化前期，关中地区用鼎的传统突然中断了，生存近 2000 年之久的半坡人部落，没有用过哪怕是一件标准的陶鼎，这成了史前文化史上的一个悬案。不过在黄河下游地区，这个用鼎的传统并未中断，继北辛文化发展起来的大汶口文化和山东龙山文化，人们依然流行用鼎作饮食器。

鼎在长江流域较早见于下游的马家浜文化，河姆渡文化只是晚期才有鼎。中游的大溪文化时期也只是晚期有鼎，而屈家岭文化时期则盛行用鼎。河姆渡和大溪文化时期虽不多见鼎，却发现许多像鼎足一样的陶支座，可将陶釜支立起来，与鼎同功。

与鼎大约同时使用的炊具还有陶炉，南北均有发现，以北方仰韶文化时期和龙山文化时期所见为多。仰韶文化时期的陶炉小而且矮，龙山文化时期的为高筒形，陶釜直接支在炉口上，类似陶炉在商代还在使用。南方河姆渡文化时期的陶炉为舟形，没有明确的火门和烟孔，为敞口形式。商周秦汉时风行的火锅，就是在这些陶炉的基础上不断改进完善的结果。

新石器时代晚期，中原及邻近地区居民还广泛使用陶鬲和陶甗作为炊煮器。这两种器物都有肥大的袋状三足，受热面积比鼎大得多，是两种更高水平的炊具，它们的使用贯穿整个

河姆渡遗址出土的陶炉灶

铜器时代，并普及边远地区。此外，还出现了一些艺术色彩浓郁的实用器皿，有的外形塑成动物的样子，表现了饮食生活丰富多彩的一面。

还有一种作为食具的"豆"，样子像现代的高脚杯，上面为盘形，足部为喇叭筒形，它在后来成为重要的礼器。豆以南方河姆渡文化和马家浜文化中的发现最早，其次是大汶口文化，它们都分布在东部沿海一带，这一点很值得注意。在长江和黄河的中游地区，标准的豆最早见于大溪文化晚期和大河村类型文化晚期。从龙山文化时代开始，豆在中原才得以普及，这比起东部地区可能晚了将近2000年。关中地区的半坡人既不用鼎，也不

用豆，后来的鼎与豆均由东部地区传入。

　　由这些烹饪饮食器具的种类和分布地域，不难看出各地饮食方式的差别，也不难看出各地的发展与相互交流情况。

第二章

礼食中的神食与人食

与人同行的动物，被人选择性神化，造出了自己虔诚崇拜的神灵。《诗经》上说"神嗜饮食"，所以人们在烹调食物时，一点也不敢怠慢了神，崇拜的方式就是献祭，用自己最喜爱的饮食去献祭。

向神献祭，将人所喜爱的饮食献祭，逐渐形成了一些规范性礼仪，将人食与神食紧密联结起来。《礼记》中说"夫礼之初，始诸饮食"，与神以礼食，人亦享礼食，礼仪性社会建立的基础，就是在这一饮一食之间。

一、调和鼎鼐

历史上无数的名将贤相，都要通过建功立业去得到帝王的赏识，而以擅长烹饪而进入朝廷的人，委实不算多，殷商开国之相伊尹，可以算是其中伟大的一位。

据《吕氏春秋·本味》等文献记述，伊尹名挚，生活在约公元前16世纪的夏末商初，辅佐商汤。伊尹的身世极不平常，历史上赋予他传奇色彩，附会了一些神乎其神的情节，以至后人对是否有这个人还提出过怀疑。传说，伊尹本是一个弃婴，有侁氏的一个女子在采桑时，在桑林中发现了他。女子将此婴儿献给了国君，国君便将抚养之责交给了庖人，还派人去调查婴儿的来历。

婴儿之母本居伊水上游，怀孕后梦见神告诉她说："如果你看见舂米的石臼中冒出水来，就头也不回地往东方跑。"次日她便见到石臼冒水的怪事，她把这事告知邻居，然后一口气向东跑了十里地。等到回头看时，家乡已是一片汪洋，不久，她在桑林中生下伊尹后不幸死去。

伊尹在庖人的教导下长大成人，成了远近闻名的能人。商汤听闻伊尹的声名，三次派人向有侁氏求贤，尽管有侁氏国君始终不同意，伊尹本人却深受感动，极想投奔商汤。商汤想出了一个妙法，他向有侁氏国君求亲，这使得这个小邦之君十分高兴，真是求之不得的美事，不仅心甘情愿地把女儿嫁给了商汤，而且还答应让伊尹做陪嫁之臣。

商汤未曾想到，竟如此容易便得到了伊尹，于是郑重其事地为伊尹在宗庙里举行了除灾去邪的仪式，在桔槔上点起火炬，在伊尹身上涂上猪血。第二天，商汤正式召见伊尹。伊尹就从饮食滋味说起，以此引起商汤的兴趣。伊尹谈道，凡当政的人，要像厨师调味一样，懂得如何调好酸、甘、苦、辛、咸五味。首先得弄清各人不同的口味，才能满足他们的嗜好。作为一个国君，自然须得体察平民的疾苦，洞悉百姓的心愿，才能满足他们的要求。

伊尹还指出，商王朝不过是个方圆七十里的小国，不可能拥有各种美味，

伊尹画像

只有当天子的，才有可能得到各种佳肴。屈原在《九章·惜往日》中说"伊尹烹于庖厨"，伊尹实在是太了解烹调之术了，他说的那一整套烹调理论，使商汤十分佩服。他说，动物按其气味可分作三类，生活在水里的味腥，食肉的味臊，吃草的味膻。尽管气味都不美，却都可以做成美味佳肴，但要按不同的烹法才行。

伊尹说决定滋味的根本，第一位的是水，要靠酸、甘、苦、辛、咸五味和水、木、火三材来烹调。鼎中多次沸腾，多次变化，都要靠火来调节，或文火，或武火，便可消灭腥味，去掉臊味，改变膻味，转臭为香。五味的投放次序和用量、配料的组合都十分微妙，烹调时的精微变化，都不大容易用语言表述清楚。只有掌握了娴熟的技巧，才能使菜肴做到久而不败，熟而不烂，甘而不过，酸而不烈，咸而不涩苦，辛而不刺激，淡而不寡味，肥而不腻口。

究竟哪些算是美味呢？伊尹从肉、鱼、果、蔬、调料、谷食、水等几方面列举出了数十种，但这些美味几乎没有一种产自商王朝所在的亳地，所以伊尹强调说：不先得天下而为天子，就不可能享有这些美味。这些美味好比仁义之道，国君首先要知道仁义，即天下的大道，有仁义便可顺天命而成为天子。天子行仁义之道以化天下，太平盛世自然就会出现。

伊尹的这一通鸿篇大论，不仅说得商汤垂涎欲滴，而且使这位未来的开国之君的思想发生了重大改变。商起初为夏的属国，商汤按成规要朝见夏桀，向夏纳贡。夏桀的残暴，彻底破灭了商汤原准备辅佐他的幻想。自从听了伊尹的高论，他更坚定了攻伐夏桀、推翻夏王朝的决心，当即举伊尹为相，立为三公。后来，商汤终于在伊尹的辅佐下，推翻了夏桀的残暴统治，奠定了商王朝的根基。商汤之有天下，伊尹厥功至伟。

当然，商汤之伐夏，绝不单是为口腹之欲。伊尹之说味，亦绝非"以割烹要汤"。商汤的成功，完全是"顺乎天而应乎人"，是历史发展的必然。

伊尹的说辞中不仅列举了四面八方的饮食特产，更提出了"三材五味"论，道出了中国文明早期阶段烹饪所达到的发展高度，表明夏商之际的饮食生活区域性局限已经打破，南北的交流已经成为事实。天子与诸侯醉心于搜求远方的美味佳肴。不过即使位居天子，也未必能得到伊尹所说的全部美味。事实上，伊尹所列举的那些品类并非全都实有其物，有的纯属传闻，甚至就是神话。

到了后来，调和鼎鼐成了宰臣管理国家的代名词，这正与伊尹的出身相关。如果将当宰相说成跟当厨师一样，说不定宰相们会不高兴哩。

二、九鼎八簋

等级制度，几乎在以往社会的各个阶段都曾毫不含糊地实行过，然而要论登峰造极，则莫过于西周时代。表现等级差别的标志可以是多方面的，大到权力、宫室，小到冠服、器用，无所不包。越是在上流社会，等级制表现得越是森严，丝毫不容逾越。在饮食上的等级制，不仅包括吃什么，如何吃，还包括吃的方式和用具等，都有严格的区分。

西周建国伊始，统治者吸取商王朝倾覆的教训，严禁饮酒。《尚书·酒诰》记载了周公对酒祸的具体阐述，他说戒酒既是文王的教导，也是上天的旨意。上天造了酒，并不是给人享受的，而是为了祭祀。周公还指出，商代从成汤到帝乙二十多代帝王，都勤于政务而不敢纵酒，而纣王却不是这样，整天狂饮不止，尽情作乐，致使臣民怨恨，"天降丧于殷"，使老天也有了灭商的意思。周公因此制定了严厉的禁酒措施，规定周人不得"群饮""崇饮"（纵酒），违者处死，对贵族阶层，也强制禁酒。

禁酒的结果，酒器派不上用场了，所以考古发现西周时的酒器远不如商代那么多，即便在一些大型墓葬中，也找不到一件酒器，而食器的随葬却有逐渐增加的趋势。在贵族墓葬中，一般都随葬有食器鼎和簋，鼎多为奇数，而簋则是偶数，鬲则随而增减。在考古发掘中，常常发现用成组的鼎随葬，这些鼎的形状、纹饰以至铭文都基本相同，有时仅有大小的不同，容量依次递减。这就是"列鼎而食"的列鼎。

列鼎数目的多少，是周代贵族等级的象征。用鼎有着一套严格的制度，据《仪礼》和《礼记》的记载，大致可分别为一鼎、三鼎、五鼎、七鼎、九鼎五等。

一鼎：盛豚，即小猪，规定"士"一级使用。士居卿大夫之下，属贵族阶层最下一等。

三鼎：或盛豚、鱼、腊，或盛豕、鱼、腊，有时又盛羊、豕、鱼，称为"少牢"，为士一级在特定场合下使用。

五鼎：盛羊、豕、鱼、腊、肤（切细的肉），也称为"少牢"，一般为下大夫所用，有时上大夫和士也能使用。周代王室及诸侯国官吏爵位大致分卿、大夫二等，其中卿又分上中下三级，大夫亦如是。

七鼎：盛牛、羊、豕、鱼、腊、胃肠、肤，称为"大牢"，为卿大夫所用。所谓大牢，主要指包括牛，再加上羊和豕，而少牢主要指羊和豕。

九鼎：盛牛、羊、豕、鱼、腊、胃肠、肤、鲜鱼、鲜腊，亦称为大牢。《周礼·膳夫》说"王日一举，鼎十有二"，注家以为十二鼎实为九鼎，其余为三个陪鼎。九鼎为天子所用。东周时国君宴请卿大夫，有时也用九鼎。

簋盛饭食，用簋的多少，一般与列鼎相配合，如五鼎配四簋，七鼎配六簋，九鼎配八簋。九鼎八簋，即为天子之食，算是最高的规格。

商代晚期的后母辛方鼎

这种饮食上的等级制度被原封不动地移植到殡葬制度中。考古发现过属国君的九鼎墓，也有不少其他等级的七鼎、五鼎、三鼎和一鼎墓，没有鼎的小墓一般都见到陶鬲，这是平民通常所用的炊器。能随葬五鼎以上的死者，不仅有数重棺椁，还有车马殉人，各方面都显示出其等级的高贵，他们属高级贵族。

鼎不仅被看作是地位的象征，而且也是王权的象

征。陶鼎的制作与使用尽管可
以上溯到 7000 多年以前，然
而作为家国重器的三足两耳铜
鼎在商代才开始流行。原先仅
仅作为烹饪食物之用的鼎，在
商代贵族礼乐制度下成为第一
等重要的礼器，又称作彝器，
即所谓"常宝之器"。鼎不再
是一种单纯的炊器和食器，它
成了贵族们的专用品，被赋予
了神圣的色彩，演化为统治权
力的象征。一般平民既不允许
使用铜鼎，也不允许使用陶鼎。

西周青铜器：大克鼎

　　天子用九鼎为制，据说起
于夏代。夏代用九州贡金铸成九鼎，象征天下九州，即指禹平洪水后分天
下而定的冀、兖、青、徐、扬、荆、豫、梁、雍九州。后来"夏桀乱德，
鼎迁于殷"，"商纣暴虐，鼎迁于周"。可见三代的更替，是以夺到九鼎
作为象征。到了后来，春秋五霸之一的楚庄王，听从苏从等大臣的规劝，
不再沉湎酒乐，奋发起来，"一鸣惊人"，与晋国在中原争霸。他陈兵东
周边境，炫耀武力，颇有取周而代之的意思，于是向周王室的大臣问九鼎
的"大小轻重"。后世将"问鼎"比喻为图谋王位，正缘于此。值得回味的是，
这九鼎尽管如此神圣，到了战国时竟被弄得下落不明，成了一个历史公案。

　　与鼎相配的簋，形似碗而大，有盖和双耳。西周的铜簋下面带有一个
中空的方座或三足，有人考证说那是用于燃炭火温食的，不知当否。簋通
常用于盛饭食，九鼎所配的八簋究竟盛哪几种饭食，后人并不十分清楚。
据《礼记·内则》所列，饭食在周代确有八种，分别是黍、稷、稻、粱、
白黍、黄粱、稰（成熟而收获的谷物）、穛（未完全成熟的谷物），或许
它们即为八簋所盛。

陕西宝鸡出土的西周铜簋

　　青铜时代的炊煮器主要有鼎、甗、鬲三种，都是新石器时代就有的器型。其中鼎又是重要的盛食器，有方形和圆形两种。殷墟妇好墓还出土过一件汽锅，中间有一透底的汽柱，柱顶铸成镂空的花瓣形，十分雅致。汽锅到汉代多改用陶制，汽柱有的很粗，锅上另加有盖。这类汽锅可能在商代前就发明了，它本身代表着一种高水平的烹饪技巧，说明人们对蒸汽能早就有了深入的认识。采用这种原理的汽锅一直沿用至今，仍是一种很好用的蒸具。商代的盛食器有圆形的簋和高柄的豆，水器则有盘、缶和罐等。酒器有饮酒的爵、觚，盛酒的觥、尊、方彝、壶等。庶民阶层所用的器皿大多为陶制，但造型却与青铜器相似，他们死后，照例少不了在墓中随葬一两件陶爵陶觚等酒器，以表明他们饮酒的嗜好。

　　西周早期的青铜饮食器具，基本都是商代同类器的沿袭，造型上没有

多大改变，用途也基本相同。西周中晚期，不论器物的种类还是造型，都
出现了一些明显的变化，尤其是随着编钟的出现，最终确立了贵族们钟鸣
鼎食的格局。西周时期出现的编钟，不论从造型还是数量上，都远远不能
同东周相比，西周天子所用的编钟，至多相当于东周时一个卿大夫的规格，
不足为奇。

　　西周时贵族阶层中还十分流行一种青铜温鼎，这既可看作炊具，亦是
一种食器。这种鼎容积不大，高度一般不过20厘米，鼎下面还有一个盛火
炭的铜盘。还有一种习惯上被称为方鬲的铜器，下面也有一个容炭的炉膛，
与温鼎用途相同。这种鼎和鬲主要用于食羹，羹宜热食。它只供一个人使用，

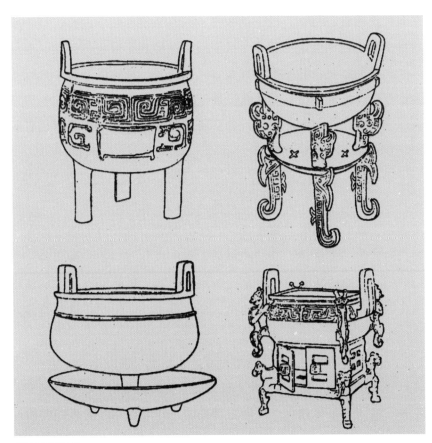

周代青铜温鼎

所以体积不用太大，与现代小火锅颇有相似之处。

贵族们在古代被称为"肉食者"，这是因为他们饮食中多肉。东周时烹饪技术有较大发展，肉食制品种类增多，进食方式也有了改进，餐叉的运用，正是这些变化的一个结果。我们知道西方使用餐叉的历史充其量不过 1000 年，这比起我国的战国时代要晚 1000 多年，比起齐家文化的三齿餐叉则晚 3000 多年。

三、人食与神食

一般认为，商周的青铜礼器是为通神灵，亦即通天地之用的。人神之间意向的交流，除了这些装饰精美的铜器，再就是器中所盛的牺牲之物。在商代统治者心目中，国家的大事，只有祭祀和战争两件，祭祀成了当时饮食生活中绝不可缺的程序。殷人敬奉鬼神到了疯狂的程度，有时为安抚一个贵族的亡灵，甚至要杀死数百人去随葬。从甲骨卜辞中可以找到这样的证据，统治者在行祭礼之前，甚至将千牛千人一起关在牢栏里，以备挑选作牺牲之用。在如此残民礼神的贵族集团中，就用这累累白骨筑造着一个虚空的神佑王国。

祭祀，为的是祈求神灵护佑。从《诗经·小雅·楚茨》中"神嗜饮食，使君寿考"的话中，我们可以看到贵族们祭祀时的心态。你看，神是极喜美食的，你恭敬地送它好吃的，它便会赐你多福长寿。郭宝钧在《中国青铜器时代》一书中说，"祭祀原是人们向鬼神行贿的一种手段"，这话可谓妙极。献给神的祭品，也就是所用的牲物，最终并没为神所享用，在相当多的场合下，却毫无例外地由人来代劳了。人们吃了这些祭品，还要说是神赐予的福气。

屈原是中国历史上伟大的悲剧式诗人，他创作了伟大的抒情诗篇。《离骚》《天问》《九歌》《九章》《远游》等为《楚辞》的精华所在，而《招魂》一章则是系统地将饮食融进诗文的杰作。屈原带着满腔的委屈与悲愤投汨罗江自尽了，他的品格与诗章遗留后世，成了中国古代文化中的瑰宝。

屈原所在的楚国本来十分强盛，后来逐渐走了下坡路。至楚怀王时，连吃了几次败仗，怀王自己也被诳入秦国，在秦滞留三年而不能返，终于客死他乡。秦人将怀王尸体送还楚国，楚人悲怜至极，如丧至亲。可能就是在举行怀王国葬时，屈原写了《招魂》，招怀王之魂进入墓穴安息，文辞如泣如诉，情悲意切。全篇道尽天地四方之凶怪，不可居游，声声呼唤"魂兮归来"；极力崇仰楚国文化之美妙，既有堂室馆舍之美、川原高山之美，也有游观张设之美、妾媵饮食之美，还有歌舞音乐之美、娱戏燕饮之美。这自然都是为了诱导亡灵留恋故土，不要远去。其中有关饮食烹调之美，其白话译文是这样的：

> 宗族家人摆上精馔种种祭享亡灵，
> 稻米小米新麦做的饭食掺上黄粱。
> 还有酸甜苦辣咸五味调和的佳肴，
> 炖得烂熟的肥牛蹄筋散发着芳香。
> 陈上那酸中微苦的吴国风味肉羹，
> 清炖甲鱼全烤羔羊配上甘蔗甜浆。
> 醋熘天鹅红烧野鸭煎炸大雁嫩肉，
> 卤子鸡烧大龟香味扑鼻无比清爽。
> 还有蜜煎米糕粉饼和甜美的饴糖，
> 如玉的美酒加兑蜂蜜斟满了羽觞。
> 滤糟的冰冻酒饮起来又醇又清凉，
> 华美的酒斗已摆好等待酌饮琼浆。
> 快回到故居吧，亲人们在恭敬等待！
> 不等你尝遍佳肴美女就奏起乐章，
> 铿锵钟声咚咚鼓点伴着新歌欢唱。
> ……
> 尽情地畅饮使先辈灵魂得以安息，
> 魂啊快快归来返回你生活的故乡。

这一篇悲怆而优美的招魂曲，和盘托出战国楚人所制作的佳肴，特别强调了楚国本地的风味菜肴，反映了南方地区烹饪所达到的高度。这里有五谷饭食和点心，有牛羊龟鳖鸡鸭鹄雁馔品，可以看出楚人极重野味。当然也少不了美酒，还要掺上甜甜的蜂蜜。楚地处于炎热的南方，夏日重清凉饮料，故特作"冻饮"，藏冰而为之。

招魂时不仅仅口头上如此呼唤，所言肴馔及用品都是实实在在准备齐全了的，一同葬入死者墓中，供其九泉之下受用。

灵魂不死，作为一种原始的观念，在人们心目中很早就形成了。这种观念伴随人类由蒙昧时代进入野蛮时代，又进入文明时代。人们一直认为，人的肉体虽会死去，但灵魂会永远活着，灵魂在肉体死后，照例对衣食住行有必需的要求。古来事死如事生，便是基于这种观念。活着的亲人十分仔细地为死者准备好一切物品用具，同死者埋葬在一起，其中食物和食器可算是随葬品的一个主项。后来帝王在死亡前便着手营造地下宫殿，就是企望将至高的殊荣带往冥间。

由这种事死如事生的做法，我们反转过来观察一番，可以由死者的待遇看到他生前的生活。要复原古人的饮食生活，这不失为一个最可取的途径。

1978 年初夏，湖北省随县（今随州市）发掘出一座战国早期的大墓，墓主人为曾国国君曾侯乙。这座墓深 13 米，墓穴面积 220 平方米。墓室周围填充有 6 万千克的防潮木炭，木炭上再以青膏泥密封，上面盖上厚重的大石板。墓穴内安置棺木和随葬品的椁室，用 380 立方米的方木垒成，高达 3 米。

这座墓出土的随葬品极为丰富，大部分为青铜器，总重量约为 10 吨。其中铜鼎就有三种，有 2 件烹牲体的大鼎，9 件盛牲的无盖鼎——列鼎，另有 9 件带盖圆鼎。盛食用的有 8 件同等大小的方座簋，进食用的有匕、勺和豆，烹饪用的有 9 件鬲等。如此九鼎八簋为中心的最高级别的礼器配置，照礼制是周天子所能独享的特权，论者多以为这是当时"礼崩乐坏"造成的僭越现象。也有人认为按《周礼·天官·膳夫》，天子该享用列鼎十二，诸侯该享用列鼎九，这种东周时的九鼎诸侯墓目前已发现 9 座之多，可证是通例而不一定是僭越。曾国在当时大约已附属于强楚，墓葬出土物反映出强烈的楚文化色彩。

　　曾侯乙墓青铜器除了鼎簋重器，还有酒器缶、壶、尊、冰鉴和水器匜、盘等。其中的一对冰鉴，方形鉴箱内置一方壶，壶与鉴之间可放冰块，可制如《招魂》中所说的"冰饮"。烹饪器中还有一件烤炉，下层为炉盘，上层为烤盘，出土时烤盘内还盛有鱼骨，炉盘上有炭灰。

战国时期铜冰鉴（湖北随州曾侯乙墓出土）

　　除了青铜器，还有大量漆木饮食器具。其中制作精美、彩绘鲜艳的漆木豆就有16件，还有颇具特色的食具箱和酒具箱。食具箱有2套，箱内装有铜鼎、铜盒、铜罐、铜勺等。酒具箱1套，装有耳杯16件，木盒5件，木勺2件，竹夹2件。这种酒具与食具箱显然是为方便外出而使用的，出行时可随置在车中，便于临时取用，或是畋猎，或是远游，都很实用。这座墓中随葬有金器，还有一套金盏，配有金杯、金匕，是中国历史上较早的金器。

战国时期金盅与金勺（湖北随州曾侯乙墓出土）

　　曾侯乙墓中最重要的发现还在于乐器，共 124 件，有整架的全套编钟和编磬，几种不同式样的鼓，二十五弦瑟，十弦琴和五弦琴，还有横笛、排箫和笙等，是一个相当规模的管弦乐队建制。其中最引人注目的是编钟编磬，编钟铜木结构的曲尺形钟架，全长 10 多米，高达 2.72 米，分三层，悬挂着 65 件大小编钟。这套钟虽然在地下埋藏了 2400 多年之久，出土后仍可以演奏乐曲，音域宽广，音色优美，气势宏伟。有关编钟的演奏方式，被清楚地描绘在同墓中出土的一件鸳鸯形漆盒上。

　　钟鸣鼎食的传统，到此时似乎演进到一个新的高峰，或者可以说达到了顶峰。人食与鬼食，保留在埋藏了数以千年计的墓葬中，高级贵族们的饮食生活方式，在曾侯乙墓中可以看到一个缩影。

四、初酿与酒池

　　人类的饮食是由食和饮两部分组成的。现代世界的食品数不胜数，饮料也是如此，其中最流行的莫过于茶、可可、咖啡和酒。中国上古的饮料主要为浆、酒、茶，当然最大众化的还是水，各有各的用场。水是自然物，论制作以酒和茶较为复杂，而酒的酿造年代又早于茶的炮制，所以关于酿酒的起源便成了有关学科研究的热门课题。

汉代人称酒为"天之美禄"，认为是上天给人类的恩赐，当然不能说是平白由天上掉下来的。从战国起到汉代，人们在狂饮乱醉之后，自然想起了最先造酒者为他们所带来的美好享受，这初酿者是谁呢？考究的结果，说法不一。按佚书《世本》说："仪狄始作酒醪，变五味。"又说："杜康造酒，少康作秫酒。"战国末期编写的《吕氏春秋·勿躬》亦有如是说。而《战国策·魏策》说仪狄是奉禹帝女儿之命作酒的，言："帝女令仪狄作酒而美，进之禹。禹饮而甘之，遂疏仪狄，绝旨酒。"东汉人许慎在《说文解字》中曾分辨过究竟是仪狄还是杜康造酒，最后按《世本》的折中说法，以为"古者仪狄作酒醪，禹尝而美，遂疏仪狄。杜康作秫酒"。陶渊明先生《集述酒诗序》更有高论，说"仪狄造酒，杜康润色之"。

总之，是仪狄在杜康之前便酿成了酒。但创制甘美酒醪的仪狄，不但没得到大禹的赏识，反而被疏远了。既有疏远之举，仪狄原本必是近侍，或者即是帝女的婢仆，但历史上没有留下这个人更多的记载。当然，我们也用不着费更多的心思去查考仪狄的生平，因为一向认定的这位初始造酒的人，恐怕只是酿成了某一个更好的品种而已，并不见得就是天下的第一杯酒。大禹的时代不是酒的初酿时代，那种保守的说法可能将酿酒的发明拉后了数千年之久。

晋代文人江统作过一篇著名的《酒诰》，以为"酒之所兴，肇自上皇。或曰仪狄，一曰杜康。有饭不尽，委余空桑，郁积成味，久蓄气芳。本出于此，不由奇方"。他不相信是仪狄或是杜康始酿之说，认为酒的初酿要早到神农时代，这与汉时《淮南子》"清醠之美，始于耒耜"之说如出一辙。

为了探求酒的始酿年代，历代学者都发挥了自己的想象力。宋人周密《癸辛杂识》说："有所谓山梨者，味极佳，意颇惜之。漫用大瓮贮数百枚，以缶盖而泥其口，意欲久藏，旋取食之。久则忘之，及半岁后，因至园中，忽闻酒气熏人。疑守舍者酿熟，因索之，则无有也。因启观所藏梨，则化而为水，清冷可爱，湛然甘美，真佳酝也。"这类事例还见诸元代著名诗人元好问的《蒲桃酒赋·序》，说他的邻居避难自山中归家，看到家中竹器上盛的葡萄正好挂在一个空盆上方，葡萄已干枯，而汁却流进盆中，其味如酒气熏香，饮之如良酒。其实本来也用不着引经据典，常吃水果的人偶尔吃到那伤烂的果子时，会感到有一股酒味，这就是"酒化"的效果。由于"酒化"是一种自然现象，往往不一定需人力所为，人们由此断定酒的起源似乎没有源头。一般野果很容易直接受到自然界中酵母菌的作用而发酵生酒，古籍中因此还出现过猿猴也会酿酒的记载。

这种猿酒似乎极易获得，猿既能为，人就更不在话下了。可惜得很，中国远古连这种人工果酒的传说都没有。我们不能据此断定史前未曾酿过这果酒，即便有过，也是一种偶尔或个别的现象，没有形成传统，果酒没有成为史前人生活的必需品，也可能仪狄所造的正是这果酒，由于过分甜美而被大禹禁绝。后来杜康发明了谷物酿酒新法，直到数千年后，人们反而忘却了美而易得的果酒，甚至还要到域外去求取酿法，此事着实令人费解。

谷物酿酒不像果酒来得那么容易，因为谷物不能与酵母菌直接起作用而生出酒来，淀粉必得经水解变成麦芽糖或葡萄糖后，也就是先经糖化后才可能酒化。

历史上有这样的巧事，一些无可挽回的错误，反而造成了意外的巨大成功。人类的初酿成功，可能就起因于谷物贮存不善而生芽发霉，这种谷物煮烹后食之不尽，很容易变成酒醪，这便是谷芽酒，正是江统所云"有饭不尽，委余空桑，郁积成味，久蓄气芳"的立论所在。许多次的失误，却使人们多次尝到另一种美味，于是有意识的酿造活动就开始了。

从一些晚近的记载中，我们可以粗略推知初酿发明时代的情形。明人陈继儒《偃曝谈余》说："琉球造酒，则以水渍米，越宿，令妇女口嚼手搓，取汁为之，名曰米奇。"这是用人的唾液来使淀粉糖化而发酵成酒。还有郁永河的《稗海纪游》中也说，台湾高山族酿酒时，"聚男女老幼共嚼米，纳筒中，数日成酒，饮时入清泉和之"。这种做法，是将酿酒的糖化和酒化分开进行的。中原地区大概很早就发明了糖化和酒化同步进行的复式发酿法，具体表现在酒曲，古时称为"曲糵"。有人认为中国曲糵的使用是和谷物酿酒同时出现的，这极有可能。不过，人工酒曲的发明不可能是短时间所能完成的，制曲和酿酒实际是一个对微生物接种、选种、培养和应用的复杂过程，需要长期的经验积累。

《尚书·说命》中记载了商王武丁把他的大臣比作曲糵的内容，叫作"若作酒醴，尔惟曲糵"，表明当时已完成曲糵的发明，这是距今 3000 多年以前的事。酒曲酿酒是中国的伟大发明，这比其他古代世界文明地区所流行的用麦芽糖再加酵母发酵的酿造工艺要先进得多。直到 19 世纪 90 年代，法国人卡尔迈特才从中国的酒曲中分离出糖化力强并能起酒化作用的霉菌菌株，用于酒精生产，突破了西方酿酒非用麦芽做糖化剂不可的古老程式。难怪有的外国学者将酒曲的发明和应用与指南针、火药、造纸、印刷术四大发明相提并论，合称为中华民族对人类做出的"五大发明"。

30 多年前，学者在河北藁城台西村商代遗址出土的酒器内，发现了不少灰白色的沉淀物，经鉴定，那是人工培植的酵母，是粮食造酒的重要原料，由此可证明商代确已有粮食酒。不少人还根据商代青铜酒器式样，通过类比发现更早的龙山文化时期就有了一些相似器形，由此推断酿酒始于该时期。

需要指出的是，人们所提到的大汶口文化和龙山文化时期的高足杯、觚形杯、觚等大都为饮器，而且都是礼器化了的器具，是酒文化发展到比较成熟阶段的产物，不是初始阶段的物品，这些礼器化的酒具为商周文明所继承，延续使用了相当长的时间。这说明饮酒已形成了一套包括器具造型在内的礼仪规范。谷物酒在农业种植时代到来不久就被发明出来了，这应当是新石器时代初期的事。其实关于酒的起源，在儒家的经典著作中早有成说，只是极少有人注意罢了。如《礼记·礼运》便将酒的出现定在人工钻木取火成功后的神农之世，或说在黄帝之时，不晚于夏代。

最新的研究表明，仰韶文化时期已经有了成功的初酿，仰韶人已经品尝到了甘美的谷物酒。仰韶文化流行的小口尖底瓶，它的造型独特，尖尖的底，紧收的口，圆鼓的腹，对称的耳，被认为是一种汲水器具，这在相当长的时间里都是主流观点。

考古学家苏秉琦先生不仅对尖底瓶做过细致的类型学研究，同时也论及它可能的用途。他认为甲骨文中的"酉"字有的就是尖底瓶的象形，由"酉"字组成的会意字如"尊""奠"，器具中所盛的不应是日常饮用的水，甚至不是日常饮用的酒，而应是礼仪和祭祀用酒。他由此进一步推断，尖底瓶应是一种祭器或礼器，所谓"无酒不成礼"。

甲骨文中"酉"字的确是尖底瓶酒器的象形，"尊"字是双手举起尖底瓶的样子，而"奠"则是标示着放置在台座上的尖底瓶。商朝人好酒，但商代极少用这种尖底酒器，如此看来，像这样的字形会不会在尖底瓶的时代就已经形成概念了？

还有一些研究者拿古埃及用尖底瓶酿酒的壁画作旁证，进一步认定仰韶文化中的尖底瓶应当也与酿酒有关。近年更有考古学者通过对尖底瓶内残留物淀粉粒和植硅体分析，判定尖底瓶是酿造谷芽酒的器具，酿酒原料包括黍、薏苡、小麦、稻米、栝楼根、芡实，另外还有其他块根等附加植物原料，确认在仰韶时期黍与稻两种谷物已同时用作酿酒原料，最常用的原料为黍。

尖底瓶在黄土地带流行的年代，是在 7000~6000 年前。仰韶人制备了专用的酿酒器具，表明他们已经掌握了成熟的酿造技术，而真正的初酿一定出现在比他们更早的时代。

在龙山文化时期，约略相当于我国历史上的第一个王朝夏代和稍早的时期，在长江和黄河流域的许多遗址中，发现了大量陶制酒具，从中可以看出当时饮酒已是一种时尚，酒已成了人们最重要的饮料。最初酿酒成功的先民们不会想到，酒愈酿愈醇浓，而中国历史上的许多可歌可泣、可爱可憎、可笑可悲的重要事件，竟都因酒而生，酒的作用与影响远远超出了它作为饮料存在的价值。

酒的酿造成功，开了其他许多酿造活动的先河，后来出现的醋、豉、酱、菹等的酿造工艺无不与酿酒技术有关。酿造在人类饮食生活中，占有相当重要的地位。

汉代及以后的人，一说到殷商奢靡，无不以纣王的"酒池肉林"概而论之，这恐怕并非夸大之辞。成百上千头的牲肉悬挂起来，不就是"悬肉为林"吗？在安阳殷墟的一座大型墓葬中，曾出土过一尊举世闻名的后母戊大方鼎，高 133 厘米，重达 875 千克，可供数十人进食之用。商代后期，这种巨型铜器逐渐增多，可见肉食量的增加趋势是很明显的。宰杀的牲肉多到铜器盛之不尽，于是便委之于地，这就成了史籍中所说的"肉圃"，《韩非子·喻老》中说"纣为肉圃"，指的可能是这类情形。

商代后母戊大方鼎（河南安阳出土）

　　商代的肉食来源，既有家畜家禽，也有野兽。在郑州商城遗址发现过不少牛、羊、马、猪、犬的遗骸，其中以牛和猪数量最多。殷墟的发现也与此相似，后世的所谓"六畜"——马、牛、羊、鸡、犬、豕，在商代已经齐备了。

野兽也是重要肉食来源之一，获取的手段当然是狩猎。尽管贵族们将狩猎作为一种游乐活动进行，但大概也不会为空手而归兴高采烈，猎获物当然还是多多益善。有时一次狩猎活动需要很长时间，政府划定有专用的猎区，重要的猎场还设有离宫别馆。狩猎的方法，根据甲骨卜辞研究，主要有车攻、犬逐、焚山、矢射、围网、陷阱等。在郑州和殷墟出土动物遗骸中鉴定出的野生动物有：麋鹿、梅花鹿、獐、虎、獾、猫、熊、兔、黑鼠、竹鼠、犀牛、狐、豹、扭角羚、田鼠，鸟类，还有青鱼、鲤鱼、黄颡鱼、赤眼鳟、草鱼、田螺、蛤蜊、鳖、龟、河蚌及海产鲟鱼、鲻鱼、鲸、海蚌、海贝等。大部分当是殷人直接渔猎所得，少部分则是通过其他途径得到的。

这些家畜和野兽，可以开列成一张十分丰盛的菜单，殷人肉食品类之多，这是最直接的证据。

殷人嗜肉，更狂于饮酒。兵书《六韬》中说："纣为酒池，回船糟丘而牛饮者三千余人为辈。"三千之众，同饮一池之酒，酒池之大，盛酒之丰，可以想见。也许这是夸大之词，不过酒池总是建过的，究竟有多大，那就难以知晓了。近来在河南偃师商城宫城的后庭发现有巨大的水池遗迹，有人疑为酒池，还有待研究。

不仅商纣王建过酒池，晋人皇甫谧《帝王世纪》说夏代亡国之君桀也造肉山脯林，"以酒为池，使可运舟，一鼓而牛饮者三千人"。所谓"牛饮"，指毫无节律，饱足而不知止。汉代刘向《列女传》中说用专人按着饮者的头到酒池中去饮，因醉而溺死池中者常有之。到汉代时，据说汉武帝刘彻也曾有过这样的"壮举"，他也象征性地建过酒池肉林，引外国使臣泛舟于酒池之上。《三辅黄图》中说秦始皇也造过酒池，可见酒池是帝王们的癖好。

酒池的建造，恐怕很难说清楚究竟是哪个帝王的创造，这倒很像是一种地道的远古遗风。《礼记·礼运》叙及太古之俗，谓"汙尊而抔饮"，经学家的注说是："汙尊，凿地为尊也；抔饮，手掬之也。"凿地而饮，指的是掘井取水而饮之，水又有"玄酒"之名，西周时帝王还常用这玄酒祭祀。有一种意见认为，酒发明以后，很长一段时间是掺在水里饮用的，为承继原有的凿井而饮的传统，或将酒倾入井中，或掘大池盛水与酒，即为酒池。夏桀与商纣，只是在传统的饮酒方式上做了一些变革，但是这一改变却非同小可，使质朴一变而为奢靡，最终便落得个不可收拾的结局。

细心的考古学家发现，在商代一些贵族墓中，凡是爵、觚、斝、盉等酒器大都同棺木一起放在木椁之内，而鼎、鬲、甗、簋等饮食器具都放在椁外。可见商人嗜酒胜于食，他们格外注重酒器，随葬时也要放在离身体更近的地方。贵族们的地位和等级的区别，通常在酒器而不是在食器上反映出来，较大的墓中可以见到10件左右的酒器，明显地配成套。商代晚期一些大墓中多的可见到100多件酒器，但一般的平民墓中却不大容易见到这些器具。

商代饮食文化是青铜文明的一个重要组成部分。青铜器的发明为文明社会的到来奠基，贵族阶层把大量的青铜用于铸造礼器，这些礼器多半都是饮食烹饪用具，它们将贵族们的饮食生活装点得丰富多彩。灿烂的青铜文明和古老的酒文化可算是中国古代文明的标志。这固然是那个社会发展的物质基础，甚至可以说是强大的动力，可在特定的场合，它们也会变成阻力，阻碍历史的进展。大禹禁止仪狄造酒时，便曾说过"后世必有以酒而亡国者"，这话在夏在商都得到了印证。周人在许多文诰中，都说商纣王是因狂饮而亡国的，为吸取这个深刻的历史教训，周人制定了严厉的禁酒措施。

据《史记·殷本纪》及其他史籍记载，商纣王刚即位时，曾是一个很有作为的帝王，他"资辨捷疾，闻见甚敏；材力过人，手格猛兽"，能"倒曳九牛，抚梁易柱"，"知足以距谏，言足以饰非，矜人臣以能，高天下以声，以为皆出己之下"。这虽不能全算是优点，但也着实不是昏君的模样。后来，他逐渐变了，变得"好酒淫乐，嬖于妇人"，以至以酒为池，悬肉为林，"使男女倮相逐其间，为长夜之饮"。如此纵酒行乐，便越发昏庸了，于是就兴出炮烙之法、醢脯之刑，良臣被囚被杀，或至叛逃。商王朝终为周武王率诸侯攻伐，纣王落了个自焚鹿台的下场。

武王伐纣，在誓师大会上列举纣王最重大的罪名，是听信妇人之言，纵容"母鸡司晨"。实际上，最根本的原因在于纵酒。西晋葛洪所著《抱朴子·酒诫》的论断是："宜生之具，莫先于食。食之过多，实结症瘕，况于酒醴之毒物乎？夫使彼夏桀、殷纣、信陵、汉惠，荒流于亡国之淫声，沉溺于倾城之乱色，皆由乎酒熏其性，醉成其势，所以致极情之失，忘修饰之术者也。"这是说，对人身体有补益的食物吃多了，会危害健康，更何况酒醴之类的毒物，饮多了更会给人带来伤害。夏桀、殷纣之所以沉溺于声色之中，都是因为纵酒改变了性情，导致越来越纵欲，而忘记克制修饰自己。用现代科学来分析，商纣王是饮酒过多而致酒精中毒，神经错乱，后来显然是身不由己而信妇人之言了。事实上，商纣王的可悲还不仅仅在酒精中毒，恐怕同时还有铅中毒症状。

商代所用的青铜酒器，乃是铜、锡、铅的合金。早期青铜器含铜量高达 90%~98%，接近于纯铜。中期以后，铅、锡比例增大，含铜量偏低，锡、铅比便分别占 5%~8%、1%~6%，有的含铅量高达 21%~24%。晚期的铜器，如后母戊大方鼎，含铅量约为 2.8%。考古学者注意到，年代愈晚的商代青铜礼器，以铅代锡的趋势愈为明显。那时的青铜工匠们根本不会知道，以铅代锡所铸成的青铜酒器，带来了多么大的灾难性的结果。现代科学证实，用含铅的容器盛酒并加热，每升酒中的含铅量高达 33~778 毫克。一般人体的正常含铅量是不超过 100 微克 / 升，长期饮用大量含铅的酒，必然会引起铅中毒。铅对人体各部位的组织均有危害，尤其对神经系统、造血系统和血管组织危害极大。铅在人体内会迅速被肝、肾、脾、肺及脑组织吸收，它抑制细胞内含巯基的酶，使人体生化和生理功能发生障碍。铅还会使人血液中红细胞膜脆性增加，发生溶血，使人易患动脉内膜炎、小动脉硬化和血管痉挛等病症。

严重的铅中毒者，可出现铅毒性脑病，表现出谵妄、痉挛、瘫痪、昏迷以至失明。商纣王长期使用含铅量高的青铜器饮酒，可以推测他患了铅中毒，从他典型的谵妄症可以看出来。谵妄症人神志恍惚，对时间、地点及周围的事物失去辨认能力，以至出现幻觉、错觉、胡言乱语。纣王在明知西伯（周文王）有推翻商王朝的举动时，还自以为天命在身，毫不在乎。叔父比干，眼看国势危急，死力相谏，不为所用，纣王反而十分愤怒，还命人剖比干之胸，挖心观验！真是神经错乱到了极点，又怎能逃脱王朝灭亡的命运呢？

五、五味调和

面对丰盛饮食，不能胡吃乱喝，西周时至少在王室已总结出一些经验，制定了一些主食与副食的配伍法则。《周礼·天官·食医》中认为："凡会膳食之宜，牛宜稌，羊宜黍，豕宜稷，犬宜粱，雁宜麦，鱼宜苽。"将六谷与部分禽畜野物划出对应关系，这里面还有着极深奥的医学道理。

比如说"牛宜稌"，是说食稻时最好配以牛肉。牛肉气味甘平，稻米味苦而温，二者甘苦相成，所以配食最宜于人。其他"羊宜黍"等五组亦皆"其味相成"，所以是最合适的配伍。那意思自然是说，如果一不注意，违反了这些条条，就免不了给身体带来伤害，弄不好是要生病的。这当然只是贵族们的教条，与大众是不相干的。即便是贵族，恐怕也不一定能不折不扣地照办，而且一般也不易熟记这一套。当然天子不必去死记这配餐原则，宫廷内专设有"食医"中士二人，主管此事，他们负责时常提醒天子。配餐原理，非医道而不可谙，有食医把关，天子自可放心地去吃了。

食有所宜，亦有所忌，周代时已有了许多经验之谈，其中自然也少不了臆断。《礼记·内则》说："凡食齐视春时，羹齐视夏时，酱齐视秋时，饮齐视冬时。"讲的是饭要温时食用，所以春天来作比方；肉羹则要趁热吃，热如炎夏；酱类则要吃凉的，凉如秋风；饮料又要冷饮为宜，冷如寒冬。作为禁忌，规定了一些不能吃的东西，如：雏鳖不可食，食狗要去肾，食狸要弃正脊；鳖要去丑（后窍），兔则去尻（尾脊）；狐不取首，豚不用脑；食鱼则要小心那一块卡喉的"乙"形小骨。对于禽鸟，也有诸多食用禁条，如雉尾不盈握，不食；舒雁翠（鹅尾肉）、舒凫翠（鸭尾肉）不食；鸡肝、雁肾不食等。古人认为这些部位对人体不利。

由于反复的烹饪实践活动，对于不宜食用的物类，人们也有了许多经验积累，如所谓"牛夜鸣则庮"，说夜里叫的牛肉有臭味；"羊泠毛而毳，膻"，讲的是羊毛尖端拧结的羊，肉味过膻；"狗赤股而躁，臊"，说尾部发红而狂躁的狗，肉味发臊；"鸟麃色而沙鸣，郁"，色泽不光润叫声又不响亮的鸟，肉有腐臭之味；"豕望视而交睫，腥"，爱向上张望而眼毛粘连的猪，有内病而不可食；"马黑脊而般臂，漏"，脊毛发黑前腿毛色斑杂的马，肉亦臭不可食。由此种种，可见周代宫廷烹饪选料之精。

不唯如此，对于烹饪所用的作料，也规定了一些配伍法则，表明当时的饮食生活已建立在相对科学的基础上，这些当是宫廷厨师们不断探索的结果。例如做脍，规定作料"春用葱，秋用芥"；而烹豚，则"春用韭，秋用蓼"。烹调牛羊豕三牲要用藙（茱萸），以散肉毒，调味用醯（酱）。如是野兽类，则取梅调味。又烹雉，只用香草而不用蓼。

要说调味，就要说到酱。商代之时，调味品主要是盐、梅，取咸、酸主味，正如《尚书·说命》中所言"若作和羹，尔惟盐梅"。到周代时，调味固然也少不了用盐、梅，而更多的是用酱，这种酱便是可以直接食用的醯醢。

中国历代烹饪大师和美食家都十分看重酱的作用。《清异录》中说："酱，八珍主人；醋，食总管也。"意为没有酱就难成体统。时代的变更，食者嗜酱的习惯多少会随着有些改变。如《云仙杂记》中说唐代风俗贵重葫芦酱，《方言》中说汉代以鱼皮乌贼之酱为贵。

周代的情形，详见于三礼。《礼记·曲礼》中说，"献孰食者操酱齐"，孰食即熟肉，酱齐指酱齑。经学家的注解是："酱齐为食之主，执主来则食可知，若见芥酱，必知献鱼脍之属也。"也就是说吃什么肉，便用什么酱。有经验的吃客，只要看到侍者端上来的是什么酱，便会知道要吃哪些珍味了。

难怪周王庶馐百二十品，还须配酱百二十瓮！每种肴馔几乎都要有专用的酱品配餐，这是周代贵族们创下的前所未有的饮食制度。根据《礼记·内则》记载，可以知道不少这样的配餐规定。如食蜗醢配以雉羹，食麦饭配脯羹和鸡羹，食稻饭则配犬羹和兔羹。煮豚配以苦菜，烹鸡和炰鳖配以醯酱，烧鱼则配卵酱。食干脯配蚳醢，食脯羹配兔醢，食麋肤（大鹿肉片）配鱼醢。食鱼脍用芥酱，食麋腥（生肉）用醯酱。孔子说"不得其酱不食"，正是这种配餐原则的体现。

大概到了汉代，酱才作为面酱和豆酱的专称，不再作为包括咸菜和酸菜在内的泛称。汉代人对酱有偏好，在长安甚至有因卖酱而成巨富的人。桓谭《新论》中说有一个乡下人得到了一碗腌酱，十分高兴，吃饭时生怕别人要他的酱吃，于是公开在酱碗中吐了一口唾沫。旁人心里气不过，于是都往这酱碗里擤鼻涕，结果弄得谁也没吃成。这虽不过是个寓言，却也反映了汉代人嗜酱的一面。

酱的制作离不了盐。《风俗通义》说"酱成于盐而咸于盐"，这也就是"青出于蓝而胜于蓝"的意思。古时传说"宿沙作盐"，指最初的煮海造盐。宿沙传说为炎帝时期的人，煮海盐的技术大约是很早的时候形成的。当然作为食盐，海盐并不是唯一一种。古代各地取用的食盐可分数种，都有独特的制备方式。除海盐外，另有池盐、井盐、末盐、崖盐等。海盐取海水煎煮或日光晒成，井盐取井卤煎烧而成，池盐取盐池水风吹日晒而成，末盐则是刮取碱土煎成。只有崖盐是直接刮取的崖上自生盐，不须煎煮。盐大都出自人力，也有纯为天生者，有些河水中、大漠下，都有天然盐块可取用。

汉代"齐盐鲁豉"陶盒

炼盐的方法究竟起源于何时，我们现在并不太清楚。最早当是取碱卤食用，慢慢而制成了人工盐。盐对于人类生活来说，实在是太重要了，要是没有盐，烹调术难有尺寸进步。汉代时，盐被称为"食肴之将""食之急者""国之大宝"，所以国家当时十分重视盐的生产。汉代盐业较先秦有很大发展，海盐、池盐和井盐产量都很高，临邛等地还发明了用天然气作燃料煮盐，炼出了高质量的井盐。

六、天子与农夫之食

　　周代天子的饮食分饭、饮、膳、馐、珍、酱六大类，其他贵族则依等级递降。据《周礼·天官·膳夫》载，王之食用稻、黍、稷、粱、麦、苽六谷，膳用马、牛、羊、豕、犬、鸡六牲，饮用水、浆、醴、凉、医、酏六清，馐共百二十品，珍用八物，酱则百二十瓮。这些大多指的是原料，烹调后所得馔品名目更多，天子之馐多至百二十品，不可枚举。燕食另加有"庶羞"，包括牛脩、鹿脯、田豕脯、麋脯、麏脯，还有雀、鷃、蜩（蝉）、范（蜂）、芝栭、菱、椇（白石李）、枣、栗、榛、柿、瓜、桃、李、梅、杏、楂、梨、姜、桂，瓜果等物，应有尽有。

　　八珍：周代精心烹制的八种珍食，是用独特方法制作的风味馔品。其烹调方法完整地保存在《礼记·内则》中，是古代典籍中所能查找到的最古老的一份菜谱。

　　一珍：淳熬。煎好肉汁，浇在稻米饭上，再淋上一些熟油，类乎汤泡饭，是主食的一种。

　　二珍：淳母。煎肉汁浇于黍米饭，再淋上油，法同一珍，只是主料不同。

　　三珍、四珍：炮豚、炮牂。将整只小猪、母羊宰杀料理完毕，在腹中塞上枣果，用苇子等将猪羊包好，外面再涂上一层草拌泥，然后放在猛火中烧烤，此即为"炮"。待外面的黏泥烤干，除掉泥壳苇草，净手揭去猪羊皮表面烤皱的膜皮。接着用调好的稻米粉糊涂遍猪羊全体，即放入油锅煎煮，油面必得没过猪羊。最后将猪羊及香脯等调料都盛在较小的鼎内，将小鼎放入大汤锅中，不可使汤水没过鼎口。就这样连续烧煮三日三夜，中途不得停火。食用时，还要另调五味。实际上这全猪全羊的烹制经过了炮、煎、蒸三个程序，集中了烹调术之精华，到能放入口中时，一定是肉烂如泥，香美无比了。

　　五珍：捣珍。将牛、羊、鹿、麇等动物的夹脊肉，反复捶捣，剔净筋腱，烹熟后调味食用。这一步的主要功夫在肉料的加工上，以加工方法而命名为"捣"。

六珍：渍。用新宰牛的鲜肉，薄切为片，绝其肌理，浸在美酒内，经一昼夜。食时以肉汁、梅浆调和，这是一种生吃肉片。

七珍：熬。将牛、羊、麋、鹿、獐等肉捶打去皮膜，晾在苇席上，再用桂、姜细末等调料撒在肉上，风干后即可食用。这实际是火脯，食时既可煎以肉汁，亦可直接干食。

八珍：肝膋。取狗肝，用肠间脂幪好，放在火上炙烤，待肠脂干燋即成。

在此八珍之外，《礼记·内则》还夹杂其中记有"糁食""酏食"两种馔品的制法。糁食是取牛、羊、豕等量，切成小块，再用多一倍的稻粉拌为饼后煎成。酏特指以稻粉作主料，用狼膏煎成。后来的经学家或以"糁食"为八珍之一，而将上述"三珍四珍"合为一珍，恐怕不无道理。实际上"一珍""二珍"也是一回事，制作方法完全相同。或者这八珍的排列并不完全是上面那样的顺序，而应当是淳熬、炮豚、捣珍、渍、熬、糁、肝膋、酏。不论怎么说，这内里一定存在着一些误会与误解。

这八珍可以看作周代烹饪发展水平的代表作，在选料、加工、调味和火候的掌握上，都有一定的章法，形成了一套固定的模式，奠定了中华民族饮食烹饪传统的基础。直到现在，这些烹饪方法有的还被我们的烹饪大师作为拿手戏而继承。我们所食用的诸多馔品都是由这个基础发展而来的，这是一些不大涉足历史的美食家所未曾想到的。

当然，后来的美食家们有了许多新的"八珍"，如将龙肝、凤髓、豹胎、鲤尾、鸮炙、猩唇、熊掌、酥酪蝉合称八珍。这样一来，八珍便成了一切珍稀馔品的代称，失掉了它原有的内涵。

酱：这里所指的酱，不是现在通指的面酱和豆酱，而是"醢醯"的统称。百二十瓮酱中包括醢物六十瓮、醯物六十瓮，实际是分指"五齑、七醢、七菹、三臡"等。

五齑：细切的昌本（菖蒲根）、脾析（牛百叶）、蜃（大蛤）、豚拍（猪肋）、深蒲（蒲芽），都是腌制过的酱菜。

七醢：酰（肉汁）、蠃（蛤）、蠯（蚌）、蚳（蚁卵）、鱼、兔、雁，均属荤酱。

七菹：韭、菁（蔓菁）、茆（应为白茅）、葵叶、芹、箈（细笋）、笋，是不必细切的腌菜，与齑略有区别。

三臐：鹿臐、麋臐、麇臐，均为野味。臐为带骨的肉块，有骨为臐，无骨为醢，二者烹法相同，均用干肉渍曲和酒腌百日而成。

天子与其他高级贵族，都是"肉食者"，盘中有时也能见到葱韭之类的蔬品，不过那多是作调味用的。周代一般平民的饮食，蔬果野菜占相当大的比重，与周王有天壤之别，正如《礼记·王制》所云"庶人无故不食珍"，不逢祭祀大典，庶民是难以吃到肉食的。蔬食的品名，有不少都保存在那部最早的诗歌总集《诗经》中，如《关雎》中的荇菜，《卷耳》中的卷耳，《茉苢》中的茉苢，《采蘩》中的蘩，《采蘋》中的萍与藻，《匏有苦叶》中的匏，《谷风》中的葑、菲、荼、荠，《园有桃》中的桃棘，《椒聊》中的椒聊，《七月》中的蘩、郁、薁、葵、菽、瓜、壶、苴、荼、樗，《东山》之苦瓜，《采薇》之薇，《采菽》之芹、菽，《瓠叶》之瓠，《绵》之堇荼，《生民》之荏菽、瓜，《韩奕》之笋、蒲，《泮水》之芹、茆等。可以看出，很多诗都是以野蔬为名，通过这些蔬果表达了诗人的情感与襟怀。

时代再往后推移，我们把眼光转向明清朝廷，看到的依然是奢侈的景象。包括皇帝在内的显贵们，除了大肆挥霍浪费，纵情享乐，根本不懂得简朴为何物。据《大政纪》记载，明洪武二十七年（1394年），太祖朱元璋命工部在京城建立十五座大酒楼，分别取名鹤鸣、醉仙、讴歌、鼓腹、来宾等。这些酒楼都交给民间经营，然后赐钱钞给文武百官，让他们拿着这些钱去酒楼享乐。又据《明史·食货志》说，英宗朱祁镇九岁即皇帝位，他一个人所用的"膳食器皿三十万七千有奇，南工部造金龙凤白瓷诸器，饶州造朱红膳盒诸器"。他这个程度，还算是比较节省的。英宗在第二次当皇帝时，极为奢靡，天顺八年（1464年），光禄寺仅准备的果品物料就有120多万斤。他第一次当皇帝时，每年吃的鸡鹅羊豕费钱三四万，第二次当皇帝用量增加了4倍。宪宗朱见深下过一道诏书，令光禄寺为皇室准备牲口的费用不得超过 10 万，如果不限，真不知会挥霍到什么程度。要吃去这么多东西，需要大量的御厨来操办，据《明史·食货志》说，仁宗朱高炽时，宫中的厨役是比较少的，但也有 6300 多名。到宪宗时达到近 8000 名之多。

明英宗

清朝是中国历史上最后一个封建王朝，帝后的膳食集历朝陈规，有庞大的管理机构，也有大量的厨役，这一切都是空前绝后的。帝后的特权与尊严，在他们的饮食生活中得到了充分的体现。

清代宫中膳食的管理机构，主要为内务府和光禄寺，不过实际上直接掌理宫廷膳食的是"御茶膳房"。御茶膳房设管理大臣若干人，由皇帝特别简派。下面再设尚膳正、尚膳副、尚膳、主事、委署主事、笔帖式等职，作为次一级的管理官员。

七、食　官

历史上的文武百官，其中自然少不了有食官，尤其在王室，那更是少不得的。食官也必个个身怀绝技，想滥竽充数显然不易办到。

《周礼》将食官列为百官之首，统归"天官"。所谓天官，有总理万物之意，应是指最重要的一类官职。后世称宫廷食官为大官或太官，应是源于此。这与"食为天"的说法也相吻合。周官中的天官主要分为宰官、食官、衣官和内侍几大类，其中食官的排列次序仅次于主政的宰官。食官又分为膳夫、庖人、内饔、外饔、亨人、甸师、兽人、渔人、鳖人、腊人、食医、酒正、酒人、浆人、凌人、笾人、醢人、醯人、盐人、幂人等二十余种。各类食官中又有属下多人，分工合作，各司其职，总数多达 2294 人。这些食官中府、士、史是主管官吏，胥、徒、奚为直接操作人员，前者约 400 人，后者为 1800 多人。仅仅为了周王室几个主要成员（王、后、夫人、世子）的祭祀、宾客和日常膳食，就需要这么一个强大的阵容，所需食物之丰富，由此一端便可得而知了。

膳夫：食官之长，总管"王之食饮膳羞，以养王及后、世子"。所制食物品类包括前所述及的馐百二十品、八珍、酱百二十瓮等。膳夫不仅要领导各部门搞好饮食供给，还要负责天子的饮食安全，在天子进食之前，要当着天子的面尝一尝每样馔品。天子等到确认食物没有什么毒害，才敢放心进食。不论是祭祀还是宴宾，天子所用的食案，都由膳夫亲自摆设和撤下，别的人不能帮办。

庖人：掌六畜、六兽、六禽之供，还包括其他种类的已死的鲜活动物。庖人负责辨认各类动物的名称，他们并不直接参与厨事，至多只是杀牲而已，而且是由"徒"掌刀。庖人中还包括有八个贾人，负责采购肉物等。

内饔：掌膳馐割烹煎和之事，分辨牲肉各部位名称、善别百味馔品名称。负责选择馔品，制定每日食谱，还要辨别那些腥、臊、膻等不可食者，不能倒了天子与王后的胃口。王用作颁赐的馔品也统由内饔制备。

外饔：主掌宫外祭祀筹备的工作，办理祭祀所用的食物。国家招待耆老孤儿和王之庶子的食物，还有军队出师前天子颁赐用的脯肉，统由外饔办理。

亨人：即烹人，职掌烹饪事务。内饔和外饔所需烹煮的食物，都由烹人制作。烹人直接主持厨事，主要是烹制大羹（不调和五味）和铏羹（五味调和），既用于祭祀，也招待宾客。

甸师：主管粮草，供给谷物和内外饔烹饪所用柴草、桃李等瓜果。甸师还有一个附带职责，就是执行对王室成员罪犯的判决，职掌颇重，难怪有三百之众。

兽人：负责狩猎，冬天献狼，夏季献麋，春秋供其它小兽。这些官员当然大部分不会直接参与狩猎，主要是谋划指挥，收取猎物。所得野兽直接送交腊人加工。

渔人：负责按季节捕鱼，供王膳馐。同时，还要负责辨别鱼的新鲜程度。

鳖人：掌管龟鳖及蛤蚌的供给，"春献鳖蜃，秋献龟鱼"。

腊人：主管腊肉的制作，供内外饔使用。

食医：负责天子饮食配伍，指导烹调事务。天子本来有医师三十、疾医八、疡医八人，共四十六人，又单设中士食医二人，以确保饮食安全。

酒正：熟谙酿酒之法，按规定投放酒曲。负责分辨五种酒，指泛齐（有酒滓浮在面上的薄酒）、醴齐（带滓的甜米酒）、盎齐（色白而味适中的酒）、缇齐（色红味厚之酒）、沈齐（滤过的醇酒）五酒；辨别三酒四饮之物，三酒即事酒（有事而饮的平常之酒）、昔酒（陈酿）、清酒，四饮指清（滤去滓的醴酒）、医（酿粥而成）、浆（酸性饮料）、酏（稀粥）。负责供给天子所用饮料和祭祀用酒，还要掌管酒的颁赐，按法则行事。

酒人：直接负责上述"五齐三酒"的酿造，提供祭祀和礼宾所用的酒。

浆人：负责提供天子所需的饮料，统称为"六饮"，即水、浆、醴、凉（寒粥）、医、酏。

凌人：掌冰，十二月时斩冰入窖，春季准备好冰鉴，预备盛冰以保存内外饔的膳馐和酒浆等。夏季时负责提供天子颁赐给群臣的冰块，秋季则洗刷冰室，预备藏冰。

笾人：掌四笾之实。笾为竹编的高柄盘，四笾即朝事之笾、馈食之笾、加笾、羞笾。朝事之笾为早餐所用的笾，盛䴴（麦饭）、蕡（麻饭）、白（稻饭）、黑（黍饭）、形盐（筑成虎形的盐）、膴（生鱼片）、鲍（咸鱼）、鱐（干鱼）；馈食之笾指盛果品所用笾，主要果品有枣、栗、桃、干梅、榛子等；加笾为正餐间加食之笾，盛菱、芡、栗、脯各两盘；羞笾所盛为糕羞，即糗饵、粉粢。

醢人：掌四豆之实。豆与笾相对应，也分朝事、馈食、加豆和羞豆四类。朝事之豆盛韭菹、醓醢、昌本、麋臡、菁菹、鹿臡、茆菹、麇臡，馈食之豆盛葵菹、蠃醢、脾析、蠯醢、蜃、蚳醢、豚拍、鱼醢，加豆盛芹菹、兔醢、深蒲、酏醢、箔菹、雁醢、馈豆盛酏食、糁食。醢人所掌包括五齑、七醢、三臡在内，天子之食供醢六十瓮，礼宾供醢五十瓮。

醯人：负责制作酸菜、盐菜之类，天子之食供醯物六十瓮，礼宾供五十瓮。

盐人：掌供百事之盐，祭祀用苦盐（盐池盐）、散盐（海盐）。礼宾供形盐、散盐，供天子膳馐所用饴盐（石盐）。

幂人：掌供巾幂。祭祀时要以疏布巾盖八尊（盛酒器，五齐三酒盛于八尊），以画布巾（画有五色云气之巾）幂六彝（盛酒器，郁鬯之酒盛于彝）。天子所用布巾都有黑白相间的条纹。这种职位并不算繁复，却设置31人用事，一为饮食卫生，二则是出于礼仪要求。

周代食官的设置，在事实上可能不尽如《周礼》所述，但这种制度的影响却十分深远，历代朝廷大都有相当规模的机构操办王室饮食，都可以从中看到《周礼》的影子。

士一般受过良好的教育，能文能武，有的出身贫苦，就要靠后天努力，不能世袭。这些士为了得到发挥才能的机会，四处游说，一旦受到国君赏识，便可破格提拔，有的能进到卿相的位置，起到左右政局的作用。如商鞅原本是魏相公叔痤的家臣，到秦国说动了秦孝公，后被任为大良造，得到秦的重要官职。张仪也是通过游说而得到重任的，成为显赫一时的风云人物。

战国中期以后，诸侯国中有权势的大臣常常养士为食客。有名的"战国四君"——孟尝君、平原君、信陵君、春申君，以及吕不韦等人，所养的食客都超3000人。这些食客包括不同学派的士，也有罪犯、奸人、侠客，甚至包括有鸡鸣狗盗之徒，凡有一技之长的，都可能被收养为食客。食客们帮主人出谋划策，奔走游说，以至代为著书立说，无所不能。

被各国权势者当食客收养的士，在战国时代成为社会最活跃的一个阶层。他们接受主子的衣食，为主子效力卖命。有创造英雄业绩者，也有祸国殃民者，鱼龙混杂，不可胜数。

八、家国所系

中国历史上经历过许多动乱时期，然而连续 500 多年大规模战争不断、人民少有安宁的时间段却并不多见，这便是历史学家们所说的春秋战国时代，其中以战国时期的兼并战争更为频繁剧烈，这在中国历史上也是绝无仅有的。战争的胜负，取决于军事力量的高下，但有时酒食的影响也很大。两军激烈交战于沙场，成败却有时操控于樽俎之间，其微妙的结局往往令人难以置信。

列国争霸主要是综合国力和军事上的较量，没有强大的军队，就只能听命于别国。如何养兵备战，是军事家们和政治家们十分关注的事情。秦国以变法著名的商鞅，变法的主要措施之一就是"重农重战"，以重农政策发展国家的经济实力，以重战政策加强武装力量，达到富国强兵的目的。在反映商鞅变法思想的《商君书》中，其《兵守》一章，谈到军粮的筹集形式，也算得是别具一格。在守城时，商鞅主张将军民统一分为三军，壮男一军、壮女一军、老弱一军。壮男之军每人要带足干粮，磨锐兵器，准备迎敌。壮女之军亦带足干粮，帮助挖壕沟，垒土障，阻止敌人进军。老弱之军则负责放牧牛羊猪马，在敌军到来之前，将牲畜赶出城外，将可吃的草木都吃尽，让草木化为肉食，实际上等于筹集了一份军粮，物尽其用。

干粮作为一种易于保存、便于食用的方便食品，在西周之前就有了。《诗经·大雅·公刘》"乃裹糇粮"之"糇"，即是干粮。后来干粮成为军队的一种主要食品，在战争中起到了重要作用。行军用它，守城也用它，《墨子·备城门》谈到守城时即说："为卒干饭，人二斗，以备阴雨。"阴雨天不便生火炊饭，所以随时都要准备一些干粮。

战事稍不留意，结局常有意外。尤其在军队饮食问题上，即便是老练的指挥家，也难免发生一些失误。将士们在衣食上稍得慰抚，便能斗志昂扬，所向披靡。传说越王勾践卧薪尝胆，十年生聚，为报吴国之仇，出师前得人民所献一囊干粮，于是将干粮分予军士同食。自然是连牙缝都不够塞的，可军士们却受到了巨大的鼓舞。又有献一壶酒者，越王命自上游倒进河中，与士卒共饮，结果也是"战气百倍"。无独有偶，当初秦穆公伐晋，渡黄河时准备慰劳将士，不料只剩下一壶酒醪，于是有人建议说："即便只有一粒米，倒进河里去酿成一河酒，将士们不就都能喝上了吗？"于是将这一壶酒醪倒进了黄河，士兵们都趴到岸边饮了黄河水，历史上因此留下"三军皆醉"的夸张之词。古兵书《黄石公记》认为那一壶酒醪无论如何也不可能使一河之水都变得有酒味，可三军将士却能因此出生入死，并非酒醪的滋味起了作用，而是一种精神激励。

战争的胜负不一定全都在战场上体现出来，谈判桌上、酒席宴上，往往也能出奇制胜。朝聘与盟会，是东周诸侯国之间外交活动的主要形式。《左传·昭公三年》："令诸侯三岁而聘，五岁而朝，有事而会，不协而盟。"朝聘以礼物往来，会盟则以酒食相飨。

有人以《春秋》的记载统计，春秋时的242年中，列国朝聘盟会达450余次，军事行动达480余次。无论军事行动还是朝聘盟会，都造成了大国对小国的掠夺。朝聘要送上各种贡品，霸国可以用各种名义索取小国的贡品，贡品稍不如意，便会招来讨伐之祸。盟会多是在吃喝之中，签订停战协议，以割地赔城而结束。据《左传·僖公四年》所记，这一年齐国出兵攻打楚国，理由是楚人不向周王室贡献包茅。周王室用酒祭神，通常要用包茅滤酒，包茅生长在南方，要靠楚国上贡。楚国强盛后不愿继续进贡，因此而招来非议。周王室虽无力讨伐，却有人"替天行道"，于是齐桓公便打着"尊王攘夷"的旗号，组织起齐、鲁、宋、陈、卫、曹、郑等国联军，浩浩荡荡南下讨伐楚国。直到楚国同意恢复进贡包茅后，才订立盟约，退兵北还。

楚国也有欺人太甚的时候。楚宣王有一次盟会诸侯，鲁国和赵国都给楚王献酒，鲁酒薄而赵酒厚。楚国的主酒吏对赵酒很感兴趣，希望赵国能单送一些给他，结果没得应允。于是这主酒吏好生不快，想出一个报复赵国的主意。他用鲁国的薄酒换了赵国的厚酒，楚王觉得赵酒太难饮，下了一个荒唐命令，派兵去围攻赵国的都城邯郸。这就是"鲁酒薄而邯郸围"的近乎荒诞的故事（《庄子·胠箧》）。

会盟有酒有肉，强国主盟，气氛一般比较平和。但如果会盟双方实力相当，有时也会相持不下，发生意想不到的事。如由平民自荐指挥长勺之战击败齐国军队的曹沫，被鲁庄公任命为大夫。后来齐国不甘失败，又进犯鲁国，来势凶猛，鲁国有些招架不住了，鲁庄公准备割地献城请降。两国会盟于柯（今山东阳谷东北），正准备举行割地的签字仪式时，曹沫突然手持匕首劫持齐桓公，要他归还侵占的鲁地，齐桓公为保住性命，不得已同意归还一部分鲁国失地。

此外还有与和氏璧相关的故事，更有戏剧性。赵惠文王得到了楚国的和氏璧，秦昭王听说后，也极想得到这块宝璧，而且假言愿以十五城相换。赵人不信有此等事，秦王因此很不高兴，接连两次讨伐赵国，拔一城而杀二万人。两年之后，秦王又假意与赵王和好，于是两王会于渑池。秦王饮酒饮到兴头上，脱口说道："寡人听说赵王爱好音乐，请为鼓瑟助兴。"这当然是一种侮辱，赵王迫不得已而鼓瑟。此事当时便被秦国御史记载下来，云"某年月日，秦王与赵王会饮，令赵王鼓瑟"。跟随赵王赴会的上大夫蔺相如，不甘忍受此等屈辱，便想出个以牙还牙之法，走上前说道："赵王听说秦王擅奏秦地乐曲，请秦王敲敲瓦盆以此互相娱乐。"秦王没有答应，蔺相如端着瓦盆，跪着要秦王敲打，秦王仍然不肯。相如要挟说："再等五步工夫，不答应我就跟你拼命！"秦王左右不敢妄动，秦王虽是满心不快，不得已还是敲了几下瓦盆。蔺相如十分得意，回过头叫赵国御史也记上这一笔。秦国的大臣又要赵国献十五城为秦王祝寿，蔺相如亦不示弱，要秦国把都城咸阳献给赵王祝寿。两相僵持，不欢而散。50多年之后，秦国最终吞并赵国。

类似在宴会上发生的险情，在春秋战国时代绝不止一二，甚至还有因嗜味而丧命的事。吴国公子光与伍子胥密谋，决定让勇士专诸刺杀吴王僚。专诸听说吴王僚十分喜欢吃烤鱼，便到太湖边向人学习烤鱼之技，"三月乃得其味"。公子光设宴，请吴王僚来自己家赴会。酒酣之时，专诸将匕首藏于烤鱼腹中，献给僚。既至王前，专诸擘鱼，以匕首刺之，吴王僚当场毙命。公子光自立为吴王，是为阖闾。公子光本人也十分爱吃烤鱼，他有一个女儿骄恣非常，据说每每与王争食烤鱼，竟至怨恚而死。

　　两军对垒，情势险恶，你死我活，来不得半点含糊。然而紧张之中，也会掺杂一丝丝轻松的气氛。敌对之军，还常以礼赠作为点缀。公元前575年，晋国和楚国在郑国鄢陵发生了一场恶战。晋厉公在战斗间隙还派出侍臣带着饮品，代表栾鍼去敌阵拜访率领楚国左军的令尹子重，以示晋国之勇。子重向使者述说了过去与栾鍼的交情，不客气地接受了使者带来的饮品，并当面喝了下去。放走这位特别使者后，紧接着子重击鼓出战，与晋军从早一直战到星辰出现在天空。后来因楚国将军司马子反喝了仆从所给的酒，醉不能战，楚师因之战败。

　　因饮食变故而带来的国难家祸，在春秋战国时代似乎特别多，这也从一个侧面反映出那个时代的人对饮食问题的态度。据《战国策·中山策》说，中山国君有一次宴请他的士大夫们，有个叫司马子期的也在座，就因为有一道羊肉羹的菜没给他吃上，心里十分窝火。子期一气之下跑到楚国，请楚王派兵讨伐中山国。中山国君只身逃脱，不料有二人紧随其后。一问才知，原来是弟兄俩，早年他们的父亲饿得快死了，是中山国君送给他随身带的干粮吃了，救了一命。二人救驾，正是为了报这救命之恩。中山国君十分感叹地说："我因为一碗羊肉羹而亡了国，却因一壶干粮而得到两个勇士救护！"

　　像司马子期这样，因为一道菜而闹出这么大的乱子的，在那个时代并不是什么稀罕事。又据《左传·宣公二年》所述，郑国公子归生受命于楚，前去攻打宋国，宋国将领华元带兵迎战。战前华元杀羊慰劳将士，结果忘了给自己的御手羊斟吃肉。开战后，羊斟生气地说："前日里给谁吃羊肉由你华元说了算，今日这胜负之事可得由我说了算！"于是驾着华元的战车直入郑国军阵，宋师没了统帅，遭到了惨败。以个人私怨而败国殄民，羊斟要算典型的一例。还有一件事发生于上述战争两年之后，即鲁宣公四年（前605年），楚人献了一个大鳖给郑灵公，郑公子宋（子公）和子家（归生）知道了这样的美味，很想一饱口福。灵公知道子公之意，有意刁难他。灵公把大夫们都召集来，让他们一起来尝尝鳖汤，同时也把子公叫来，却并不给他鳖吃。子公站立一旁，怒火中烧，跑上前去，将手指伸到鼎中，沾了一点鳖汤尝了尝，转身走出殿去。这使灵公十分恼怒，想杀掉子公。子公与子家有谋在先，还没等灵公动手，他们先杀了郑灵公。就这样，一锅王八汤，酿成了一幕宫廷悲剧。

一肉之恨必泄，一饭之恩必报，是东周时人们的典型品德之一。晋人灵辄在翳桑饿得走不动路了，躺在地上等死。正好被赵盾遇见，送给他随身所带的食物，并接济他年老的母亲。灵辄后来做了晋灵公的卫士，有一次灵公派人追杀赵盾，情势危急，灵辄倒戈相救，赵盾幸免于难，后方得知是灵辄报翳桑救命之恩。后来灵公被弑，赵盾又有机会回朝迎立成公。

九、礼始诸饮食

崇尚礼仪以规范社会行为，在周代是非常严肃的事。《礼记·曲礼》曰："入境而问禁，入国而问俗，入门而问讳。"这话成了周代那个崇尚礼仪的社会所奉行的行为准则。尤其对于饮食礼仪，人们态度之严肃，远不是现代人所能想象到的。

《礼记·礼运》中说："夫礼之初，始诸饮食。"意思是，礼仪产生于饮食活动，饮食之礼是一切礼仪的基础。饮食礼节虽然不是文明社会所独有的现象，它的产生可能与饮食本身大体同时，但文明社会的繁文缛节却远不是野蛮时代所可比拟的。由于文献资料的缺乏，我们对夏商时的饮食礼仪不是太清楚，但至迟在周代，饮食礼仪已形成了一套相当完整的制度。饮食内容的丰富，居室、餐具等饮食环境的改善，如何使饮食过程规范化，就成了一个亟待解决的问题。于是，高层次的饮食礼仪自然而然就产生了，与礼仪相关联的一些习惯也逐渐形成了。这些饮食礼俗即使在今天也有一定的合理性，许多规范一直出现在现代人的饮食生活中，这也是构成中国饮食文化的重要特征之一。

周代的饮食礼俗，经过儒家后来的精心整理，比较完整地保存在《周礼》《仪礼》和《礼记》的篇章中。这里我们简单叙述一下客食之礼、待客之礼、侍食之礼、丧食之礼、进食之礼、侑食之礼、宴饮之礼，从中可见周代饮食礼俗之大端。

（1）客食之礼。作为一个客人，首先，赴宴时坐的位置就很有讲究，要求"虚坐尽后，食坐尽前"。古时无椅、凳之类，席地而坐，一般情况下要坐得比尊者长者靠后一些，以示谦恭；而饮食时则要尽量坐得靠前一些，靠近摆放馔品的食案，以免食物掉在坐席上。

其次，要求"食至起，上客起"。宴饮开始，馔品端上来时，客人要起立。在有贵客到来时，其他客人都要起立，以示恭敬。如果来宾地位低于主人，必须端起食物面向主人道谢，等主人寒暄完毕，客人才可入席落座。

进食之先，等馔品摆好之后，主人引导客人行祭。古人为了表示不忘本，每食之先必拨出各种馔品少许，放在杯盘之间，以报答发明饮食的先人，是谓之"祭"。食祭于板，酒祭于地，等食毕后即撤下。如果在自己家里吃上一餐的剩饭，或是吃晚辈准备的饮食，就不必行祭，称为"馂余不祭"。

享用主人准备的美味佳肴，虽然佳肴都摆在面前，而客人却不可随便取用。须得"三饭"之后，主人才指点肉食让客人享用，还要告知客人所食肉物的名称，细细品味。所谓"三饭"，指一般的客人吃三小碗饭后便说吃饱了，须主人再劝而食肉。实际上，主要馔品还没享用，何得而饱？这一条实为虚礼。据《礼记·礼器》所云："天子一食，诸侯再，大夫、士三，食力无数。"这是说天子位尊，以德为饱，不在于食味，所以一饭即告饱，要等陪同进食的人劝食，才继续吃下去。而诸侯王是二饭、士和大夫是三饭而告饱，都要等到再劝而再食。至于农、工、商及庶人，便不受这礼法的约束，所以没有几饭而告饱的虚礼，吃饱了便止，正所谓"礼不下庶人"。

宴饮将近结束，主人不能先吃完饭而撤下客人，要等客人食毕才停止进食。主人未饱，"客不虚口"。虚口是指以酒浆荡口，使清洁安食。主人未食毕而客先虚口，便是不恭。

宴饮完毕，客人自己须跪立在食案前，整理好自己所用的餐具及剩下的食物，交给主人的仆从。待主人说不必客人亲自动手，客人才住手，复又坐下。如果是本家人，或是同事聚会，没有主宾之分，可由一人统一收拾食案。

如果是较隆重的筵席，这种撤食案的事不能让妇女承担，怕她们力不胜劳，可以让年轻男子来干。

（2）待客之礼。主人接待客人的方式，上面已言明一二。及至仆从待客，也有一些很具体的礼节，大意不得。仆从安排筵席，对于馔品的摆放有严格的规定，例如带骨的肉要放在净肉的左方，饭食要放在客人左边，肉羹则放在右边。脍炙等肉食放在外边，醯酱调味品则放在距人较近的地方。酒浆也要放在近旁，葱末之类的可放远一点。如有庐脯之类，还要注意摆放的方向。这些规矩大致上还是切合实际的，主要还 是为了取食方便。

食器饮器的安排也毫不含糊。仆从摆放酒尊、酒壶等酒器，要将壶嘴面向贵客。端出菜肴时，不能面对客人和菜盘子大口喘气。如果此时客人正巧有问话，仆从回答时，必须将脸侧向一边，避免呼气和唾沫溅到盘中或客人脸上。如果上的菜是整尾的烧鱼，一定要将鱼尾指向客人，因为鲜鱼肉从尾部易与骨刺剥离。干鱼则正好相反，上菜时要将鱼头对着客人，干鱼从头端更易于剥离。冬天的鱼腹部肥美，摆放时鱼腹向右，便于取食；夏天的鱼鳍部较肥，所以将背部朝右。主人的情意，由此可以见其深厚和真切。

（3）侍食之礼。陪侍年长位尊者进餐，自己不是主要的客人，主人亲自进馔，则不必出言为谢，拜而食之即可。如果主人顾不上亲自供馔，客人则不拜而食。

陪长者饮酒时，酌酒时须起立，离开坐席面向长者拜而受之。待长者表示不必如此，少者才返还入座而饮。如果长者一杯酒没饮尽，少者不得先饮尽。长者如有酒食赐予少者和僮仆等低贱者，他们不必辞谢，地位差别太大，连道谢的资格都没有。

侍食年长位尊的人，少者还得准备先吃几口饭，谓之"尝饭"。虽先尝食，却又不得自个儿先吃饱肚子，必得等尊长者吃饱后才能放下碗筷。少者吃饭时还得小口小口地吃，而且要快些咽下去，以准备随时能回复长者的问话，谨防有喷饭的事。

　　凡是熟食制品，侍食者都得先尝尝。如果是水果之类，则必让尊者先食，少者不能抢先。古来重生食，尊者若赐给位卑者水果，如桃、枣、李子之类的，吃完这果子，剩下的果核不能扔下，须怀而归之，否则便是极不尊重的了。如果尊者将没吃完的食物赐给你，若是盛食物的器皿不易洗涤干净，就得先都倒在自己用的餐具中才可食用，贵族们对于个人饮食卫生可是相当讲究的。

　　（4）丧食之礼。家国之丧，有丧食之礼。《礼记·问丧》说："亲始死……三日不举火，故邻里为之糜粥以饮食之。"亲人死去，家里三日不做饭，而由邻里乡亲送些粥来给他们吃。

　　如果是君王去世，王子、大夫、公子（庶子）、众士三日不吃饭，但以食粥服丧。大夫死了，家臣、室老、子姓都是只能吃粥。鲁悼公死后，季昭子问孟敬子道："为君王服丧，该吃什么？"敬子说："那当然是吃粥，吃粥为天下之达礼。"

　　病人服丧，可以受到一些照顾，不必死守吃粥的规矩。这服丧之礼到了后来，发展到一些孝子终身食粥，连盐菜都要戒绝。当然也有不孝的子孙，祖先去世，依然吃大肉大鱼。现在有的地方办丧事也大吃大喝，丧事当成喜事办，那又另当别论了。

　　（5）进食之礼。进食时无论主宾还是客人，对于如何使用餐具，如何吃饭食肉，都有一系列具体的行为准则，这些准则主要有：

　　共食不饱。同别人一起进食，不能吃得太饱，要注意谦让。

　　共饭不泽手。据经学家的解释，认为古时吃饭无有器具，但用手而已，两手摩挲，恐生汗污饭，为人所秽。这是一种误解。当指同器食饭，不可用手，食饭本来一般用匙。

　　毋抟饭。不要把饭抟成大团，大口大口地吃，有争饱不谦之嫌。过去把"抟"释为手抓饭，同样也不妥当。

　　毋放饭。要入口的饭不要再放回饭器中去，这样很不卫生。

　　毋流歠（chuò）。不要长饮，让人觉得自己是想快吃多吃。

　　毋咤食。咀嚼时不要让舌在口中作声，有不满主人饭食之嫌。

毋啮骨。不要啮骨头，一是容易发出不中听的声响，使人感到不敬重；二是怕主人感到是肉不够吃，还要啮骨头致饱；三是啮得满嘴流油，面目可憎可笑。

毋投与狗骨。客人自己不要啮骨头，也不要把骨头扔给狗去啮，否则主人会觉得你看不起他准备的饮食。

毋反鱼肉。自己吃过的鱼肉不要再放回去，应当吃完。

毋固获。"专取曰固，争取曰获。"是说不要因喜欢吃某一味食物就只吃那一种，或者争着去吃，有贪吃之嫌。

毋扬饭。不要为了能吃得快些，就扬起饭料以散去热气。

饭黍毋以箸。吃黍饭不要用筷子，但也不是提倡直接用手抓。食时用匙，筷子是专用于食羹中之菜的，不可混用。

毋嚃羹。吃羹时不可太快，快到连羹中菜都顾不上嚼，既易出恶声，亦有贪多之嫌。

毋絮羹。客人不要自行调和羹味，这会使主人怀疑客人更长于烹调。

毋刺齿。进食时不要随意剔牙齿，但并不是绝对禁止剔齿，如齿塞须待饭后再剔。周墓中曾出土过很多牙签。

毋歠醢。不要直接端起肉酱就喝。肉酱本来很咸，是用于调味的，客人如端起就喝，主人便会觉得自己的酱没做好，味太淡了。看到客人歠醢，主人甚至可能说出自己太穷，连盐都买不起的话来。

濡肉齿决，干肉不齿决。湿软的肉可直接用牙齿咬断，不可用手擘；而干肉则不能用嘴撕咬，须用刀匕帮忙。

毋嘬炙。大块烤肉或烤肉串不要一口吃下去，如此不及细嚼，狼吞虎咽，仪态不佳。

当食不叹。吃饭时不要唉声叹气，唯食忘忧，不可哀叹。

对于这些禁条，我们无须以现代人的标准横加评论。中国古代文明的细枝末节，就这样在饮食生活中得到了圆满体现。

（6）侑食之礼。贵族们进食，往往有庞大的乐队奏乐，以乐侑食，口尝美味，耳听妙乐。地位越高，乐队的规模也就越大。这类"饮食进行曲"

令人陶醉，使整个宴饮过程变得庄重而有韵律，在音乐所造就的艺术氛围里，大约不常出现狂呼乱醉的不和谐场面。

古代的乐器按制作材料的不同，分为金、石、土、革、丝、木、匏、竹八大类，总称为"八音"，简称金石之乐。八音和鸣，象征国泰民安。所有乐器中最考究的是金钟和石磬。磬为石块琢磨而成，最早的磬出现在龙山文化时代。到了周代，磬成为编组乐器，与编钟一样，都须并排悬在立架上演奏，声音清亮高亢。

从西周起开始流行编钟，几个不同音阶的青铜钟编为一组演奏。最早的编钟见于周穆王之时，都是三个一组。到了西周晚期，编钟阵容开始扩大，增加到7~9件一套。到战国时更是大大扩展，竟有了像曾侯乙墓那样大小64件组合而成的壮观编钟。曾侯乙不过是个小小的诸侯国君，我们难以想象出周天子的编钟有多大规模。

击鼓撞钟，以乐侑食的场景在后来战国铜器上有生动的刻画，大约也能反映出西周时的一般情形，仅以图像观之，已是十分壮观了。

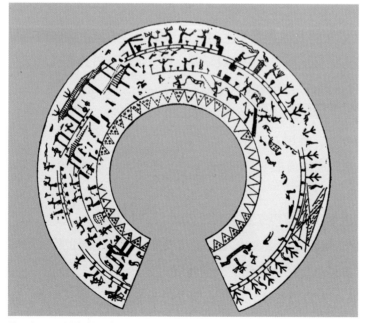

战国铜器：刻纹射礼宴乐图

如果年景不好，遭逢饥荒，则要变食止乐。《礼记·玉藻》中说："年不顺成，则天子素服，乘素车，食无乐。"吃饭时不仅免了奏乐，而且不食鱼肉，须"稷食菜羹"，自戒自贬。或国有灾难，大臣伤亡，均按此例。又如《春秋传》所载："司寇行戮，君为之不举。"逢外寇入侵，以至斩决罪犯的事，国君都不可一面欣赏歌舞，一面大吃大喝。

（7）宴饮之礼。周代礼仪之谨严，在宴饮活动中表现得最为充分。在《仪礼》中的《乡饮酒礼》《乡射礼》《大射仪》《燕礼》《公食大夫礼》《聘礼》《觐礼》各篇中，对相关的饮食礼仪有着严格的规范。如"乡饮酒"之礼，乡学三年大比，按学生德行选其贤能者，向国家推荐，正月推荐学生之时，乡里大夫以主人身份，与中选者以礼饮酒而后荐之。整个乡饮酒程序，大约分 27 个步骤进行。

首先，乡大夫请乡学先生按学生德能分为宾、介、众宾三等，宾为最优，大夫主持大礼，告诫宾介互行拜答之礼。接着是陈设，为主人及宾、介铺垫坐席，众宾之席铺的位置略远一些，以示德行有所区别。在房户间摆上两大壶酒，还有肉羹等。摆设完毕，主人引宾、介入席，入席过程中，宾主不时揖拜。

饮酒开始，主人拿起酒杯，亲自在水里盥洗一过，将杯子献给宾，宾拜谢。主人接着为宾斟酒，宾又拜。酒肉之先，照例要祭食。席上设俎案，放上肉食，宾左手执爵杯，右手执脯醢，祭酒肉，然后尝酒，拜谢主人。主人劝宾饮酒，宾一饮而尽，又拜谢安坐。接着主人又献介饮酒，礼仪与宾相同。介回敬主人饮酒。主人又劝众宾饮，众宾也回敬主人。

席间有乐工四人，二人鼓瑟，二人歌唱，另有乐师一人担任指挥。所歌为《诗经·小雅》之《鹿鸣》《四牡》《皇皇者华》。《鹿鸣》为君臣同燕、讲道修政之歌，《四牡》为国君慰劳使君之歌，《皇皇者华》为国君遣使者之歌。三曲歌毕，主人请乐工饮酒。接着又是吹竹击磬，都是演奏为《诗经》所谱的乐曲。整个饮酒过程中，乐声间而不断，最后还有合乐，即合奏合唱，所歌也都是《诗经》中的篇章，如《周南·关雎》《召南·鹊巢》等。

宾主应酬之礼和笙歌之礼毕，大概主宾已有些疲倦了，于是主人指使一人为"司正"，作为监察，以防发生失礼的事。以下进行的是相互比较随意的祝酒，宾、介和众宾之间也可互相祝酒，这时的礼节稍有懈怠，不像起初那么一本正经。

末了，主人请撤去俎案。宾主饮酒前都曾脱了鞋子上堂，现在要去把鞋子穿上，又是互相揖让，升坐如初。燕坐时，主人命进馐馔如狗肉之类，以示敬贤尽爱之意。最后，宾、介等起身告辞，乐工奏乐，主人送宾于门外，拜别。

到了此时，这乡饮酒礼还不能说已经结束。第二天，宾还要穿着礼服前往拜谢主人的恩惠，这时又要举行一次简单一点的宴会，礼仪要求不甚严格。如饮酒不限量，将醉而止；奏乐不限次数，合欢而已。有时也不必特为杀牲，有什么就吃什么，不必大操大办。另外，与会者还可带一些亲友同饮，没什么特别的限制。

如此"乡饮酒"，对鼓励年轻人勤学上进具有一定的积极意义。

又如"大射"之礼，将饮食活动引进到娱乐游戏之中，增添了几多活泼的气氛。诸侯王在举行一次祭祀之前，要与臣属一起射矢观礼。射靶及格者方得与诸侯同祭，否则就没有同祭的资格。这本是极简单的射击比赛，却被赋予了繁复的礼仪教条，约需经过四十道程序，这大射礼方算完成。

射礼开始，主持的宰官告诫百官，公布大射礼仪程序。宰夫吩咐宰与司马等官员布置靶位，靶子为布巾，称作"侯"。乐工布置笙、磬、钟、鼓等乐器，食官布置酒食百官之馔。一切安排妥当，百官按规定顺序入席。宰夫主持酒宴，诸侯王与百官相互祝酒、献膳，酌酒前都要洗一下爵杯，受酒时都要拜谢。席间乐声起伏，隆重而热烈。

酒足食饱，正式射击比赛才开始，与会者轮番发射，数靶、取矢。胜负既明，便要罚负者饮酒，同时也劝胜者饮，数靶者亦饮。接着乐正指挥奏乐，比赛随着乐声的节奏又一次开始，又是取矢、数靶，负者饮酒。射者将弓矢放下，重新入席坐定，其他小臣收拾射击用具。下面又开始饮酒，享用各种美味馔品。诸侯王叫大家开怀畅饮，众人听命。相互间又是一番应酬，饮在兴头，说不定又要重射一次。最后，宰夫劝庶子及其余小臣饮酒，多少不限。

　　此时天色已晚，侍臣在宴饮场所点上灯烛。百官告辞，诸侯王却还要坐一会儿，又一阵乐声终了，射礼才算结束。这种射礼的场面不仅见诸儒家经典的描述，更见于东周时代的一些图案纹饰，从中可以清楚地找到劝酒、持弓、发射、数靶、奏乐的活动片段，生动地再现了当时的情形。

战国青铜器上的射礼图

　　再如"公食大夫"之礼，为国君宴请他国使臣之礼。国君先派大夫到宾馆迎请使臣，告以将行宴饮之事，使臣三辞不敢当，最后还是跟着大夫到了宴会之所。这时宴会的准备工作自然早已开始，陈列着七鼎、洗盘等器具。坐席铺好，几案摆正，酒浆和馔品也已齐备。国君身穿礼服，迎宾于大门内。宾主揖让再三，答拜连连，然后落座。膳夫和仆从献上鼎俎鱼肉和醢酱，这些馔品的种类和摆放的位置都有一定之规，不得错乱。最后献上的是饭食和大羹，摆设完毕，大宴开始。宾主又是互拜一番，宾祭酒食，开始进食。开始也是不可吃得太饱，照例须"三饭而告饱"。宴会结束，使臣告辞，国君送于门边。膳夫等人则将没有吃完的牛、羊、豕肉盛装起来，送到来宾下榻之地。把残肉剩饭送给客人去吃，有点"吃不了兜着走"的意思，这事要放在今天，不仅是极不敬重的举动，恐怕还会是对客人的侮辱。

　　东周时的宴饮场面在《诗经》中也有许多描写，而最经典的则要算《小雅·宾之初筵》一篇。诗中写道：

　　　　宾之初筵，左右秩秩。笾豆有楚，殽核维旅。

　　　　酒既和旨，饮酒孔偕。钟鼓既设，举酬逸逸。

　　　　大侯既抗，弓矢斯张。射夫既同，献尔发功。

　　　　发彼有的，以祈尔爵。……

　　诗的意思是：宾客就席，揖拜有礼。笾豆成行，肴馔丰盛。酒醇且甘，饮而舒心。悬钟按鼓献酬不停。箭靶张立，弓已满弦。对手赛射，比试高低。中靶为胜，败者罚饮。这显然是大射礼的艺术描写，读来引人入胜。

　　礼仪之于饮食，在周代贵族们看来，那是比性命还要重要的事。《礼记·礼运》中说："礼之于人也，犹酒之有糵也。"意即无糵不成酒，无礼不为人。《诗经·鄘风·相鼠》更强调："相鼠有体，人而无礼。人而无礼，胡不遄死！"不讲礼仪的人，还不如去死的好，这话实在过于严苛了。唐代崔融《为韦将军请上礼食表》中有云："饮食之礼，圣贤所贵，以奉君人，以亲宗族。"这句话道出了饮食之礼形成的根蒂，古代的人们之所以对此津津乐道，奥妙也正在于此。

　　当然礼仪过于繁复，也会表现出不切实际的弊病，甚至统治者们也会感到不方便。例如食物，符合礼仪规定的食物并不一定都爱吃，如大羹、玄酒和菖蒲菹之类；另外想吃的食物，却又因不符合礼仪规定而不能一饱口福。贾谊《新书》载：周武王为太子时，很喜欢吃那闻着臭吃着香的鲍鱼，可姜太公就是不让他吃，说："鲍鱼祭祀不用，所以不能用这类不合礼仪的东西给太子吃。"不用于祭祀的食物都不能吃，而用于祭祀的食物却未必全都好吃，有时真会倒人胃口，这是周礼的另一种情形。

第三章

食制与食具

　　每日饮食，一般安排几餐？这当然不是学问，也许只是习惯。当代人用一日三餐制作为膳食规制，早中晚安排得有条有理。但在古时却是不同的，有正餐，也有加餐，并不限于三餐。正餐以菜肴佐食，加餐可能就是点心而已。

　　除了餐食规制，怎样进食，也有习惯与风俗的讲究。采用什么进食方式，选择什么食具，慢慢也形成了传统，成为饮食文化的一个重要内容，也成为区分不同群体的标识。

一、羹食与饭食

　　中国古代传统饮食中的主体，除了粒食粥与饭，佐餐副食是羹，饮料当然就是谷物酒了。司马迁在《史记》中将长江流域人的生活用"饭稻羹鱼"来概括，说的就是这样的传统。

　　说到羹和酒，不能不提到"大羹"与"玄酒"，这些本是周代食礼中的必备之物，是很特别的食饮。玄酒在贵族们的饮食中有很重要的意义，《礼记·礼运》中说，进食时要把玄酒放在最重要的位置，比其他酒更受重视。又说"玄酒以祭"，是说祭祀时一定少不了玄酒。在《礼记》的其他食礼条文中曾也提到玄酒，说玄酒要用漂亮的酒器盛装，并说"尊有玄酒，教民不忘本也"。

　　何谓"玄酒"，清水而已，以酒为名，古以水色黑，谓之"玄"。太古无酒，以水为饮，酒酿成功后，水就有了玄酒之名。周礼用清水作为祭品，表现了当时对无酒时代以水作饮料的一种追忆，并且以此作为不忘饮食本源的一种经常性措施。这个祭法的施行，可能在周以前就有了很久远的历史，应当产生于更早的时代。

　　再说大羹。羹是中国古代很流行的馔品，它是将肉物菜料一锅煮的食法，尤其是在油炒方法没有推行的时代，人们享用的美味多半是由羹法得到的。《仪礼·士昏礼》中说，大羹要放在食器中温食，又说大羹温而不调和五味。《周礼·天官·亨人》中说，祭祀和招待宾客都要用大羹和铏羹。何谓"大羹"？学者认为它是不加盐菜和任何佐料的肉羹。

用大羹作祭品，同用玄酒一样，也是为了让人回忆饮食的本始，同时也是为了以质朴之物交于神明，以讨得神明的欢心。招待宾客亦用大羹，则是很尊贵的馔品，而且要放在火炉上，以便在用餐时能趁热食之。由于大羹不调五味，热食味道略好一些，所以须放在炉火上。考古发现过不少周代的炉形鼎器，器中可燃炭，可能就是用作温热大羹的，考古学家们称它们为"温鼎"。

我们不知道史前人类只限于享用大羹玄酒的年代持续了多久，恐怕要以百万年计。换句话说，人类发展历程中的绝大部分时光都是在无滋无味中度过的。当以甜、酸、苦、辣、咸这五味为代表的滋味成为人类饮食的重要追求目标时，烹饪才又具有了烹调的内涵，一个新的饮食时代也就开始了。这个时代的开端并没有导致大羹玄酒完全从饮食生活中退出，但它确实是个重要的开端，意义重大。

烹羹积久成习，很自然地成为古代食馔的主干，也一直影响到后世乃至现代人的生活。《尚书·说命》借商王的话，将做宰相总比为"和羹"，这与后来老子说的"治大国若烹小鲜"是一样的道理，治理国家与当个厨师没什么不同。这样的道理，汉代刘向《新序·杂事》也有妙说，值得一读：

　　晋平公问于叔向曰："昔者齐桓公九合诸侯，一匡天下，不识其君之力乎？其臣之力乎？"……师旷侍曰："臣请譬之以喻五味。管仲善断割之，隰朋善煎熬之，宾胥无善齐和之。羹以熟矣，奉而进之。而君不食，谁能强之？亦君之力也。"

一个国君好比一个美食家，他的大臣们就是厨师。这些厨艺高超的大臣，有的善屠宰，有的善火候，有的善调味，如此做出来的"肴馔"不会不美，国家不愁治理不好。商王武丁有名相傅说，他于梦中见到他想得到的这个人，令人四处访求，举以为相。武丁重用傅说，国家大治，他将傅说比为酿酒的酵母、调羹的盐梅，也是以厨事喻治国。武丁赞美傅说的话是："若作酒醴，尔惟曲蘖；若作和羹，尔惟盐梅。"此外，还有以烹饪喻君臣关系的，由平常的烹饪原理演绎出令人信服的哲理，这是受到了伊尹的影响。

从礼仪进食规范看，羹食传统也是根深蒂固的。《礼记·曲礼上》中说："凡进食之礼，左殽右胾，食居人之左，羹居人之右。"为何要将羹放置在右边，因为右手执箸，为着取食方便。《礼记·曲礼上》中又说："羹之有菜者用梜，其无菜者不用梜。"这里的梜依《广韵》说即为筴，也就是箸，《广雅·释器》中也说"筴谓之箸"。《礼记》中说得非常明白，梜是专用于夹取羹汤中的菜食的。

羹食是先秦乃至汉代佐食的传统馔品，这传统大体可上溯至新石器时代。新石器时代的主副食大多采用蒸煮法，用煮法汁水较多，米豆多水而成粥，菜肉多汁则成羹。一直到汉代，先人们使用的烹饪器具都是以釜（鼎、鬲、罐）为主，说明在很长时期享用的菜肴确是以羹为主，不论什么菜，只要加点水一煮就成，古代说的羹藿、羹鱼便是如此。先秦乃至汉代，佐

河南新密出土的汉画《备宴图》

饭的副食主要就是羹，羹常常与饭食连称，见之于许多文献，例如：

> 尧之王天下也……粝粢之食，藜藿之羹。
>
> ——《韩非子·五蠹》

> 孙叔敖相楚，栈车牝马，粝饼菜羹，枯鱼之膳。
>
> ——《韩非子·外储说左下》

菜肉沉在羹汁中，用餐匙取食很不方便，而且匙面较平，不容易捞出肉块，也不容易捞出菜叶。这时最适用的自然就是成双的箸了，只有它才能在滚烫的羹汤中夹起菜和肉来，如果直接用手指食羹，那是不方便的。羹食的出现，促进了古箸的出现；古箸的出现与普及，又促进了羹食的发展。从羹与箸的关系看来，烹饪方式与进食方式有一种互相依存的关系。

以羹佐饭的配餐方式，应该创立于史前时代，创立在陶釜发明不久的时代。食羹用的箸也应当发明在史前时代，发明在烹羹技术出现的年代。

有个成语是"惩羹吹齑"，也是羹食传统的一个生动写照。羹以热食为宜，齑则以冷食最佳。人们有时会被热羹烫着，心怀戒惧，吃冷齑时习惯吹一下，生怕再烫着。语出《楚辞·九章·惜诵》："惩于羹者而吹齑兮，何不变此志也。"后来用于形容心有余悸、过于谨慎的心态，与蛇咬之后怕井绳的道理相似。

羹食作为一种饮食传统，一直到汉代还十分稳固，马王堆汉墓出土遣册所记的77款随葬馔品中，就有羹名5种共24款，即大羹、白羹、巾羹、逢羹、苦羹。大羹就是前面说的不调味的淡羹，讲究本味，共9鼎之多。

及至唐代，羹仍为常食。唐代习俗，婚后三日的新嫁娘，要亲自下厨，表现自己持家的本事。有王建《新嫁娘》一诗为证：

> 三日入厨下，洗手作羹汤。
>
> 未谙姑食性，先遣小姑尝。

羹汤调好，味道究竟如何，要待婆婆来品尝。可又不知婆婆的口味标准，只好请小姑子先尝一尝，这是万无一失的法子，这个新嫁娘很聪敏。

唐代宰相李吉甫的儿子李德裕，后来也做了宰相，据说他穷奢极欲，有钱到不知如何花费才好。李德裕曾吃一杯羹，花费三万之巨，羹中杂有宝贝珠玉，只煎三次，这些珠宝便倒弃在污水沟中。这有点像魏晋时期何晏制作的五石散，没有花不完的钱是干不了这勾当的。

清代著名戏曲理论家、作家李渔在他的《闲情偶寄》中论及羹汤，很是精彩，言他书所不言，他说："饭犹舟也，羹犹水也。舟之在滩，非水不下，与饭之在喉非汤不下，其势一也。且养生之法，食贵能消；饭得羹而即消，其理易见。故善养生者，吃饭不可无羹；善作家者，吃饭亦不可无羹。宴客而为省馔计者，不可无羹；即宴客而欲其果腹始去，一馔不留者，亦不可无羹。何也？羹能下饭，亦能下馔，故也。近来吴越张筵，每馔必注以汤，大得此法。吾谓家常自膳，亦莫妙于此。宁可食无馔，不可饭无汤。有汤下饭，即小菜不设，亦可使哺啜如流。无汤下饭，即美味盈前，亦有时食不下咽。予以一赤贫之士，而养半百口之家，有饥时而无馑日者，遵是道也。"

李渔说了这么多的道理，并无什么不当之处，遗憾的是他没有往文化传统的途径去追溯羹之内涵，有所欠缺。

李渔在他的《闲情偶寄》中也论及粥、饭与面食，他说："食之养人，全赖五谷。"五谷为食，粒食的粥饭为首选，所以李渔又说："粥饭二物，为家常日用之需，其中机彀，无人不晓。"他还用心于粥饭用水用火的机巧，道出了不少理论来。

虽是以五谷为食，南北方却有明显不同，所以李渔又说："南人饭米，北人饭面，常也。"这个不同，至今依然如是。

二、小食与点心

其实李渔在《闲情偶寄》中，说五谷还提到了糕饼，这便是当今常说的点心之类的食品。

古代"小食"之名，最早见于《稗海》本晋人干宝所著的《搜神记》。《搜神记》中有"卯日小食时"一语，指的可能是早餐之时，与正餐相对，并不直接指食物。又如《梁书·昭明太子传》所言："京师谷贵，太子因命菲衣减膳，改常馔为小食。"那时所说的小食，显然指的是较为简便的饮食，又不一定专指早餐而言。

其实"小食"一词出现比这要早得多，汉代许慎在《说文解字》中即已提及："既，小食也"；"叽，小食也……相如《大人赋》曰叽琼华"。在甲骨文里，"既"是一个会意字，字左边是食器的形状，右边则像一人吃过转身将要离开的样子，它的本义是"吃过了"。《礼记·玉藻》中有"君既食"这样的话，也是吃完了的意思。这个意思还有引申，可以转用到特指日全食或月全食，"既"就有了食尽的意思。《左传·桓公三年》："秋七月壬辰朔，日有食之，既。"杜预注说："既，尽也。"

近人罗振玉不太赞成《说文解字》的解释，他说："即，象人就食；既，像人食既。许训既为小食，义与形不协矣。"不论许慎的解释有无差错，他的话是非常重要的，他的文字说明在汉代时应有了"小食"的说法。当然，那时的小食可能只是指一种非正式场合的食法，而不一定具体指食物本体。

按照烹饪史家的说法，小食是一种小份量的食品，以有无汤汁作区别：如有汤，则称为小吃；如无汤，就是点心。这当然是现代人所作的区别。其实在古代，小吃与点心并无明确区别，或者本来就是一事两说，通指正餐之外的饮食，并没有具体指称何种食物。如《唐六典》有记录说，"凡诸王以下，皆有小食料、午时粥料，各有差"。所谓"小食料"，指的当是早点，而"午时粥料"就更明确了。唐代人将早餐称为"小食"，在这里寻找到一个很好的证据。

宋人吴曾的《能改斋漫录》，曾对"点心"一词做过考论。他说那时通常"以早晨小食为点心，自唐时已有此语"。唐代人已将随意吃点东西称作"点心"，早晨的小食也可称为"点心"，点心的说法看来是唐人的发明。我们现在将吃早餐说成吃"早点"，这是早晨的点心，与唐代时的说法没有明显区别。

小食作为早餐的名称，在宋代还没有明显变化。《普济方》有"平旦服药，至小食时……"语，这"小食时"明确指的就是早餐之时。但《双桥随笔》有文字这样表达："一日手制小食上之。"这里的小食，显然就指的是具体食品了，可能就是面食点心之类的。

现代将小吃与点心区分得非常明白，小食一语已不再流行，而且也不再像古代固定指早餐或是某种加餐。不过现代汉语中的"早点"一词，显然与古代"点心"一词有语源关系。早点也具有双重语义，可以指早餐的食时，也可以指早餐食物本体。

但如果将点心和小吃全称为小食，用现代的含义去看，古代小食的内涵是相当丰富的。古代有平民小食，有市肆小食，还有节令小食，更有御膳小食。按照这样一个粗略的分类，并不能将古代小食的品种与样相说得太明白，但许多的小食点心我们今天仍然还在享用，在我们当今的餐桌上还能看到它们的影子。

市肆小食，也值得说一下。饮食店的出现，应当是很早的，小食进入食店作为营销品类，自然也不会太晚。先秦时代的市集上，已经有了饮食店。《鹖冠子·世兵》中说"伊尹酒保，太公屠牛"，《古史考》中还说姜太公"屠牛于朝歌，卖饮于孟津"，这些虽不过是传说，也许商代时真有了食肆酒店。到了周代，饮食店的存在已是千真万确的了，《诗·小雅·伐木》中的"有酒湑我，无酒沽我"即是证据，当时肯定有酒店可以买酒喝了。东周时代，饮食店在市镇上当有一定规模和数量了，《论语·乡党》有"酤酒市脯不食"的孔子语录，《史记·魏公子列传》有"薛公藏于卖浆家"的故事，《史记·刺客列传》有荆轲与高渐离"饮于燕市"的记载，都是直接的证明。

古代市肆制售小食，在唐宋时代已形成相当规模。唐代长安颁政坊有馄饨店，长兴坊有饆饠（指古代一种包有馅心的面制点心）店，辅兴坊有胡饼店，长乐坊有稠酒店，永昌坊有茶馆，行街摊贩也不少。

宋代以前，都会的商业活动均有规定的范围，有集中的市场，如长安的东市和西市。宋代的汴京，已完全打破了这种传统格局，城内城外，店铺林立。这些店铺中，酒楼饭馆占很大比重。据《东京梦华录》的记述，汴京御街上的州桥一带就有十几家酒楼饭馆，其他街面上的食店更是数不胜数。

饮食店在宋代大体可区分为酒店、食店、面食店、荤家从食店等几类，经营品种有一定区别。除了酒店以外，一般经营的食品大都可以归入小食

清明上河图（局部）

之列。如食店经营头羹、石髓羹、白肉、胡饼、桐皮面、寄炉面饭等；川饭店经营插肉面、大㸆面、生熟烧饭等；南食店经营鱼兜子、煎鱼饭等；羹店经营的主要是肉丝面之类，是快餐类的小食。经营小食的店铺有曹婆婆肉饼、曹家从食、鹿家包子、徐家瓠羹店、张家油饼、段家㸆物、史家瓠羹、郑家油饼店、石逢巴子、万家馒头、马铛家羹店等。

南宋的杭州，市肆小食品种繁多。《梦粱录》卷十六所列"食次名件"，可以看到临安的市肆小食有这样一些名称：

百味羹	锦丝头羹	十色头羹	间细头羹	海鲜头食
酥没辣	象眼头食	百味韵羹	杂彩羹	集脆羹
五软羹	三软羹	羊四软	三鲜粉	生丝江瑶

四软羹	双脆羹	五味鸡	三脆羹	群鲜羹
脂蒸腰子	虾元子	八焙鸡	辣菜饼	熟肉饼
羊脂韭饼	三鲜面	盐煎面	笋泼肉面	大熬面
虾鱼棋子	丝鸡棋子	丝鸡淘	银丝冷淘	素骨头面
生馅馒头	煎花馒头	荷叶饼	菊花饼	月饼
梅花饼	重阳糕	肉丝糕	水晶包儿	虾鱼包儿
蟹肉包儿	鹅鸭包儿	笋肉夹儿	油炸夹儿	甘露饼
羊肉馒头	太学馒头	蟹肉馒头	炊饼	丰糖糕
乳糕	镜面糕	乳饼	枣糕	裹蒸馒头
七宝包儿	拍花糕	真珠元子	金橘水团	栗粽
裹蒸粽子	巧粽	麻团	汤团	薄脆
丝鸡面	炒鸡面	七宝棋子	四色馒头	芙蓉饼
开炉饼	笋肉包儿	细馅夹儿	糖肉馒头	栗糕
笋丝馒头	山药元子	澄粉水团	豆团	春饼

这些小食名目，花样真是不少，我们知道，有许多吃法一直传到了现代，有的连名字也没有改变，依然是风味小吃。这传统应当还会延续下去。像北京见到很多"成都小吃"，成都本地则有小吃套餐，许多历史"名小吃"在市面上得到发扬光大。

我们知道"过早"，是湖北地区对吃早餐的俗称。身处九省通衢的武汉人，有出门"过早"的习惯。熟人早晨相遇，最亲近的问候语言是"过早冇"？问的是吃过早餐没有，这话可以代替"早上好"。

有人说，在清代道光年间的《汉口竹枝词》中，见到有"过早"一词。武汉的早点也非常丰富。武汉作家池莉在《冷也好　热也好　活着就好》里排点过武汉的早点：老通城的豆皮，一品香的一品大包，蔡林记的热干面，谈炎记的水饺，田恒启的糊汤米粉，厚生里的什锦豆腐脑，老谦记的牛肉枯炒豆丝，民生食堂的小小汤圆，五芳斋的麻蓉汤圆，同兴里的油香，顺香居的重油烧梅，民众甜食的汰汁酒，福庆和的牛肉米粉……当然这大多是一些老字号，平实的早点会更多。

过早，在北方说的是吃早点，或者直言"早点"。早点的品类，又有点心和小吃之名。小吃可以当早点，也可以作其他辅餐。我们现代人所说的小吃与点心，是与大餐、正餐相对而言的食品，在古代通称之为"小食"。在一定的历史时期，"小食"并不是具体指小吃与点心，而是指与正餐不同的早餐或加餐，是一个表述"餐时"的特定名称。

三、进食姿势

面对一日三餐程式化的饮食，我们实践着程式化的进食方式，这样的进食方式很传统，也很有文化意蕴。人类进食采用的方式，据国外学者的研究，在现代社会流行最广的是这样三种：用手指，用叉子，用筷子。用叉子的人主要分布在欧洲和北美洲，用手指抓食的人生活在非洲、中东、印度尼西亚和印度次大陆的许多地区，用筷子的人主要分布在东亚大部。中国人是用筷子群体的主体，是筷子的创制者，是筷子传统的当然传人。

我们使用筷子的历史是何时开端的，古代中国人是如何进食的呢？古代是否还采用过其他什么进食器具呢？要回答这样的问题，应当说并不困难，我们有浩如烟海的典籍，仔仔细细一查，一定会有答案。但历史学家们并不是不屑于回答这看来似乎不怎么要紧的问题，史籍中确实并不容易找到完满的答案，有人做过这样的尝试，但这种努力的收获微乎其微。

现代考古学提供了一个新的机会，考古发掘让我们得到了许多古籍中没有载入的重要信息。田野考古发掘出土的大量古代进食具实物，将我们所要寻求的答案明晰地展示到了世人面前。这些物件虽然很小，却是人们生活的必需品，所以在古代的墓葬中也用它们作随葬品，是为了让死者在冥间也拥有它们。

我们可以这样设想，远古时代的人类最初并不知道要使用什么餐具享用食物，甚至还没有发明任何容器和取食用具，连严格意义的烹饪也没有发明，自然也不可能会有规范的进食方式，人们随手将食物取来送达口腔，一切顺其自然。人类在这一时代的饮食方式，与其他灵长类动物应当没有什么明显的区别。饮食生活发展到了一定阶段，人类的进食方式开始有了一些变化，不仅发明了烹饪用具，还创制了一些进食器具。除了仍然有一些至今还在直接用手指将食物送达口腔的部族以外，人们大都或先或后地创造或选择了一种乃至几种进食用具。在漫长的岁月中，生活在不同地域的人类群体，将自己所创造或接受的进食方式形成传统保留下来，作为自己文化传统的一个重要内涵，使它代代相传。

汉画《哺父图》中有用箸取食的图像

　　考古资料提供的证据表明，古代中国人使用的进餐用具主要有勺和筷子两类，还曾一度用过刀叉。这些进食器具中，最能体现中国文化特色的是筷子，筷子是中国的国粹之一，它的使用至少已有3000年连续不断的历史。考古学证实中国的餐叉出现在4000多年前，而随着西餐传入的餐叉却只有

1000 年左右的历史，这样的发现让我们感到惊异。

古代中国人使用餐勺的历史也十分悠久，餐勺的起源可以追溯到距今 7000 多年以前的新石器时代。勺与筷子一样，成为中华民族传统的进食器具，也成为我们传统文化的一个重要组成部分。

华夏民族历史上拥有过世界上各国所常用种类的进食具，在所有以往使用过的进食具中，筷子具有比刀、叉轻巧、灵活、适用的优点，我们的历史曾经淘汰了叉子，现在的许多场合正在淘汰勺子，但筷子的地位依然稳如泰山，一丝也没有动摇。筷子陪着我们中华民族走过了 3000 年以上的历史，它还要陪着我们走向未来。我们还高兴地看到，筷子正在超越自我，走向手抓和用叉进食的人群，走向广阔的世界。

宋传世的《文会图》中餐桌上可见到筷子和勺子

四、古老的餐勺

中国古代餐勺的起源，可以追溯到农耕文化出现的新石器时代。原始农耕时代的先民们，在创造独到烹饪方式的同时，也创造出了讲究的进食方式，制作出小巧的餐勺作为进食具。

栽培技术的发明，让人类拥有了新的食物来源，农人们每年都能收获到自己生产的粮食。在东方，最早培育成功的粮食作物主要是大米和小米，这两种粮食的食用方式虽然比较简单，从古到今都是以粒食为主，但不能像面食那样直接用手指取食。尤其在享用滚烫的粥饭时，必须借助另外的器具才成。于是餐勺就很自然地被发明出来，它成了古代中国人餐桌上一种虽不那么起眼，却是很重要的家什。

生活在黄河流域及其他一些地区的农耕部落的居民，大多都形成了使用餐勺进食的传统。考古工作者在许多新石器时代遗址都发现了餐勺，有些地点出土的数量相当可观。这些餐勺大都以兽骨为主要制作材料，形状常见匕形和勺形两种。匕形勺为扁平长条形，末端磨有薄利的刃口；勺形的窄柄有平勺，制作较为讲究。两种勺表面磨制都很光滑，用于取食的一端往往还磨出刃口。很多餐勺在柄端都穿有一系绳的小孔，便于携带。在这两种勺中，以匕形勺发现的数量较多，表明新石器时代居民使用最多的是长条形的勺，它的制作相对而言要简便一些。

在黄河流域的新石器时代遗址，一般都有餐勺出土，其中以磁山文化时期（距今 7000 年以前）所见年代最早，该时期的餐勺大体都属长条形。关中地区的仰韶文化时期（距今 7000~5000 年），一些遗址中也有骨质餐勺发现，西安半坡遗址出土的大量骨器中包括有餐勺 27 件，它们多用骨片磨成。这些餐勺也是长条形，有的尾端有穿孔。黄河下游地区大汶口文化时期（距今 6500~4500 年）居民普遍采用骨质餐勺进食，另外还见到一些用蚌片磨制的餐勺。这个时期的墓葬中，将餐勺作为死者的随葬品是一种比较常见的现象，有些餐勺出土时可以清楚地看出是握在死者手中的。

距今 4800~4000 年的龙山文化时期，在山西、河北、河南和山东地区的很多遗址中，都见到餐勺出土。在黄河上游地区的齐家文化中发现较多的餐勺，餐勺大都是墓葬中的随葬品，作为一种必备的日用品放置在墓穴中。在发掘中可以清楚地看到，餐勺几乎都放置在死者的腰部，看样子齐家文化区的居民平日里要将餐勺穿上绳索悬在腰际，便于随时取用。

新石器时代的长江中下游，也有使用餐勺的传统。河姆渡文化区的居民使用的骨餐勺表面磨制光洁，柄部都有穿孔。几件带柄的餐勺，柄部刻有精美的花纹，其中一件刻的是双鸟纹，被研究者们看作一件非常珍贵的艺术品。河姆渡遗址还出土了一件非常标准的勺形骨质餐勺，是中国新石器时代最古老的一件勺形餐勺。同时还发现了 2 件鸟首形的象牙餐勺，勺头扁平，柄部雕刻成鸟首状，这是非常难得的中国史前餐勺珍品。

考古发现的远古中国人最早使用餐勺进食的证据，属于距今七八千年前的新石器时代。古代中国人发明餐勺进食，与农耕文化的出现有直接关联。中国新石器时代农作物品种主要是水稻和粟，分别适于湿润的南方和干旱的北方种植。这两种食物的烹饪比较简单，可以直接粒食，加上水，煮成粥饭即可食用。古代进食方式的确立，与农作物品种和烹饪方式都有密切的关系，史前广泛的粒食传统，特别是粥食方式的确立，使餐勺的出现成为必然的事情。因为有了迫切需要，于是人们捡来兽骨骨片或蚌壳，起初也许并没进行修整就用它取食了。后来人们不再满足于骨片长长短短的自然状态，于是真正意义的餐勺就被制作出来了。以后随着时代的发展，工艺水平逐渐提高，餐勺也就变得更加实用、更加精致了。

我们知道，现在在正式的餐饮场合，餐桌上应该是放两样进食的餐具，一个是筷子，一个是勺子。不论你喜欢用哪个，但是一定要摆两样，这个是传统，不是新规范。它们就像是兄弟一般，在餐桌上同时出现。西餐是三小件，刀、叉、勺子，咱们有两件，其实我们也有叉子，也有那样的三小件，在齐家文化时期同时并出的就有刀、叉、勺子，只是后来这种传统就没有了。到了规范礼制开始，就很规范地用筷子和勺子。有个发现很有意思，就是跨湖桥遗址，发现了几件小木棒，发掘者当时好像认定是筷子。如果是筷子，这可就是考古见到的年代最早的筷子，有 7000 多年了。过去还发掘到一些筷子，有春秋时代的，还比较细。有汉代的，如湖南长沙马王堆汉墓出土的竹筷子，非常细，直径只有 2~3 毫米。

筷子的用法在汉画像石画像砖上表现得很清楚，我们可以找到很多这样的图像，你不仔细看则看不出来。一些画面上表现有盘子，盘子上都有筷子。还有嘉峪关魏晋时代的砖画，表现包含生活的画面也绘有筷子，绘两条黑道表示的就是筷子。

　　从敦煌壁画上可以看到，唐代的桌面上都摆有筷子，一人一双，一个人一双筷子一个勺子。这个就是上面说的规范，至少从唐代看就很明确了。从文献上看，这种用餐规范可以追溯到周代。唐代这样的画面很多，不是偶尔出现的，已经形成了一种时尚。《清明上河图》描述了多么壮观的场景，过去我们也没有注意到，其实这个画面上是有筷子的。

　　说了一通筷子，我们再说说匙。匙古代叫匕，匙的名字实际还有很多，都是指的这样东西，就是我们所说的勺子。它是做什么的？考古工作者已经确定它是用来食用羹汤的，它可以用来舀汤喝。实际古代的传统不是这样，勺子是吃饭的，不能用来喝汤。从周礼的规定一直到唐宋时代，甚至更晚，都是这样。勺子跟羹汤没有关系，"三礼"的规定很明确，勺子一定是用来吃饭的。《礼记》明确规定，"饭黍毋以箸"，就是说你吃饭的时候不能用筷子。用筷子直接去吃米饭，这是越礼的行为。实际上是要用勺子吃饭，

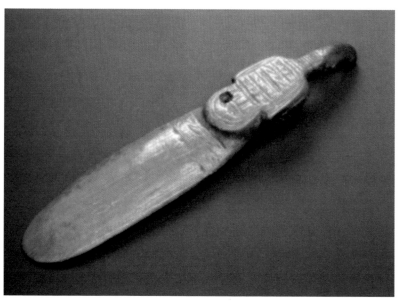

河姆渡文化时期的象牙匕

不是喝汤。匕即勺子，是用来吃饭的。箸是筷子，是用来吃羹中的菜、捞汤里的菜的。我们现在就不分这个用法，很多人用一个勺子什么都可以吃了，同样一般的宴席上也没这么明确的分别，一双筷子也可以打天下。

再回过头来说凌家滩的玉匙。像凌家滩那样的可能已经进入了初步礼制的社会，有可能已经有了一定的规范，这个玉匙可不能等闲视之。用我们看到的一些相关资料进行比较，就可以明白它的造型非常成熟，应该是考古发现的史前最完美的餐匙。但是我们不能把它归纳到我现在理出来的这个时空范围里，它这种形制应该是更晚时代出现的东西，为什么5000多年前就有了，还这么成熟，是一个谜。从另一个方面讲，用这样的一个玉匙的，就这么一件，也许以后还会出土，我想这个玉工不会是突然心血来潮，就做了这么一件。使用这样的餐匙，也许并不是一般的场合，会不会是在礼仪场合上才能用它呢？

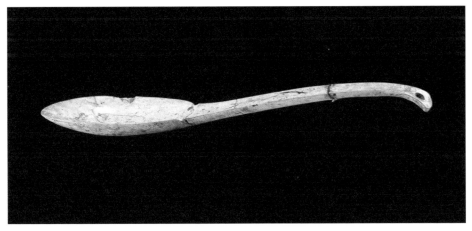

距今5000多年前的凌家滩玉匙

进入青铜时代以后，中原地区仍然承续着新石器时代使用餐勺进餐的传统，不仅继续使用骨质餐勺，而且使用铜质餐勺。自冶铜技术出现以后，作为进餐用的餐勺也开始用铜打造。中原在青铜时代，骨质餐勺仍然是一种受到普遍重视的进食器具，在河南安阳殷墟发掘的一些王室陵墓中，出土过不少精美的骨质餐勺。到了西周时期，骨质餐勺的使用已不如过去那样普遍了。

最先出现的铜质餐勺，形制多仿照长条形骨质餐勺。中原地区从西周时代开始，流行使用一种青铜勺形餐勺。这种餐勺呈尖叶状，柄部扁平而且比较宽大。在陕西扶风一座窖藏中出土了2件勺形青铜餐勺，它们出现的年代在同类餐勺中是比较早的。这两件餐勺柄部有几何形纹饰，在勺体上还镌有所有者的名字，有铭文自名为"匕"。

东周时出现了一种长柄舌形勺的餐勺，在陕西省宝鸡市福临堡遗址，属于春秋早期的一座秦墓中就出土了一件这样的餐勺，它的柄部较细，勺体已改为椭圆状的舌形。

窄柄舌形餐勺，大约在春秋时代晚期就已经定型生产出来，云南省祥云县大波那铜棺墓中发现5件这样的餐勺，都是用铜片打制而成，规格大小不等。从战国时代开始，窄柄舌形餐勺成为中国古代餐勺的主流形态，一直沿用了2000多年。虽然在以后的各个时代，餐勺在造型上或多或少有些改变，但基本上没有突破窄柄和舌形勺的格局，这是很值得研究的一个问题。许多地方人们见到的青铜餐勺均为窄柄，多数为扁平的窄柄，有的制成了棒形的细柄，这就使餐勺变得更加实用了。战国餐勺还采用了漆木工艺，出现了秀美的漆木餐勺。漆木餐勺同青铜餐勺一样，造型亦取窄柄舌形勺的样式，整体髹漆，通常还描绘有精美的几何纹饰。

大一统的秦汉时代，人们进餐时使用的餐勺，无论在器具的造型还是制作材料的选择上，都大体承续了战国时代的传统，考古发现较多的仍然是那种窄柄舌形餐勺。引人注意的是，如今出土的属于秦汉时代的漆木餐勺数量很多，尤其是在南方地区，可以想见当时贵族们的餐桌上漆木餐勺越来越受欢迎。在湖北省云梦县发掘的秦汉时代的墓葬中，就出土了不少漆木餐勺。这些餐勺都是圆棒形细柄，通体髹红漆，用黑漆绘有纹饰，柄部绘环带纹，勺面绘行云流水纹饰。

汉代也使用青铜餐勺，东汉时代又出现了银质餐勺。两晋时代的餐勺，在考古中很少发现，具体形制还不是太清楚。到了南北朝时期，青铜餐勺的形制表现出一种复古倾向，这个时期的宽柄尖叶形餐勺形状与战国时代的同类餐勺十分相似，而与汉代的餐勺明显不同。

从隋代开始，细长柄的舌形餐勺又出现了。虽然同是长柄舌形勺，但与战国秦汉时代流行的那种相似的餐勺多少有些不同。西安李静训墓就出土一件长柄银餐勺，勺体为舌形，器形比较大。唐代承继了隋代的传统，上层社会盛行使用白银打造餐具，餐勺亦不例外。

在辽宋金元各代，社会上除了大量制作铜质餐勺以外，还有不少用白银打造的餐勺。在这一时期，餐勺的造型基本上承继了唐代细柄舌形餐勺的传统，区别仅在柄尾略为加宽而已。宋代出土的餐勺，属于北宋时代的较少，属于南宋时代的稍多。江苏溧阳出土一件北宋舌形紫铜餐勺，柄尾略宽。四川阆中的一座南宋窖藏中，一次就出土铜餐勺111件。金代的餐勺也有零星出土，以黑龙江肇东蛤蜊城遗址和辽宁辽阳北园的发现为例，形制与辽代的相去不远，辽阳北园的铜餐勺附加有雁尾饰，规格也比较大。辽宁沈阳也出土了几件金代的青铜餐勺，柄部扁平呈鱼尾形，勺面为花瓣形。属于元代的餐勺，也发现有一些银质的，所见餐勺一般都比较长、大。元代铜餐勺在吉林发现较多，可分为尖叶勺、舌形勺和圆形勺三种类型，以尖叶形餐勺数量为多。

古代中国人进食使用的餐勺，最迟在新石器时代中期已开始制作使用，经历了至少7000年的发展过程。新石器时代餐勺的制作材料，主要取自兽骨，而铜器时代则主要取用的是青铜。自战国时代开始，除了青铜餐勺还在继续使用以外，又出现了漆木勺。隋唐时期开始用白银大量打制餐勺，在上层社会，这用白银打制餐勺的传统一直到宋元时代仍然受到重视。在历代皇室贵胄们的餐桌上，还常常摆有金质餐勺。

秦汉以后，餐勺的制作以小巧精致为流行风格，考古发现的餐勺基本都是实用器。餐勺的质料也逐渐多样化，除以铜质为主外，还有漆木、金银、陶瓷质的餐勺。餐勺的形状，除南北朝出现过宽柄尖叶勺头的餐勺以外，一直都流行窄细柄的舌形勺头餐勺。隋唐宋元时代的餐勺造型已相当规范，隋唐时代的勺头勺柄稍显宽大，宋元时代的勺头勺柄略为细小，这是一种

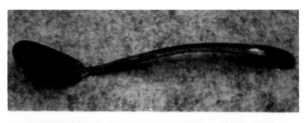

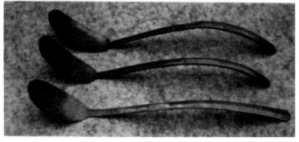

唐代银匙

比较明显的发展趋向。

在现代社会，匕的古称已经完全消失，我们可以把餐勺称为勺子、饭勺，也可以称为调羹、汤匙，还可以称为茶匙等，既体现了古代的传统，也体现了现代的色彩。

五、4000 年前的餐叉

很多人对西餐已非常熟悉，自然知道享用西餐应当用刀叉，会想当然地认为刀叉是西方人的发明，会因此而对西方文明津津乐道。许多人不会知道，其实中国人在很早的时候就发明了餐叉，这个发明完成于史前时代。在历史时代，我们的先人仍然保留着使用餐叉进食的古老传统，只是由于这传统时有中断，餐叉的使用在地域上又不很普及，所以不为我们一般人所知晓。

考古学家在青海同德发掘了一处名为宗日的遗址，年代可早到距今 4000 年前的新石器时代堆积中，意外发现了一枚骨质餐叉。这枚餐叉为双齿式，全长 25.7 厘米。新石器时代的餐叉在中国并不是第一次出土，此前在甘肃武威市皇娘娘台齐家文化遗址，也曾出土一枚扁平形骨质餐叉，为三齿。这两枚餐叉都出土于西

齐家文化遗址出土的骨餐叉

北地区，这倒是一个很有意义的问题，应当说明那里可能是餐叉起源的一个很重要的地区。

餐叉在中国起源于新石器时代，它同餐勺一样，起初都是以兽骨为材料制作而成。到了青铜时代，使用餐叉的传统得到延续，考古发现的这个时期的餐叉也多由兽骨制成。如在河南郑州二里冈商代遗址就出土过一枚骨质餐叉，也是三齿，全长 8.7 厘米。这枚餐叉柄部扁平，和齿部之间没有明显的分界，制作稍显粗糙。

在夏商周三代，餐叉的使用情况不是很清楚，各地出土餐叉数量很少。到了战国时代，餐叉的使用在上流社会显然受到重视，在这个时代，考古发现了较多的餐叉。如河南洛阳中州路 2717 号墓，一次就出土了骨质餐叉 51 枚，都是双齿，圆形细柄，长度在 12 厘米上下，这些餐叉出土时包裹在织物中。在洛阳西工区也发现过 1 枚类似的骨质餐

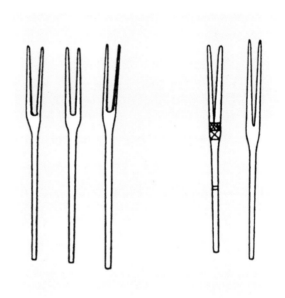

商周时期的骨餐叉

叉，制作更为精致，柄部饰有弦纹。山西侯马故城遗址也曾两次出土战国时代的骨质餐叉，也都是双齿，与洛阳所见相同，其中有一枚在柄部还有火印烫花图案。

战国以后，各地出土餐叉实物很少，汉晋时代以后只有零星发现。古代中国对餐叉的使用，好像没有形成经久不变的传统，虽然它在新石器时代就已经发明，但只是在商周至战国时代比较流行，在其他时代使用并不广泛。在古代，作进食具的餐叉并不是单独使用的，与它配套使用的除了餐刀，还有餐勺。例如在郑州二里冈同餐叉一起出土的还有餐勺；侯马故

城的餐叉也与餐勺共存。

餐叉的使用与肉食有密切的联系，它是以叉的力量获取食物的，与匕与箸都不相同。先秦时代将"肉食者"作为贵族阶层的代称，餐叉在那个时代可能是上层社会的专用品，不可能十分普及。下层社会的"藿食者"，因为食物中没有肉，所以用不着置备专门叉肉的餐叉。

过去对古代餐叉的名称不清楚，文献中不易查寻到相关记述。我们注意到，"三礼"中记有一种叫作"毕"的礼器，是用于叉取祭肉的，略大于餐叉。考古也发现过一些青铜制作的毕，长可达30厘米，应当就是文献记述的礼器——毕。与毕形状相同，用途也相同的餐叉，在先秦时代名称可能一样，也叫作毕。餐叉在汉代以后的古称，是否仍叫作毕，我们现在还无法知道。古人以为毕是因形如叉的毕星而得名，实际上也可能是毕星因作进食具的毕而命名，不少星宿都是借常用物的形状命名的。

在古代中国人的餐饮生活中，餐叉在相当的时空范围内有过中断，以至于很多人不知道我们的先人曾经制作和使用过餐叉。随着西餐的渐入，与西餐一同到来的刀叉与餐勺也让人们认识到，它们是享用西餐必备的进食具。事实上，西人用餐叉的历史并不久远，在3个世纪以前，相当多的人还在直接用手指抓食，包括贵族统治者在内。有的研究者认为，西人广泛使用餐叉进食，是从公元10世纪的拜占庭帝国开始的，也有人说是始于16世纪，最多也不过1000年的历史。中国人用餐叉的历史已经追溯到了5000年以前，不过我们没有将餐叉作为首选的进食器具，它实际上是基本被淘汰出了餐桌，这显然是我们有更适用的筷子的缘故。现代中国在引进西餐的同时，我们也引进了餐叉，叉子优越与否，是极好比较的。我们之所以在享用西餐时还在那里不得已举着叉子，完全是因了尊重西人进食方式的缘故，不然，相信许多食客都会以筷子取而代之。

我们还发现在现代社会中出现了"中餐西吃"的现象，有人架起刀叉吃中餐，这可以看作一种新的文化现象。类似的这种文化融合在我们的邻邦早已经出现，并且成为一种趋势。不过餐叉是否会在筷子王国占据主导地位，我们用不着担心，我们对筷子拥有的优势充满信心。

六、发明筷子

现在发现的古箸实物年代早到商代后期，箸的始作年代应当早于这个发现的时期，但究竟起源于何时，还是一个值得研究的问题。有些学者曾由箸的具体用途来推论它的起源，认为中国烹调术的特点是把食物切成小块，用碗盛着，要将这小块食物从碗中送进嘴里，于是筷子便产生了。这个说法有一定的道理，但筷子出现的大致时代没说清楚。

我们知道，古代中国人的熟食，以周代为例，主要有饭食、粥食、菜肴和羹食几类，大都需要借助食具进食，而且食具并不只有箸一种。根据"三礼"的说法，箸原本不是用于取食小块食物的，至少在周代它有特定的用途，而且按礼制规定，箸还不能随便移作他用。

《礼记》说得非常明白，箸是专用于夹取羹汤中的菜食的。《曲礼》另外还有一句有关的说法，叫作"饭黍毋以箸"，是说吃米饭米粥不能用箸，一定得用匕。由此看来，汉代以前的箸可能主要是用于夹菜而不是扒饭。唐代薛令之所作《自悼诗》，其中有"饭涩匙难绾，羹稀箸易宽"之句，表明在唐代也是以匕食饭，以箸食羹中菜。甘肃敦煌473窟唐代《宴饮图》壁画，绘有男女9人围在一张长桌前准备进食的场面，每人面前都摆着匕和箸，可见这两样食具都是正式宴饮场合不可缺少的。

到了宋代，匕箸的分工依然十分明显，继承了前代的传统。据明代田汝成《西湖游览志馀》说，宋高宗赵构在德寿宫进膳时，"必置匙箸两副，食前多品择取欲食者，以别箸取置一器中，食之必尽；饭则以别匙减而后食。吴后尝问其故，对曰：不欲以残食与宫人食也"。意思是，宋高宗每在用膳时，都要准备两套匙箸，匙箸两件一套就够用了，多余的那一套是用来拨取菜肴和饭食的，类似于现在说的"公筷"。赵构是想能吃多少就拨出来多少，因为剩下的馔品还要赐给宫人，怕弄乱弄脏了。赵构是否有如此德行姑且不论，这里将匕箸的分工说得十分明白，应当是可信的，还是以箸夹菜，以匕食饭。

因为古代的箸主要是用于夹取羹中菜食，所以用不着过于粗壮，不必用它承受过重的分量。考古发现的古箸大都比较纤细，其原因也在于此。

古箸的用途为我们寻找它的起源提供了重要线索。也就是说，要探究箸的起源，一定要涉及羹食的起源问题。箸的发明，可能同匕一样，并没经过太复杂的过程，随手折两根树枝，或者砍两根细竹，也就可以使用了。箸最早的用途可能只限于将肉菜从羹汤中夹出，还没有用它直接去碰唇齿。过了不知多少个世纪，用箸形成了传统，技巧也有了提高，制作也趋于精巧，它也许就十分自然地转变成了进食具。遗憾的是，考古发掘没有发现确认的史前箸，主要原因恐怕是没有保存下来，或者是发掘中没有顾及，没有细心甄别。我想应当会有发现的，只是迟早的事。

筷子至今仍有国粹之称。比起勺子和叉子来，国人对筷子有更为特别的感情，朝夕相处，每日作伴，"不可一日无此君"。虽然如此，我们对筷子的历史，却未必都能道得出究竟，论说起来就有"不识庐山真面目"的遗憾了。

筷子的古称为"箸"。明人陆容《菽园杂记》上说：当时民间会话有一些避讳的风俗，以苏州一带最为突出，如行船讳"住"，讳"翻"，所以要改箸为快（筷）儿，改幡布为抹布。这样一来，叫了几千年的箸就变成了"筷子"。明人李豫亨在《推篷寤语》里也论及此事，而且说当时士大夫也出口言筷子，忘却了箸的本来名称，似乎说明筷子的称呼确实只有数百年的历史。对我们这个最讲究名实相符的民族来说，"筷子"一名恐怕是最不那么名副其实的了。

中国古代的箸，它的出现要晚于餐勺。自从箸出现以后，它便与餐勺一起，为人们的进食分担起不同的职责。

虽然箸的形状是那样的小巧，不过考古发掘获得的古箸数量却不少。年代最早的古箸出自安阳殷墟1005号墓，有青铜箸6支，为接柄使用的箸头。湖北长阳香炉石遗址发掘时，在商代晚期和春秋时代的地层里都出土有箸，有骨箸，也有象牙箸，箸面还装饰着简练的纹饰。春秋时期的箸还见于云南祥云大波那遗址木椁铜棺墓，墓中出土铜箸二支，整体为圆柱形。

到了汉代，箸的使用非常普遍，它被大量用作死者的随葬品。考古发

现汉代的箸除铜箸外，多
见竹箸，湖北云梦大坟头
和荆州市江陵凤凰山等地，
都出土了西汉时代的竹箸。
云梦大坟头 1 号汉墓出土
竹箸 16 支，一端粗一端细，
整体为圆柱形。马王堆汉
墓也有竹箸出土，箸放置
在漆案上，案上还有盛放
食品的小漆盘、耳杯和酒
卮等饮食器具。在云梦和

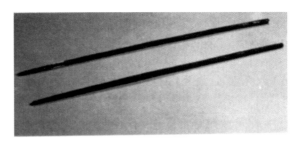

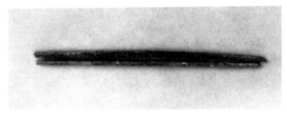

春秋铜箸

江陵汉墓出土的竹箸，一般都装置在竹质箸筒里，有的箸筒还彩绘有几何
纹图案。

　　考古发现的东汉时代的箸，大都是铜箸。湖南长沙仰天湖 8 号汉墓发
现的铜箸 2 支，首粗足细，整体为圆柱形。在山东和四川等地的汉墓画像
石与画像砖上，也能见到用箸进食的图像。例如四川新都出土的东汉墓画
像砖上宴饮图，图中三人踞坐案前，案上放置箸两双，左边一人手托一碗，
碗中斜插箸一双，这表明当时箸的使用已是相当普遍。

　　隋唐时代的箸考古发现较多，箸的质料有明显变化，很多都是用白银打制的，文献记载唐代还有金箸和犀箸。考古所见年代最早的银箸，出

四川新都出土的东汉墓画像砖上的宴饮图

自长安隋代李静训墓，箸两端细圆，中部略粗。浙江长兴下莘桥发现的一批唐代银器中，有银箸 30 支，也是中部稍粗。江苏丹徒丁卯桥出土的一批唐代银器中，有箸 36 支，一端粗一端细。隋唐时期的箸，大都为首粗足细的圆棒形，长度一般在 28~33 厘米。

对于宋代的箸，考古有不少发现。如江西鄱阳湖北宋大观三年（1109 年）墓出土了银箸 2 双，长 23 厘米，首为六棱柱形，足为圆柱形。四川阆中曾发现过一座南宋铜器窖藏，一次出土铜箸多达 244 支，铜匙 111 件，铜箸首部亦为六棱柱形，足为圆柱形。成都南郊的一座宋代铜器窖藏中，发现首粗足细的圆柱形铜箸 32 支。

元代的箸略有变长的趋势，如安徽合肥的一座窖藏中有银箸 110 支，其中长 25.6 厘米的有 106 支，首部截面呈八角形。

宋辽金元的箸，形制比起以往并没有明显的变化，大都是圆柱形或圆锥形，也有了六棱柱形、八棱柱形，比较重视箸首的装饰。长度一般为 23~27 厘米，最短的为 15 厘米。

明清两代，箸的形状有了明显变化，流行款式大都是首方足圆形，也有圆柱形的。明代开始有了类似现代的首方足圆箸，四川珙县悬棺中发现竹箸一支，首方足圆，满髹红漆，上有吉祥话语题字。

清代的箸，由帝妃使用的箸品非常豪华。光绪二十八年（1902 年）二月《御膳房库存金银玉器皿册》记载了当时宫中所用的餐具，其中筷子有：金两镶牙筷 6 双、金镶汉玉筷 1 双；紫檀金镶商丝嵌玉筷 1 双；紫檀金银商丝嵌玛瑙筷 1 双；紫檀金银商丝嵌象牙筷 16 双；紫檀商丝嵌玉镶牙筷 2 双；银镀金两镶牙筷 1 双；包金两镶牙筷 2 双；铜镀金驼骨筷 8 双；铜镀金两镶牙筷 2 双；银镀金筷 2 双；银两镶牙筷大小 35 双；紫檀商丝嵌玉金筷 1 双、象牙筷 10 双；银三镶绿秋角筷 10 双；银两镶绿秋角筷 10 双；乌木筷 14 双。这些筷子用料珍贵，制作考究。清代箸的款式与现代箸已没有太大区别，首方足圆为最流行的样式。箸面还出现了图画题词，工艺考究的箸不仅是实用的食具，也是高雅的艺术品。

七、筷子与勺子的分工

在现代正式的宴会上，餐桌上一般都要摆上两样进食用具：筷子和勺子，它们各有各的功用。古代中国人在进食时，餐勺与筷子通常也是配合使用的，两者一般也会同时出现在餐案上。依"三礼"的记述，周代时的礼食既用匕，也用箸，匕、箸的分工相当明确，两者不能混用。箸是专用于取食羹中菜的，正如《礼记·曲礼上》所说，箸是用于夹取菜食的，不能用它去夹取别的食物，还特别强调食米饭、米粥时不能用箸，一定得用匕。

到了汉代，餐勺和箸也是同时使用的，人们将勺与箸作为随葬品一起埋入逝者墓中。《三国志》记曹操与刘备煮酒论英雄，曹操说了一句"当今天下英雄，只有你刘备和我两人而已"，吓得刘备手中拿着的勺和箸都掉在了地上。从这个故事里，我们看到了汉代末年匕箸同用的一个生动例证。汉代以后，比较正式的筵宴，都要同时使用勺和箸作为进食具，如唐人所撰《云仙杂记》述前朝故事说："向范待客，有漆花盘、科斗箸、鱼尾匙。"赏赐与贡献，匕箸也是不能分离的物件，如《宋书·沈庆之传》记载说："太子妃上世祖金镂匕箸及杅（yú）杓，上以赐庆之。"金镂匕箸一定是非常名贵的。就是平日的饮食，对具有一定身份的人而言，也要匕箸齐举，不敢马虎。

在唐宋时代，筵宴上仍然要备齐勺和箸，人们在进食时对两者的使用范围区分得依然非常清楚。在甘肃敦煌 473 窟唐代《宴饮图》壁画中，绘有男女 9 人围坐在一张长桌前准备进食，每人面前都

敦煌壁画《宴饮图》

敦煌 473 窟唐代壁画上，每人面前都有箸和匙

摆放着勺和箸，摆放位置划一，相当整齐，可见勺与箸是宴饮时不可或缺的进食工具。唐人薛令之所作的《自悼》诗中有"饭涩匙难绾，羹稀箸易宽"的句子，将以勺食饭、以箸食羹菜的分工说得明明白白。

到了现代社会，正规的中餐宴会在餐桌上也要同时摆放勺与筷子，食客每人一套，这显然是古代传统的延续。值得注意的是，这个传统有了一些明显的改变，勺与筷子各自承担的职责发生了变化。勺已不像古代那样专用于食饭，而主要用于取用羹汤；筷子也不再是夹取羹中菜的专用工具，它几乎可以用于取食餐桌上的所有肴馔，而且它也用于食饭，已经打破了吃饭不得用筷子的古训了。虽然如此，餐勺与筷子在两种进食具之间的那种密切的联系，古今都是存在的。我们还可以断言，它们之间的联系在未来还会继续存在，我们还没有发现这种联系将要中断的迹象。

八、筷子纵横观

这些年在旅行中，我始终保有一种好奇心，无论到何处大小馆子，都要先观察餐桌上筷子的摆法。这成了一种偏好，我不知道世上还有没有第二个像我一样的人。

这是一种小小的好奇心，似乎没有什么意义，关注这样的生活细节，看它是如何摆着，也用不着花专门的功夫。

先来说说我看到的餐桌风景。

在日本，在世界遗产合掌屋里的农家乐，依老传统，人们席地而坐，餐具就摆在席子上，中间大盘中的小盘盛着菜肴，周围是空着的饭碗，碗上放着方向不一的筷子。用餐沿用着传统方式，可是筷子却自由得没有了规矩。这多少让我有点失望，在日本不应当是这个样子的。

不过在东京、大阪和京都的小馆用餐，筷子都是横置在餐桌上，秩序井然，这是传统。筷子的形状不断有所改变，但它的方向没有改变。

参观大阪国立民俗学博物馆，可见小餐桌上横置着筷子和勺子，这也是传统的展示。

这种放置筷子的方式不仅被收藏在博物馆，日本人进餐时大多也是这个样子，这个传统延续了1000多年。

日本的横置筷子的传统，是遣唐使由大唐带过去的。我们现在虽然大都将筷子纵向放置，可是在唐代，却是将筷子横置在餐桌上，我们在许多壁画上看到了这样的景象。

唐代的墓室壁画《野宴图》，一帮贵族少年在明媚的光影里享受着快乐，享受着美味，偌大的餐桌上摆满了佳肴。仔细看看，他们面前的餐桌边缘，都横放着筷子和勺子。这是唐代餐具惯常的摆法，下面还有敦煌壁画上的图像，也都可以看到相同的例证。

唐代壁画《野宴图》

　　敦煌 473 窟唐代壁画《宴饮图》，这是青年男女对饮的场面，妙龄的四男五女在凉亭里对席而坐，看起来那么彬彬有礼，似乎还没开席。值得注意的是，每人面前都横置着勺子、筷子，看来这确实是唐代流行风。

　　唐代筷子的这个用法，在文献上还没有找到相关记述，为何要将筷子和勺子横着放置，现代人并不清楚。横放当然是放在桌面上，放在碗上，那是不成的。唐李商隐撰《义山杂纂》的"恶模样"一节说到了筷子，指责社会流行恶习，如"作客与人争相骂""对大僚食咽""作客踏翻台桌""说主人密事""对丈人丈母唱艳曲""嚼残鱼肉归盘上""对众倒卧"，再就是"横箸在羹碗上"。这些行为放在今天，也都是十分不雅的，这"横箸在羹碗上"为何不雅？古时筷子是专用于食菜的，羹中有菜全得靠筷子夹取，取了菜筷子不可横在碗上，得横在面前的桌面上。

　　大唐之后，在北方兴起的大辽，似乎受大唐文化的强烈影响，使用筷子和勺子也是横置。如内蒙古巴林左旗辽墓出土壁画上，有一幅《备宴献

内蒙古巴林左旗辽墓出土的壁画摹本

食图》绘有一端食盘的男子，盘中横置筷子和勺子。稍不同的是，这两样餐具一里一外，并不是放置在一起。

唐代筷子这么横着，大辽也横着，宋代还横着吗？到了现在，怎么筷子一般都纵放呢？唐代以前，比如汉代筷子也是横放的吗？

汉代人们使用筷子的情形，同样在文献上没有见到有关记述，不过考古研究提供了答案。在不少汉画上可以见到使用筷子的场面，例如在四川出土的汉代画像砖上，经常可以见到宴饮场景，宴饮者席地而坐，面前摆着方形或圆形食案，案上有筷子和其他餐具。这些筷子都是纵向摆放在食者面前，似乎没有例外。

四川中江东汉崖墓发现的这幅彩绘壁画，表现的是宴饮场景，宴饮者席地而坐，面前摆着酒器和食案，食案上纵向放着成双成对的筷子。如果仔细看也没有发现筷子，也未必是视力有问题，是筷子太不起眼了。也难怪在正式发表的摹本上，就没有画上筷子，画者压根就没有看到筷子的影子。

四川中江东汉崖墓发现的彩绘壁画

在山东地区出土的汉代画像石上，也时常见到宴饮场面，当然也刻画有筷子。筷子的摆放，不论是在食案中间还是在边上，都是采用纵向摆法。

这些汉画都属于东汉时期，表明汉代人用筷子，遵守着纵向放置的规矩。汉代以前，还没有证据显示筷子的纵横状态，可以推测在战国时代可能已经有了纵向放置筷子的传统，汉代人继承了前代的规矩。可汉代以后，情形开始有了改变，筷子出现在餐桌上时，由纵向转到了横向。

在甘肃嘉峪关发现的一批魏晋时代的墓室砖画上，有不少宴饮图，图上大多描绘有筷子，执筷或置筷都有清晰的图像。

从图中看，这一位要吃叉烧肉的人，放下了手中的筷子，正要接过仆人送来的肉叉。那双筷子应当是横摆在餐案边，旁边还有酒杯。

砖画上还看到两个男人在共享一串叉烧肉，面前有食案和酒杯，一人一双筷子，也都横在案边。

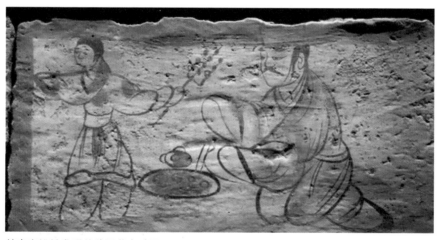

甘肃嘉峪关发现的魏晋墓室砖画

图中还有一位少女也在品尝盘中美味，好像正要执筷取食，有婢女在一旁打扇侍候。注意案边的筷子，它是横放在女子的左手边的，如果不是画工的疏忽，我们可以判断她是一个左撇子。这方形的食案上也摆着筷子，是纵着还是横着摆放不大明确，重点是看看画中执筷的婢女不是左撇子。

甘肃嘉峪关发现的魏晋时代的墓室砖画

这些送食的婢女端的盘、案上的筷子，似乎也是横置着。

甘肃嘉峪关发现的魏晋时代的墓室砖画

这样看来，筷子由纵向横的姿态转变，是在魏晋时代完成的，应当是在公元三四世纪之际。

这种筷子的"横行"，在唐代还是无可阻挡的，也许持续了500年的光景。因为到了五代至宋时，这情形开始有所改变，筷子又回归至纵向姿态了。

五代南唐画家顾闳中的传世名作中有长卷《韩熙载夜宴图》，这图有人说时代未必能早到五代，我们不做这个考证，我们只要知道这图上有筷子就足够了。这幅夜宴图上有五位重要的与宴者，两张餐桌上应当有五双筷子。不过在一般的印本上，我们看不到筷子的踪影，黑黑的餐桌上模糊一片。

在比较清晰的摹本夜宴图上，摹出这餐桌上摆满了酒肴，却忽略了筷子。

五代南唐画家顾闳中绘《韩熙载夜宴图》局部

　　反倒是在另外一些不甚清晰的摹本上，我们可以寻到至少三双筷子的图像。

　　上页图是放大的局部，隐约可以看到餐桌上的筷子。这几双筷子无一例外地都是纵向摆放，这说明五代或宋代时，筷子由横向至纵向的转变已经完成。

　　宋代张择端的《清明上河图》长卷，熟知它的人也许可以随意说出熟识的许多场景，可有一个场景你未必注意到。这是一个局部场景，我说我看到了筷子你也许不信，这样大的画面，也会出现筷子？

　　不错，真的有筷子。画面上表现了许多餐馆，如果不表现筷子倒是很不合理的事。在线描图中大屋檐的左下方，餐馆里有两位对饮者，餐桌上的餐具与美味并不多，店小二正在为他们上菜。不用太仔细就能发现，餐桌上摆着两双筷子，而且是纵向

宋代张择端的《清明上河图》线描图局部

摆着。看到这里，我们可以确信，筷子由横向纵的方向转变，在宋代时是一定完成了的。

宋代名画《文会图》中也出现过筷子和勺子。图中这些配套的筷子与勺子都是纵向摆放着，这是进行中的宴饮场景，可以想见进餐过程中放下筷子时，也要取纵向方式，不可造次。

宋传世的《文会图》局部

　　一位食学长者问我，日本从唐代学去筷子的传统用法，餐桌上横置筷子，那我们是什么时候改变为纵放的呢？我就用上述资料回答了他，他说解决了多年的困惑疑难。我们在唐代以后改变了过去横置筷子的传统，但日本并没有改变，现在到日本还可以感受到唐代的用餐风尚。我甚至觉得，即使在国内，也许某些地区还维系着唐代的做法，横置筷子的习惯未必在我国消失得那么彻底。

　　宋代以后，纵置筷子成为习惯，从古代墓葬壁画和传世绘画上都能见到这样的场景。

　　在陕西甘泉一座金代墓葬里见到的墓主人进食图壁画上，这位有名有姓有年龄记录的老者，他面前的餐桌上摆着茶盏菜盘，当然也有一套筷子和勺子，虽然筷子和勺子放置不齐整，但纵向放置是明确的。

　　明代陈洪绶所绘《博古叶子》，其中一幅画描述的是晋代何曾"日食万钱"的故事，他是用明代人的风情演绎古代的故事，高桌大椅是何曾未有享受到的，那筷子纵放也不是晋代时尚，这显然是明代的生活写照。

　　《蜀胜野闻》记述了这样一个故事——明朝初年，唐肃有一次陪皇帝朱元璋吃饭，他吃完后将筷子横在碗上。朱元璋问这是什么意思，他说是从小学的礼节。朱元璋大怒，说："民间俗礼怎么能用在天子这儿？"居然给唐肃定了个大不敬的罪名，发配濠州去了。

　　这种把筷子横在饭碗上的做法，本意是出于对长者的尊重，用意源出周礼，长辈没吃完，晚辈不得先放下筷子。周礼要求：晚辈已吃饱，而长辈尚未停止进食时，不得放下筷子，还要装模作样慢慢吃。否则，你把碗筷一放，显得长辈很贪吃似的。宋代以后，这礼法略有改进，晚辈先吃完也不必还举着筷子，只需横在碗上，敬意也就到了。但是朱元璋做了皇帝，却看不惯这个做法，本是个致敬的礼法，却引来不敬的罪名，因为天子不认这一套。

　　清代不论在宫中还是民间，筷子的摆放都遵循前朝规矩，仍然承继着纵向传统。

　　清代人所绘的《红楼梦》插图，表现大大小小的宴会，餐桌上是少不了筷子的，仔细看去，筷子放置的方向是纵向。在一般的礼仪场合中，这个规矩都没有什么改变。

现代宴会摆台也是艺术，任你如何变化造型，那筷子与勺子的位置与方向都不会改变。

九、古远的分餐制

国人聚会，不论是在家中还是在餐馆，如果是享用中餐，一般都采用围桌会食的方式，隆重热烈的气氛会深深感染每一个与宴者。这种亲密接触的会食方式，是中国饮食文化的一个重要传统。虽然中国烹饪的发达在很大程度上是依赖这个传统会食方式的，但今天我们却不想再继承这个传统了，有关部门还正式制定了分餐制的操作规范与标准，看来餐桌上的光景就要焕然一新了。在一些正规的宴会场合，分餐制的推广初见成效，会食方式的改变已渐成涌潮之势。

现代中国人之所以要痛下这样的决心，目的并不是为了避开那份热烈、浓重和亲密，主要是为了摆脱津液交流而造成的困扰。这种亲密交流的结果，是将各人特有的那些菌种毫无保留地传播给了同桌共餐的人，人们在欢快醉饱之时自然感觉不到这样的危险已经逼近了。王力教授有《劝菜》一文，对这样的"津液交流"有十分深刻的讽刺。他说十多个人共食一盘菜，共饮一碗汤，酒席上一桌人同时操起筷子，同时把菜夹到嘴里去。一碗汤上桌，主人喜欢用自己的调羹去把里面的东西先搅一搅；一盘菜端上来，主人也喜欢用自己的筷子去拌一拌。一盘山珍海味，一人一筷子之后，上面就有了多个人的津液。王力先生提到的类似宴会，我们差不多都亲见或亲历过，许多人也曾多次地为避免这种津液交流做过努力。当然我们只是传统的继承者和发扬者，对于这传统产生的负面后果并不用负任何责任，但我们不知不觉把自己置于了危险之中。

这种在一个盘子里共餐的会食方式，虽然是中国传统饮食文化的重要内容之一，但以我们现在的眼光看，它确实算不上优良。这种会食传统产生的历史也并不像我们想象的那么古老，存在的时间也就 1000 年多一点。比这更古老的传统倒要优良很多，那是地道的分餐方式，我们可以寻到不少古代中国曾实行了至少 3000 年分餐制的证据。

《史记·孟尝君列传》说，战国四君子之一的孟尝君田文广招宾客，礼贤下士，他平等对待前来投奔的数千食客，无论贵贱，都同自己吃一样的馔品，穿一样的衣裳。一天夜里，田文宴请新来投奔的侠士，有人无意挡住了灯光，有侠士认为自己吃的饭一定与田文不一样，要不然怎么会故意挡住光线而不让人看清楚。这侠士一时怒火中烧，他以为田文是个伪君子，就辍食辞去。田文赶紧亲自端起自己的饭菜给侠士看，原来他们所用的都是一样的饮食。侠士愧容满面，当下拔出佩剑自刎，以谢误会之罪。一个小小的误会，致使一位刚勇之士丢掉了宝贵的性命。试想如果不是分餐制，如果不是一人一张饭桌（食案），如果主客都围在一张大桌子边上享用同一盘菜，就不会有厚薄之别的猜想，这条性命也就不会如此轻易断送了。

又据《陈书·徐孝克传》说，国子祭酒徐孝克在陪侍陈宣帝宴饮时，并不曾动过一下筷子，可摆在他面前的肴馔却不知怎么减少了，这是散席后才发现的。原来徐某人将珍果悄悄藏到怀中，带回家孝敬老母去了。皇上大受感动，下令以后御筵上的食物，凡是摆在徐孝克面前的，他都可以大大方方带回家去，不用偷偷摸摸的。这说明起码在隋唐以前，正式的筵宴还维持着一人一份食物的分餐制。

由考古发现的实物资料和绘画资料，可以看到古代分餐制的真实场景。在汉墓壁画、画像石和画像砖上，经常可以看到席地而坐、一人一案的宴饮场面，看不到许多人围坐在一起狼吞虎咽的场景。低矮的食案是适应席地而坐的习惯而设计的，从战国到汉代的墓葬中，出土了不少实物，以木料制成的为多，常常饰有漂亮的漆绘图案。汉代送食物还使用一种案盘，或圆或方，有实物出土，也有画像石描绘出的图像。承托食物的盘如果加上三足或四足，便是案，正如颜师古《急就章注》所说："无足曰盘，有足曰案，所以陈举食也。"

以小食案进食的方式，至迟在龙山文化时期便已形成。考古已经发掘

到公元前2500年时的木案实物，
虽然木质已经腐朽，但形迹还
相当清晰。在山西襄汾陶寺遗
址发现了一些用于饮食的木案，
木案平面多为长方形或圆角长
方形，长约1米，宽约30厘米。
案下三面有木条做成的支架，
高15厘米左右。木案通涂红彩，
有的还用白色绘出边框图案。
木案出土时都放置在死者棺前，
案上还放有酒具多种，有杯、
觚和用于温酒的斝。稍小一些
的墓，棺前放的不是木案，而

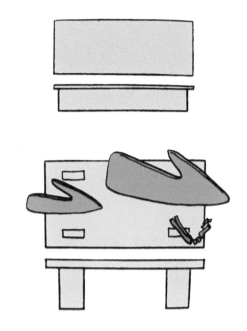

陶寺遗址出土的食案

重庆忠县出土的三国时期的庖丁俑

是一块长50厘米的厚木板，板
上照例也摆上酒器。陶寺遗址
还发现了与木案形状相近的木
俎，略小于木案，俎上放有石
刀、猪排或猪蹄、猪肘，这是
我们今天所能见到的最早的一
套厨房用具实物。可以想象，
当时长于烹调的主妇们，操作
时一定也坐在地上，木俎最高
不过25厘米。汉代厨人仍是以
这个方式作业，出土的许多庖
厨陶俑全是蹲坐地上，面前摆
着低矮的俎案，俎上堆满了生
鲜食料。

　　陶寺遗址的发现十分重要，它不仅将我国食案的历史提到了 4500 年以前，而且也揭示了分餐制在古代中国出现的源头。古代分餐制的发展与这种小食案有不可分割的联系，小食案是礼制化的分餐制的产物。在原始氏族公社制社会里，人类遵循一条共同的原则：对财物共同占有，平均分配。在一些开化较晚的原始部族中，可以看到这样的事实：氏族内食物是公有的，食物烹调好了以后，按人数平分，没有饭桌，各人取到饭食后都是站着或坐着吃。饭菜的分配，先是男人，然后是妇女和儿童，多余的就存起来。这是最原始的分餐制，与后来等级制森严的文明社会的分餐制虽有本质的区别，但在渊源上考察，恐怕也不能将它们说成是毫不相关的两码事。

汉画宴饮图，每人面前的食盘上都放有箸

十、分餐制的改变

　　分餐制的历史无疑可追溯到史前时代，它经过了不少于 3000 年的发展过程。会食制的诞生大体是在唐代，发展到具有现代意义的会食制，经历了一个逐渐转变的过程。周秦汉晋时代，筵宴上分餐制之所以实行，应用小食案进食是个重要原因。虽不能绝对地说是一个小小的食案阻碍了饮食方式的改变，但如果食案没有改变，饮食方式也不可能会有大的改变。事实上，中国古代饮食方式的改变，确实是由高桌大椅的出现而完成的，这是中国古代由分食制向会食制转变的一个重要契机。

西晋王朝灭亡以后，生活在北方的匈奴、羯、鲜卑、氐、羌等族陆续进入中原，先后建立了各自的政权，这就是历史上的十六国时期。频繁的战乱，还有居于国家统治地位民族的变更，使得中原地区自殷周以来建立的传统习俗、生活秩序及与之紧密关联的礼仪制度，受到了一次次强烈的冲击。正是在这种新的历史背景下，家具发展有了新趋势，传统的席地而坐的姿势也随之有了改变，常见的跪姿坐式受到更轻松的垂足坐姿的冲击，这就促进了高足坐具的使用和流行。公元5~6世纪出现的高足坐具——束腰圆凳、方凳、胡床（马扎子）、椅子，逐渐取代了铺在地上的席子，"席不正不坐"的传统要求也就慢慢消失了。

在敦煌285窟的西魏时代壁画上，可以看到年代最早的靠背椅子图形。有意思的是，椅子上的仙人还用着惯常的蹲跪姿势，双足并没有垂到地面上，这显然是高足坐具使用不久或不普遍时可能出现的现象。在同时代的其他壁画上，又可看到坐胡床的人将双足坦然垂放到了地上。洛阳龙门浮雕所见的坐圆凳的佛像，也有一条腿垂到了地上。

唐代时各种各样的高足坐具已相当流行，垂足而坐已成为标准姿势。1955年，在西安发掘的唐代大宦官高力士之兄高元珪墓，墓室壁画中有一

①　　　　　　　　　②　　　　　　　　　③

唐代的坐椅　①②敦煌莫高窟壁画，③西安高氏墓壁画

个端坐椅子上的墓主人像，双足并排放在地上，这是唐代中期以后已有标准垂足坐姿的证据。可以肯定地说，在唐代，至晚在唐代中晚期，古代中国人已经基本上抛弃了席地而坐的方式，最终完成了坐姿的革命性改变。

在敦煌唐代壁画《屠房图》中，可以看到站在高桌前屠牲的庖丁像，表明厨房中也不再使用低矮的俎案了。

敦煌唐代壁画《屠房图》

用高椅大桌进餐，在唐代已不是稀罕事，不少绘画作品都提供了可靠的研究线索。如敦煌473窟唐代宴饮壁画，画中绘一凉亭，亭内摆着一个长方食桌，两侧有高足条凳，凳上面对面地坐着9位规规矩矩的男女。食桌上摆满大盆小盏，每人面前各有一副匙箸配套的餐具。这已是众人围坐一起的会食场景了，这样的画面在敦煌还发现了一些，构图一般区别不大。

在西安附近发掘的一座唐代韦氏家族墓中，墓室东壁见到一幅《野宴图》

壁画,画面正中绘着摆放食物的大案,案的三面都有大条凳,各坐着3个男子。男子们似乎还不太习惯把双腿垂放下地,依然还有人采用盘腿的姿势坐着。

　　大约从唐代后期开始,高椅大桌的会食已十分常见,无论在宫内还是民间,都是如此。家具的变革引起了社会生活的许多变化,也直接影响了饮食方式的变化。没有这场家具变革,分餐向会食的转变是不可能完成的。据家具史专家们的研究,古代中国家具发展到唐末五代之际,在品种和类型上已基本齐全。这当然主要指的是高足家具,其中桌和椅是最重要的两个品类。家具的稳定发展,也保证了人们饮食方式的恒定性。

　　其实中国古代的分餐制转变为会食制,并不是一下子就转变成了现在这个样子,还有一段过渡时期。这个过渡时期的饮食方式,又有一些鲜明的时代特点。在会食成为潮流之后,分餐方式并未完全消失,在某些场合还会偶尔出现。例如五代南唐画家顾闳中的传世名作《韩熙载夜宴图》中就透露出了有关的信息。据《宣和画谱》说,南唐后主李煜想了解韩熙载夜生活的情况,令顾闳中去现场考察,于是就绘成了这幅夜宴图(参见114页图)。夜宴图为一长卷,夜宴部分绘韩熙载和其他几个贵族子弟,分坐床上和靠背大椅上,欣赏着一位琵琶女的演奏。他们面前摆着几张小桌子,在每人面前都放有完全相同的一份食物,是用8个盘盏盛着的果品和佳肴。碗边还放着包括餐匙和筷子在内的一套进食具,互不混杂。这里表现的不是围绕大桌面的会食场景,而是古老的分餐制,似乎是贵族们怀古心绪的一种显露。其实,这也说明了分餐制的传统制约力还是很强的,在会食出现后它还有一定的影响力。

　　在晚唐五代之际,表面上场面热烈的会食方式已成潮流,但那只是一种有会食气氛的分餐制。人们虽然围坐在一起了,但食物还是一人一份,还没有出现后来那样的"津液交流"的情况。这种以会食为名、分餐为实的饮食方式,是古代分餐制向会食制转变过程中的一个必然发展阶段。到宋代以后,真正的会食——具有现代意义的会食才出现在餐厅里和饭馆里。宋代的会食,由白席人的创设可以看得非常明白。陆游的《老学庵笔记》说,北方民间有红白喜事会食时,有专人掌筵席礼仪,谓之"白席"。白席人还有一样职责，即是在喜庆宾客的场合中，提醒客人送多少礼可以吃多少道菜。陆游以前，白席人已有记述，《东京梦华录》就提到了这种特殊的职业，下请书、安排座次、劝酒劝菜，谓之"白席人"。白席人正是会食制的产物，他的主要职责是统一食客行动、掌握宴饮速度、维持宴会秩序。现代虽然不常见白席人，但每张桌面上总有主席（东道）一人，他的职责基本上相当于白席人，他要引导食客一起举筷子，一起将筷子伸向同一个盘子。

在张择端的《清明上河图》上，我们看到汴京餐馆里摆放的都是大桌高椅。在宋代墓葬的一些壁画上，我们也看到不少夫妇同桌共饮的场景。在17世纪日本画中描绘的清代船宴中，我们看到官员们围着一张桌子猜拳行令，桌上摆放着美酒佳肴。这都说明会食传统经过千年的发扬光大，已是根深蒂固了。

当我们现在大力倡导分餐制时，会遇到传统观念的挑战，也会遇到一些具体的问题。会食制在客观上促进了中国烹调术的进步，比如一道菜完完整整上桌，色香味形俱佳，如果分得七零八碎，不大容易让人接受。难怪有些美食家非常担心，改革了会食制，具有优良传统的烹调术会受到冲击，也许会因此失掉我国饮食的许多优势，分餐与会食对馔品的要求肯定会有很大不同。其实，这也没什么要紧的，丢掉一些传统的东西，意味着有更多的机会创造新的东西。

分餐制是历史的产物，会食制也是历史的产物，那种实质为分餐的会食制也是历史的产物。我们今天正在追求的新的进食方式，看来只需按照唐代的模式，排练出一套仿唐式的进食方式就可以了，不必非要去照搬西方的。这种分餐制借了会食制固有的条件，既有热烈的气氛，又讲究饮食卫生，而且弘扬了优秀的饮食文化。

第四章

味天下之味

　　历来人们在滋味的追求上，都表现有明显的两重性，一是趋本，一是逐流。所谓趋本，就是从小养成的习惯，这是传统，对越是地道的乡土风味就越欣赏。所谓逐流，则是受他方时尚所吸引，反传统，追求新奇滋味。

　　古时帝王爱烧饼，如今小儿爱汉堡，均属逐流者也。烧饼古称胡食，汉堡归属西食，对中原而言，均属外来之食，按古代先人的说法，均为胡食。古代中原为华夏所居，历史上的周边民族被称为蛮夷胡狄。汉时将包括匈奴在内的西域和北方民族，统称胡人，更远国度的人自然也是胡人，他们的饮食都被冠以"胡"字，称为胡食。胡食在历史上有数次内传的高潮，从皇上到臣民都没有抵挡住这样的诱惑，纷纷做了胡食的"俘虏"。这种传播对中国饮食传统带来了明显冲击，但也使它不断更新，不断完善。

一、粒食与饼食

　　当谷物成为我们餐桌上的主角，最初是大米和小米滋养了南方人与北方人。大米和小米怎样吃，先人并没有进行太大难度的选择，采用直接粒食。当然粒食也须先脱粒才行，大米和小米的脱粒现在看技术上再简单不过了，杵臼发明后，接下来烹调就变得非常容易了。

　　小麦传入中国，是饮食史上的重大事件。小麦在中国传播和普及经历了一个漫长的过程。小麦传入时，相应的食用方法却没有传入，经历了粒食到粉食的本土化过程，形成了不同于西亚啤酒面包传统的面条馒头传统。小麦传入中国后，食用方式经历了几个汉化过程，小麦汉化后，不仅完全适应了东方的土壤与气候，也完全适应了东方的人群。在使用合适的加工技术之前，便得不到可口的麦食制品，小麦在更大范围的传播也是不可能的。东方本土的古老粒食传统的借用，是小麦在它的新立足地生根的第一步。

当小麦进入饮食生活后，曾经在很长时期借用了大米和小米的粒食方法，只是用于煮粥蒸饭。后来面粉磨制技术成熟后，面粉也使用蒸法食用了。当蒸法借用到面食的烹饪中，一个区别于西方以烤食为传统的面食体系也就建立起来了。面食技术的普遍运用，是小麦在东方立足的第二步，也是它传播很广的主要原因。

小麦做成面食最重要的技术是粉碎技术，需要磨面设备。有了合适的磨面设备，小麦的面食才有普及推广的可能。当然小麦面食时代到来后，有了磨出的面粉，将面粉制成面条、馒头、包子之类的，用蒸与煮的方法烹熟，所以古时就有了汤饼、笼饼和蒸饼。由汉史游《急就篇》的"饼饵麦饭甘豆羹"，可知汉时小麦粒食与面食的方式并存。

汉代扬雄的《方言》中提到了饼，饼是对面食的通称。后来刘熙《释名》中更明确地说，"饼，并也，溲面使合并也"，同时提到了胡饼、蒸饼、汤饼、索饼等面食名称，而汤饼与索饼便是地道的面片与面条之属，蒸饼则是我们现在所说的馒头。

文献记录了一些爱吃蒸饼的著名人物，如《晋书·何曾传》中说何曾"蒸饼上不坼作十字不食"，他也因为这个理由而被列为豪奢之人。《太平御览》引述《赵录》说，后赵"石虎好食蒸饼，常以干枣、胡桃瓤为心，蒸之使坼裂方食"。当发酵技术用于蒸饼以后，这一款采用蒸法制作的面食更受欢迎，也让面食有了更好的普及形式。古代发酵技术最初是用在酿酒工艺上的，郑司农注《周礼·醢人》中的酏食，说是"以酒酏为饼"，唐贾公彦疏说"以酒酏为饼，若今之起胶饼"。胶字又写作"教"，通"酵"，所以有人认定酏食是一种发面饼，这也许是发酵技术在面食上最早的应用。

东方的蒸饼，即我们现在所说的馒头，是8000年的蒸法在面食上的成功运用。我们用甑将麦面蒸成了馒头、包子，而西人却把它放进炉子烤成了面包、蛋糕，这就是中西饮食文化的一个重要区别。不同的烹饪技术，决定了麦食传统发展的方向，馒头和面包代表了东西不同的饮食传统。稻米与甑结合，带给了我们香喷喷的米饭。小麦面粉与甑结合，带给了我们软绵绵的馒头。

二、小麦怎样生根

作为重要谷物的小麦，原产地并不是中国，它是在史前传入，后来才广泛栽培，这似乎已经是一种定论。但是让人疑惑的是，最初小麦传入的路线我们现在还并不十分清楚，传入的中介也不能确切判明，而且小麦物种传入时不仅改变了种植技术，也改变了相应的加工技术与食用方法。

由汉式饼食技术传统建立的新角度，我们看到小麦传播过程中在东方文化传统中显现出来的另一番景象。

小麦的传播是一个热点话题，近年来许多人通过考古发现对小麦的传播途径进行了研究。对中国考古中发现的小麦遗存进行了全面探讨的靳桂云教授认为，目前中国发现年代较早的小麦遗存是甘肃天水西山坪遗址，距今约 4800 年。更早发现是甘肃民乐东灰山遗址出土的炭化小麦，年代为距今 5000~4000 年。这样的年代数据是否说明黄河中上游地区的小麦种植比黄河下游早出现呢？答案要等待更多的考古遗存证据。

陈星灿在《作为食物的小麦》一文中认为，"中国小麦自西亚经新疆沿河西走廊传播而来的道路日渐明显"，山东地区多处龙山时代小麦遗存的发现，和河南地区二里头与龙山文化小麦遗存的发现，对了解中国小麦起源与传播的途径非常重要。他认为这些发现表明，小麦的种植在黄河上中下游都有 4500~5000 年的历史，因为西部小麦的年代更为久远，可以认为最初小麦是由新疆和甘肃传入内地。

小麦传入我国的途径近年来又有了一些新的观点。赵志军以"小麦之路"为题，近年多次论及中国早期小麦的传播过程问题。他说目前发现的最早的小麦遗存大多集中在黄河中下游地区，这说明小麦传入中国的途径并不是丝绸之路，可能走的是另外一条路线，或几条不同的路线，如通过蒙古草原或沿着南亚和东南亚的海岸线。小麦可能由海上传入，这是一个新的提法。

陆上与海上，小麦究竟如何传进中国本土，考古似乎并没有最终的结论。至于小麦传入以后在中国播散的情形，还没有成为考古学者所关注的问题。

从事农业史研究的曾雄生有《论小麦在古代中国的扩张》，专论小麦的传入与在古代中国的传播，他关注"小麦扩张对于中国本土原产粮食作物和食物习惯的冲击"，显然接受了有的考古学者的说法，说小麦自出现在中国西北之后，在中国经历了一个由西向东，由北而南的扩张过程，直到唐宋以后才基本上完成了在中国的定位。"小麦扩张挤对了本土原有的一些粮食作物，也改变中国人的食物习惯"。曾雄生还指出，麦子是在中国种植稻、粟之后4000~6000年乃至更晚之后才出现在中国的，在黄河流域麦子进入比稻子还晚，小麦对于稻作区和粟作区来说是个闯入者。

小麦由西北进入到中原地区，其最初的栽培季节是春季，并借用了粟的栽培技术。这正是贾思勰《齐民要术·大小麦》说的"三月种、八月熟"的"旋麦"，也即是春麦。当人们发现小麦的耐寒力强于粟而抗旱力不及粟时，春季干旱多风的北方并不利于春播小麦的发芽生长，于是发明了秋播夏收的冬麦技术，历史上称为"宿麦"。一些学者注意到冬麦在商代就已经出现，不过依然还是以春麦为多，只是到东周时冬麦的种植面积才有明显扩大。

《礼记·月令》说"季春之月……乃为麦祈实"，"仲秋之月……乃劝种麦，毋或失时，其有失时，行罪无疑"，这是东周时期小麦秋种夏收技术存在的一个可信的证明。所以曾雄生评价"冬麦的出现是麦作适应中国自然条件所发生的最大的改变，也是小麦在中国扩张最具有革命意义的一步"。虽然在长城以北地区，春麦的种植面积在现代也非常可观，但冬麦的出现意义仍然不可低估。

小麦传入后先是沿袭粟的栽培技术，春种秋收。后来改变为上年秋种而下年夏收，真是一个了不得的创造。有了这一个变化，小麦才真正开始适应了东方水土，也就有了向更大范围传播的重要技术基础。

三、麦食本土化

种植技术的改变，其实还只是小麦在古代中国生根的一个方面。小麦传播过程中还有另外一个不容忽视的问题，就是食用技术的传承。有一点非常明确，没有合适的加工食用技术作支撑，就得不到可口的麦食制品，小麦也就不会引起更大范围人群的兴趣，这对它的传播而言也是一个很大的障碍。

虽然我们现在还不能完全回答小麦由粒食向面食转变的契机，以及产生这种转变的确切年代，也不能准确复原这个转变的过程，但这个转变确实发生了，而且转变得非常成功。其实大米和小米也有类似于面食的粉食技术，只是那样的粉食一直没有成为主流饮食方式，它只是粒食的补充。小麦有可能最初是借用了这种初级粉食技术，逐渐过渡到精细的面食阶段。

青海民和喇家遗址出土的齐家文化陶碗和面条

小麦面食最重要的技术，是粉碎技术，需要磨面设备。有了合适的磨面设备，小麦的面食才有普及推广的可能。陈星灿注意到这一点，他说："目前在考古学上还罕见从食物加工的角度讨论秦汉之前小麦如何被磨成面粉的研究案例。无论如何，研究中原地区从龙山时代经二里头到商周时代小麦加工方式的演变，可以为我们提供小麦被中国上古居民利用的间接证据。"

卫斯曾由考古发现研究石磨的起源。圆形石磨分上下两扇，两扇相合，下扇固定，上扇绕轴在下扇上转动。两扇的接触面有"磨膛"，膛的外周有起伏的磨齿。圆形石磨的制作在秦汉已经比较成熟，它的使用时间应当可以追溯到战国时期。卫斯认为，圆形石磨的诞生，是大豆和小麦在粮食加工技术上的需要。所以就有了这样的说法："磨的诞生，不仅使人们改变了对大豆、小麦粒食的传统吃法，而且促进了小麦的大面积推广种植。"

磨的发明，有人认为是由石碾发展而来，不过这个观点却没有太早的证据。圆形石磨和石碾都属于半机械装置，在发明年代上孰先孰后，现在并没有确定的结论。在更早的时代，谷物加工普遍使用一种磨盘与磨棒配合的工具，在新石器时代有大量发现，考古上通称为磨盘。这所谓的磨盘，其实是一种碾盘，上面的磨棒不论是长是圆，主要的用力方式是碾而不是磨，并不能使用旋转力。长长的或圆圆的磨棒有一个明显的固定磨面，这是反复碾压形成的磨损面。有的研究者由史前陶车陶轮盘的使用，推测是旋转石磨发明的技术基础，这是很有道理的，不过这还只属于推论。

不论怎么说，旋转石磨真的是一个很伟大的发明，它在没有明显改变的情形下一直使用到现代，现代的自动钢磨也都是以石磨工作原理设计的。石磨在有的地方也实现了全自动旋转，还在服务于现代人类生活。

现在所知最早的石磨，时代上并没有早于东周，这可以从两个层面理解。一是更早时代小麦的面食并没有出现，一是小麦的粉碎可能有另外的方式。但另外的方式最有可能的是碾法，早期的碾是小盘平碾，不是后来的大盘轮碾，不可能为面食的普及做出太大的贡献。更重要的是，那个时代小麦的粒食趋势并没有发生根本的改变，麦饭仍然频频出现在人们的餐桌上。

西晋束晳《饼赋》中说："饼之作也，其来近矣。……或名生于里巷，或法出乎殊俗。"面食的名称在开始时并没有太多讲究，以形状、制法为名是最直接的选择，正如明王三聘《古今事物考》引《杂记》所说，

宋代驴拉磨画像砖

"凡以面为餐者皆谓之饼，故火烧而食者呼为烧饼，水瀹而食者呼为汤饼，笼蒸而食者呼为蒸饼"。

汉魏时代西域各族的饮食风俗传入中原，称为胡食。胡食中最重要的面食就是烤制的胡饼，应属我们现在所说的烧饼。东汉后期，出现了一场规模不小的饮食变革浪潮，带头变革的人就是汉灵帝刘宏，他是一个胡食天子。据《后汉书·五行志》的记述，汉灵帝喜爱胡服、胡帐、胡床、胡座、胡饭、胡箜篌、胡笛、胡舞，引得一帮贵戚都跟着学，穿胡服，用胡器，吃胡食，一时间蔚然成风。汉灵帝喜爱的胡食主要是胡饼和胡饭等。胡饭也是一种饼食，是将酸瓜菹长切成条，与烤肥肉一起卷在饼中，卷紧后切成二寸长的小段，蘸醋芹食用。

从西域传来的胡食，也为唐人所喜爱。西域胡人在唐代长安经营酒肆与饼店，胡食中自然有胡饼。白居易有诗说"胡麻饼样学京都，面脆油香新出炉"，明确指出它不同于本土的蒸饼。开元年间开始，富贵人家的肴馔，几乎都是胡食。最流行的胡食是各种类型的小胡饼，特别是带芝麻的蒸饼和油煎饼尤受唐人喜爱。

甘肃嘉峪关出土的魏晋墓砖画《煎饼图》

宋代的两京，南北食风荟萃，各类面馆遍布食肆。宋代时面食花样逐渐增多，因为食法的区别，有了一些特别的名称。《东京梦华录》中提到北宋汴京食肆上的面食馆，就有包子、馒头、肉饼、油饼、胡饼店，分茶店经营生软羊面、桐皮面、冷淘、棋子面等。《梦粱录》记南宋临安的面食店，也称为分茶店，经营各形各色的面食。

内蒙古巴林左旗出土的辽墓壁画

任何外来物种传入后，都经历了曲折的本土化过程。这种中国化或称汉化的过程，最终得到的是汉式食物。

物种的传入同文化的容忍度有关，接纳过程变成了一种文化行为。小麦的传入正是如此，也经历了明确的汉化过程，馒头就是小麦汉化食用一个成功的范例。

四、胡食在汉唐

人们在饮食上对风味的追求，一般与个体的饮食生活经历有关，也与饮食传统相关。人们常常对家乡的饮食风味念念不忘，津津乐道，其原因正在于此。

中原人对远国食物的热切期待，至迟在商代初期便已存在，我们由史籍中关于伊尹以割烹说商汤的记述获得了这方面的信息。

经过秦代统一大潮的涌动，汉武帝时期中国文化的发展除了具备统一性，又有了开放性，对域外的经济文化交流开始表现出高度的主动性。这种交流很快便突破了长城关隘，通向遥远的国度，丝绸之路的出现就是最有力的见证。

公元前 138 年，张骞自长安（今西安）出发前往西域，经历 10 多年艰辛回到长安，带回来西域各国有关风俗物产的许多信息。公元前 119 年，汉武帝又命张骞带领 300 人的探险队，每人备马两匹，带牛羊 1 万头，金帛货物，出使乌孙国，同时与大宛、康居、月氏、大夏等国建立了交通关系。文交武攻，不仅将伟大的汉文化输送到遥远的西方，而且从西方也传入了包括佛教在内的宗教、文化、艺术，对中国这个东方古国的精神文化生活产生了深远的影响。由于从西域传入的物产大都与饮食有关，这种交流对人们的物质文化生活也同样产生了深远的影响。

敦煌壁画：张骞出使西域图

从西域传来的大量物产，使汉武帝兴奋不已。他命令在都城长安以西的皇家园囿上林苑，修建一座别致的离宫。离宫门前耸立着按安息狮子模样雕成的石狮，宫内画有开屏的印度孔雀，点燃着西域香料，摆设着安息鸵鸟蛋和千涂国的水晶盘等。离宫不远处，栽种着大宛引进的紫花苜蓿和葡萄。上林苑中喂养着西域来的狮子、孔雀、大象、骆驼、汗血马等珍禽异兽，完全一派异国风光。

在汉代从西域传来的物产还有鹊纹芝麻（胡麻）、无花果、甜瓜、西瓜、安石榴、绿豆、黄瓜（胡瓜）、大葱、胡萝卜、大蒜（胡蒜）、番红花、芫荽（胡荽）、核桃（胡桃）、酒杯藤，以及玻璃、海西布（呢绒）、宝石、药剂等，它们不仅丰富了帝王将相的生活，也为下层人民带来了实惠，流泽直至今日。几种用于调味的香菜香料，可以确定由西域传来，充实了人们的口味。苜蓿或称光风草、连枝草，可供食用，多用为牲畜的优质饲料。胡荽别名香菜，有异香，调羹味美。胡蒜即大蒜，较之原有小蒜辛味更为浓烈，也是调味佳品。还有从印度传进的胡椒，也都是我们熟知的调味品。

汉代时对异国异地的物产有特别的嗜好，极求远方珍食，并不只限于西域，四海九州，无所不求。据《三辅黄图》所记，汉武帝在元鼎六年（前111年）破南越之后，在长安建起一座扶荔宫，用来栽植从南方所得的奇草异木，其中包括山姜十本、甘蔗十二本，龙眼、荔枝、槟榔、橄榄、千岁子、柑橘各百余本。由于北方气候与南方差异太大，这些植物生长得都不太好，本来有些常绿的果木，到了冬季也枯萎了，很难结出硕果来。要想吃到南方的新鲜果品，还得靠地方的岁贡，靠驿传的递送，邮传者疲毙于道，极为生民之患。

东汉末年，灵帝刘宏崇尚享乐，对胡食狄器有特别的嗜好，是一个地道的胡食天子。史籍记载说，灵帝在皇家苑囿西园开设了一些饮食店，让后宫采女充当店老板，灵帝则穿上商人服装，扮作远道来的客商，到了店中，"采女下酒食，因共饮食，以为戏乐"。灵帝也算得一个风流天子。

胡食中的肉食，首推"羌煮貊炙"，具有一套独特的烹饪方法。羌和貊代指古代西北的少数民族，煮和炙指的是具体的烹调技法。羌煮就是煮鹿头肉，选上好的鹿头洗净、煮熟，将皮肉切成两指大小的块，然后将切碎的猪肉熬成浓汤，加一把葱白和一些姜、橘皮、花椒、醋、盐、豆豉等调好味，将鹿头肉蘸着肉汤吃。貊炙为烤全羊和全猪之类，吃时各人用刀切割，这原本是游牧民族惯常的吃法。以烤全猪为例，取尚在吃乳的小肥猪，褪毛洗涤干净，在腹下开小口取出五脏，用茅塞满腹腔，并用柞木棍穿好，用慢火隔远些烤。一面烤一面转动小猪，面面俱烤到。烤时要反复涂上滤过的清酒，不停地抹上鲜猪油或洁净麻油，这样烤好的小猪颜色像琥珀，又像真金，吃到口里，立刻融化，如冰雪一般，汁多肉润，比用其他方法烹制的肉风味更佳。

汉画烤肉串

在胡食的肉食中，还有一种"胡炮肉"，烹法也极别致。用一岁的嫩肥羊，宰杀后立即切成薄片，将羊板油也切细，加上豆豉、盐、碎葱白、生姜、花椒、荜拨、胡椒调味。将羊肚洗净翻过，把切好的肉、油灌进羊肚缝好。

在地上掘一个坑，用火烧热后除掉灰与火，将羊肚放入热坑内，再盖上炭火。在上面继续燃火，只需一顿饭工夫就熟了，香美异常。

羌煮貊炙、胡炮肉，所采用的烹法实际是古代少数民族在缺少应有的炊器时不得已所为，从中可以看到史前原始烹饪术的影子。胡炮肉尽管烹饪方法极其原始，却采用了比较先进的调味手段，这样的美味炮肉，蒙昧时代的人绝不会吃到。

天子所喜爱的胡食，也是许多显贵们所梦想的。这域外的胡食，不仅指用胡人特有的烹饪方法所制成的美味，有时也指采用原产异域的原料所制成的馔品。尤其是那些具有特别风味的调味品，如胡蒜、胡芹、荜拨、胡麻、胡椒、胡荽等，它们的引进为烹制地道的胡食创造了条件。如还有一种"胡羹"，为羊肉煮的汁，因以葱头、胡荽、安石榴汁调味，故有其名。当然西域调味品的引进也给中原人民的饮食生活带来了新的生机，直接促进了汉代及以后烹调术的发展。

用胡人烹调术制成的胡食受到人们的欢迎，而有些直接从域外传进的美味更是如此，葡萄酒便是其中的一种。葡萄酒有许多优点，如存放期很长，可长达十年而不败。晋人张华的《博物志》便有"西域有蒲萄酒，积年不败，彼俗云：可十年。饮之醉，弥月乃解"的记录，可是汉代的粮食酒却因度数低而极易酸败。葡萄酒香美醇浓，也是当时的粮食酒所比不上的，魏文帝曹丕在《与朝臣诏》中曾说葡萄酒让人一闻就会流口水，要是饮一口更是美得不行。汉时帝王及显贵们对葡萄美酒推崇备至，求之不得。可虽有葡萄，却不知酿造方法，直到唐代破高昌才得其酿法，国中才有了自己酿的葡萄酒。前此帝王所饮，全为西域朝贡和商人从西域运来。汉灵帝时的宦官张让，官至中常侍，封列侯，备受宠信，他对葡萄酒也有特别的嗜好。据传当时有个叫孟他的人，因送了一斛葡萄酒给张让，张让立即委任他为凉州刺史，由此可知葡萄酒的珍贵。

古代中国既有勇敢地吸收外来文化的传统，也有抵制外来文化的传统。不仅汉灵帝喜欢胡食引起过非议，西晋时掀起的又一次胡食热潮，也引起了同样的责难。《搜神记》中说："胡床、貊槃，翟之器也；羌煮、貊炙，翟之食也。自太始以来，中国尚之。贵人富室，必畜其器；吉享嘉宾，皆以为先。戎翟侵中国之前兆也。"指西晋富贵人家推崇胡器胡食，把它们摆在饮食生活的第一位，如此本末倒置实在让人不解。

胡食不仅刺激了天子和权贵们的胃口，而且事实上促进了饮食文化的交流。这个交流充分体现了汉文明形成发展过程中的多源流特征。这样表现在文化上的兼收并蓄，不论是在武帝时代，还是在灵帝时代，汉代都有极突出的表现。不论后人怎么对这两个具有代表性的帝王进行评说，在吸收外来文化这一点上，他们有着共通之处，而且也并不都只表现在饮食文化一个方面。

唐朝国力强盛，经济繁荣，在中国古代是空前的，在当时的世界上也是仅有的。在这个基础上，承袭六朝并突破六朝的唐文化，博大精深、辉煌灿烂。唐文化吸引着四方诸国人民，唐代因此成为中外文化交流的极盛时代。唐代的对外文化交流，遍及广州、扬州、洛阳等主要都会，而以国都长安最为繁盛。

唐代长安是当时世界上最宏伟的都城，是一个最大的开放城市，是东西方文化交流的集中点。来往这里的有四面八方的各国使臣，包括远自欧洲的东罗马外交官。他们带着使命，也带了自己本国的文化，甚至还朝献本地方物特产。唐太宗时，中亚的康国献来金桃银桃，植育在皇家苑囿；南亚的泥婆罗国（即尼泊尔）遣使带来菠绫菜、浑提葱（菠菜和洋葱），后来也都广为种植。在长安有流寓的外国王侯与贵族近万家，还有在唐王朝供职的诸多外国官员，他们世代留住长安，有的建有赫赫战功，甚至娶皇室公主为妻，位列公侯。各国还派有许多留学生到长安来，专门研习中国文化，国子监就有留学生八千多人。长安作为全国的宗教中心，吸引了许多外国的学问僧和求法僧来传经取宝。此外，长安城内还有大批外国乐舞人和画师，他们把各国的艺术带到了中国。值得一提的是，长安城中还留居着大批西域各国的商人，以大食和波斯商人为多，有时达数千之众。

一时间，长安及洛阳等地，人们的衣食住行都崇尚西域风气，正如诗人元稹《法曲》所云："自从胡骑起烟尘，毛毳腥膻满咸洛。女为胡妇学胡妆，伎进胡音务胡乐……"饮食风味、服饰、音乐都以外国的为美，"崇外"成为一股不小的潮流。外国文化使者带来的各国饮食文化，如一股股清流汇进了中国这个汪洋，使我们悠久的文明激起了前所未有的波澜。

长安城东西两部各有周长约4000米的大商市，即东市和西市，各国商人多聚于西市。考古学家们对长安东西两市遗址进行过勘察，并多次发掘过西市遗址。西市周边筑有围墙，内设沿墙街和井字街道与小巷，街道两侧有排水明沟和暗涵。在西市南大街，还发掘到珠宝行和饮食店遗址。西市饮食店中，有不少是外商开的酒店，唐人称它们为"酒家胡"。唐代文学家王绩待诏门下省时，每日饮酒一斗，时称"斗酒学士"，他所作诗中有一首《过酒家》云："有客须教饮，无钱可别沽。来时常道贳，惭愧酒家胡。"写的便是闲饮于胡人酒家的事。

酒家胡中的侍者，多为外商从国外携来，女子称为胡姬。这样的异国女招待打扮得花枝招展，备受文人雅士们的青睐。唐人张祜有诗曰："为底胡姬酒，长来白鼻騧。"李白在《前有一樽酒行》中曰："胡姬貌如花，当垆笑春风。笑春风，舞罗衣，君今不醉将安归。"胡姬不仅侍饮，且以歌舞侑酒，难怪文人们流连忘返，是异国文化深深地吸引着他们。

李白自然也是酒家胡的常客，他有好几首诗都写到进饮酒家胡的事，如《白鼻騧》云："细雨春风花落时，挥鞭直就胡姬饮。"《送裴十八图南归嵩山》云："胡姬招素手，延客醉金樽。"《少年行》云："落花踏尽游何处，笑入胡姬酒肆中。"游春之后，要到酒家胡喝一盅。朋友送别，也要到酒家胡饯行。酒家胡经营的品种主要为胡酒胡食，也经营仿唐菜。贺朝《赠酒店胡姬》诗云："胡姬春酒店，弦管夜锵锵。……玉盘初鲙鲤，金鼎正烹羊。"鲤鱼鲙（鲙作脍的异体字），当是正统的中国菜。

唐人爱饮的胡酒有高昌葡萄酒、波斯三勒浆和龙膏酒等。据史籍记载，唐太宗时破高昌国，收马乳葡萄种籽植于苑中，同时还得到葡萄酒酿造方法。唐太宗亲自过问试酿葡萄酒，当时酿造成功八种成色的葡萄酒，"芳辛酷烈，味兼缇盎"，滋味不亚于粮食酒。唐太宗将在京师酿的葡萄美酒颁赐给群臣，京师一般民众不久也都尝到了醇美甘味。汉魏以来的帝王们虽然早已享用过葡萄酒，但那都是西域献来的贡品，到唐代内地才开始酿造。有人推测内地也许在汉代已掌握了葡萄酒的酿造技术，但没有充足的证据。

三勒浆也是一种果酒，指用庵摩勒、毗梨勒、诃梨勒三种树的果实所酿的酒，法出波斯国。龙膏酒也是西域贡品，唐苏鹗撰写的《杜阳杂编》说它"黑如纯漆，饮之令人神爽"，是一种高级饮料。

与胡酒同从西域传来的胡食，也极为唐人所推崇。开元（713—741 年）以后，富贵人家的肴馔，几乎尽为胡食。那时流行的胡食主要有馉饳、饆饠、烧饼、胡饼、搭纳之类。馉饳为油煎饼，唐代以前制法已传入中国，《齐民要术》载其制法。烧饼与胡饼大概区别不大，可能都可纳葱肉为馅，与今之馅饼相似，唐代皇帝还拿胡饼赐予外宾，视为上等美味。日本僧人圆仁《入唐求法巡礼行记》载：正月六日，"立春节。命赐胡饼、寺粥。时行胡饼，俗家皆然"。饆饠究竟为何物，曾使古今食人穷思不得其解。《资暇录》说："毕罗者，蕃中毕氏、罗氏好食此味。"似是说饆饠得名于姓氏。《青箱杂记》则说饆饠是饼的别名。饆饠实是至今还流行于中亚、印度、中国新疆等地伊斯兰教民众中的一种抓饭。抓饭在印度名为 pilau、pilow、pil à f，"饆饠"显然是它的译音。段成式《西阳杂俎》记唐长安有两处饆饠店，一在东市，一在长兴市。饆饠卖时以斤计，其中主要佐料有蒜。又据《太平广记》引《卢氏杂说》云："翰林学士每遇赐食，有物若毕罗，形粗大，滋味香美，呼为'诸王修事'。"显然是另有所指，非指抓饭。

文人爱胡食，官僚们自然也不例外，连皇帝也是如此，所以官员们进贡的食物中也少不了胡食品种。宋代陶毅所撰《清异录》中说，唐中宗时韦巨源拜尚书左仆射，例上烧尾食，他上奉中宗食物的清单保存在传家的旧书中，这就是著名的《烧尾宴食单》。食单所列名目繁多，《清异录》仅摘录了其中的一些"奇异者"，达 58 款之多，其中就有一些外来食名，如曼陀样夹饼（在炉上烤成的形如曼陀罗果形的夹饼）、巨胜奴（用酥油、蜜水和面，油炸后敷上芝麻的点心。巨胜，指黑色芝麻）、婆罗门轻高面（用古印度烹法制成的笼蒸饼）、天花饆饠（香味夹心面点，或说是"手抓饭"）、红羊枝杖（可能指的是烤全羊）、格食（羊肉、羊肠拌豆粉煎烤而成）等。

汉帝爱胡食，唐皇又何尝不是，当臣子的，对天子的喜好心里自然非常清楚。

在唐代引进的最重要的胡食应当是蔗糖，同时得到的熬糖法，其意义不亚于取得葡萄酒的酿法。在恒河下游，唐代时有一个小邦叫摩揭陀国，在唐太宗时曾遣使来长安。当摩揭陀使者谈到印度砂糖时，太宗皇帝极感兴趣。中国过去甘蔗种植虽多，却不太会熬蔗糖，只知制糖稀和软糖。太宗专派使者去摩揭陀求取熬糖技法，在扬州试验榨糖，结果所得蔗糖不论色泽与味道都超过了西域。

五、辣椒、玉米与甘薯

在明代，从外部传入的一些新的物种，使当时人们的食俗乃至食性都发生了很大变化。这使人们想起明代七下西洋的三保太监郑和来，他的功劳与汉时的张骞是可以相提并论的。

郑和于永乐三年（1405 年）率舰队通使外洋。在此后的 28 年间，他一共航海七次，途经 36 国，最远到达非洲东岸和红海海口。他的航海不仅大大扩展了明王朝的外交领域，而且将远国的风俗物产带回到中国。舰队每到一地，都以瓷器、丝绸、铜铁器和金银换取当地特产。

明代前后引进的原产美洲的几种物产给古今中国人带来了实惠，这就是玉米、甘薯、花生和辣椒。玉米、甘薯都属粮食作物，它们至今在中国许多地区还是人口的主粮，尤其是在北方干旱地区。辣椒的引进，对中国烹饪的影响也非常大。中国古代的五味体系中有辛（姜、蒜）而无辣，有了辣椒后，原有的"甘酸苦辛咸"就变成了"甜酸苦辣咸"。辣椒与其他调料配合，又产生出许多新的复合味，大大丰富了中国烹调的味型。如与花椒配成麻辣味，与醋配成酸辣味，与酱配成酱辣味，还可以配成鱼香味等。其他自外域引进的物种还有番茄、笋瓜、向日葵、苦瓜、菜豆、洋姜、西兰花、抱子甘蓝等，其中有许多品种成了我们今天不可缺少的食料。

玉米和甘薯的引进，是历史上影响深远的物种引进。玉米是明代由美洲经由菲律宾引进中国的。

15 世纪末哥伦布发现美洲，欧洲人在美洲成功殖民后，16 世纪后期西班牙人在东南亚的菲律宾建立殖民地，一些美洲农作物开始传入菲律宾，再传到南洋各地，进一步传入中国。

玉米原产于中、南美洲，在中国古称番麦、御麦、玉麦、苞米、珍珠米、棒子等。明嘉靖三十九年（1560 年）甘肃的《平凉府志》记载："番麦，一曰西天麦，苗叶如蜀秫而肥短，末有穗如稻而非实。实如塔，如桐子大，生节间，花炊红绒在塔末，长五六寸，三月种，八月收。"

玉米最早是经由西南陆路传入，大致是先边疆，后内地；先山区，后平原；先南方，后北方。玉米的广泛适应性和良好的食用价值以及缓解人口急骤增长对粮食的需求，是其迅速传播和发展的重要原因。到清代乾嘉时期玉米种植获得发展，与中国已有的"五谷"并列升至"六谷"阵营。

从各地方志的记述看，19 世纪中期，玉米种植已遍及大江南北，各地有关玉米的称谓多达 99 个。晚清至民国时期，玉米成为仅次于水稻和小麦的第三大作物。玉米在中国逐渐形成了三大种植区：北方春播玉米区、黄淮海夏播玉米区、南方山地丘陵玉米区。

玉米的传入和发展促使耕地进一步扩大开垦，增加了粮食产量，对社会进步和经济繁荣起了重要作用。这种"谦卑"的农作物一直作为穷人的食物而存在，它在水稻和小麦占据的肥沃的地盘之外繁衍。

玉米不仅从南到北都能种植，储藏也方便。工业化时代到来，玉米可以制造酒精、糖浆、淀粉等，它还是生产醋酸、乙醛、丙酮等的原料。它作为牲畜的饲料，产量已超过水稻，占据着国内头号粮食作物的地位。如此看来，玉米已经赢得居于人类食物链上不可或缺的位置。

甘薯在中国古代又名金薯、朱薯、玉枕薯、山芋、番薯、地瓜、红苕、白薯、红薯等，原产中、南美洲，明万历年间（1573—1620）传入。18 世纪末至 19 世纪初期甘薯栽培向北推进到山东、河南、河北、陕西等地，向西推进到江西、湖南、贵州、四川等地，最终遍及全国。

明清以来是人口高速增长时期，人口从明初的 6500 万~8000 万增加到 1953 年的 5.83 亿，几百年间增加 6 倍多，而耕地只增加 4 倍。玉米、甘薯和马铃薯都是耐旱、耐瘠的作物，一般粮食作物难以生存的贫瘠土壤、深山苦寒地区均可种植，而且产量高。农学家徐光启在《农政全书》卷二十七中，将番薯的作用总结为"十三胜"，说它高产益人、色白味甘、繁殖快速、防灾救饥、可充笾实、可以酿酒、可以久藏、可作饼饵、生熟可食、不妨农功、可避蝗虫等优点，说"农人之家，不可一岁不种。此实杂植中第一品，亦救荒第一义也"。

玉米与甘薯等美洲作物的引种，满足了人口快速增加的需求，一个大国的形成，不能说与此没有什么关系。

六、菜系：辛香与甜酸

少小离家的人，常会有乡音难改、乡味难忘的感受。中国幅员辽阔，各地区的自然气候、地理环境和物产都有自己的特色，互有区别，各地人民的生活方式和风俗习惯也存在许多差异。这样一来，不同地区在吃什么和怎么吃的问题上，都形成了自己的传统和特色。由于历史的发展与积累，不同的菜系也就逐渐形成了。

中国的菜系究竟可以划分为多少个，学者们的意见不大一致，有四大菜系说、八大菜系说，也有十二大菜系说，不尽相同。各菜系中以鲁、川、粤、淮扬四系最为著名，其他还有京、杭、闽、湘、鄂、皖等系，也都不相上下。这些菜系共同的特征是选料广博、刀工考究、拼配得体、调味适口、火候精到，它们又以许多独到之处互为区别，像一簇簇竞艳的鲜花，开放在中华大地。

（1）鲁菜。鲁菜即山东菜，主要由济南和胶东两个菜系构成。鲁菜选料考究，刀工精细，调味得体，工于火候。烹调技术以爆、炒、烧、炸、熘、焖、扒等见长，具有鲜咸适度、清爽脆嫩的特色。鲁菜流入宫中，成为皇帝后妃的御膳。鲁菜也广在民间，在华北、东北和京津地区广为流传。

鲁菜讲究丰满实惠，大盘大碗。这反映出山东人的好客，唯恐客人吃不好、吃不饱。从筵席名称上，也可看出这一点。如"三八席"，为八碟、八盘、八大碗加两大件；又有胶东的"四三六四席"，为四冷荤、三大件、六行件、四饭菜；还有"十全十美席"，为十盘十碗。从一款"八宝布袋鸡"，可以看出鲁菜的实惠，做法是将鸡剔下骨架，往鸡腹中装入海参、大虾、口蘑、火腿、香菇、海米、玉兰片、精猪肉等八种原料的馅，烹熟后不仅馅香肉嫩，而且量大菜多。

鲁菜精于制汤，十分讲究清汤和奶汤的调制。清汤色清而鲜，奶汤色白而醇。清汤用肥鸡、肥鸭、猪肘子为主料，急火煮沸，撇去浮沫，鲜味溶于汤中，汤清见底，味道鲜美。奶汤用大火烧开，慢火煎煮，后用纱布过滤，等汤为乳白色即成。用这些汤制作的菜肴有清汤燕菜、奶汤蒲菜、奶汤鸡脯等，都是高级筵宴上的珍味。鲁菜还善以葱香调味，什么菜都要用葱爆锅，很多馔品都以葱段佐食。大葱除味香激发人的食欲，还有顺气、散腻、健胃、抑菌的功效。山东人平日也极爱食葱，大饼卷大葱就是家常饭。

胶东系鲁菜烹制海鲜有独到之处，传统风味有红烧海螺、炸蛎黄、芙蓉蛤仁、清蒸蟹合、蟹黄鱼翅、绣球海参、烤大虾等海味珍品。

说到鲁菜，附带说一下孔府菜。曲阜孔府虽地处山东，孔府菜同鲁菜却有一定区别。孔府菜糅合宫廷、官府和民间菜为一体，也集中了其他各地的烹调技艺，创出了新的一系，很难将它划入鲁菜范畴。孔府菜用料广泛，以乡土原料为主。如"金钩珍珠笋"，是用生长不久的嫩玉米棒子配海米烹成，真可谓别出心裁。孔府即便是家常菜，制作也极精细，如"玉带虾仁"，用大青虾去头尾，虾腰留一壳环，其他外壳全剥去，见热后虾仁发白，虾腰壳呈红色，有如玉带。孔府菜透出一种富贵气，讲究造型拼配，以富丽典雅著称，对鲁菜的发展产生过一定影响。

（2）京菜。北京菜集全国众菜精华，尤其是吸收山东菜系的优点和北方少数民族的烹调技术，逐渐形成了自己的风格。辽、金、元、明、清几朝都曾在北京建都，北方一些少数民族的传统饮食风尚不断地被带到北京；祖居江南的达官贵人们，一代一代地从南方带来了优秀的饮食文化；流入民间的官厨名师，将宫廷御膳的高超技艺传授出来。这样就使北京菜系显得愈加丰富多彩，如满汉全席、全羊席、涮羊肉、北京烤鸭等，至今都享有极高的声誉。

京菜选料讲究，调味多变，以爆、烤、涮、熘、炒、扒、煨、焖、酱、拔丝、瓤见长。菜肴以菜物原味为主，具有酥、脆、鲜、嫩、清鲜爽口的特点。

京菜注重时令风味。如涮羊肉，须得于立秋后开吃，这时不仅羊肉肥美，而且天气渐凉，适宜涮火锅。又如春卷，则是立春时节才吃。到了夏季，才有水晶肘子、水晶虾等，还有杏仁豆腐和荷叶粥等时令小吃。

京菜还十分讲究菜点的配伍，吃什么菜就得配什么作料和点心。如吃涮羊肉，就有许多讲究，开涮前汤锅中要下口蘑和海米，要备好香菜末、葱白末、芝麻酱、辣椒油、酱豆腐卤、卤虾油、腌韭菜花、桂花糖蒜、绍兴酒、酱油、芥末等作料。吃时用筷子夹起肉片在汤锅中涮一涮，随涮随吃，羊肉鲜嫩可口，非一般火锅可比。吃涮羊肉配以热芝麻酱烧饼，抹上甜面酱，卷上葱丝、黄瓜条等和片好的鸭肉一起吃。

京菜中最擅长的技法为爆、烤、涮、炮和拔丝，名品有酱爆鸡丁、烤填鸭、熘鸡脯、糟熘鱼片、拔丝山药、涮羊肉等。烤法最为别致，本源于御膳房。清宫御膳房专设有"包哈局"，用特制的挂炉烤鸭、烤乳猪，称之为"双烤"。

京菜的佐膳也极有章法。宾客到来，主人亲自迎进屋内，先奉上茶水，配以精致的点心，包括山药干儿、枣干儿、卷果之类，让客人在饮酒前先垫个底，免得空腹饮酒伤了肠胃。入席后先上荤素冷盘，然后上大菜热菜佐酒，末了才上压桌的饭菜，最后上汤，外加甜菜、小点心和水果。

（3）川菜。川菜以四川成都的为正宗。当代川菜菜品已发展到近5000种，以取材广泛、调味多样、清鲜醇浓并重，尤以善用麻、辣著称于世。

川菜烹法注重烧、干酥、熏、烤，调味不离辣椒、胡椒、花椒这三椒，还有鲜姜，品味重在酸辣麻香。川菜中有咸鲜微辣的家常味型，有咸甜酸辣兼备的鱼香味型，有咸甜麻辣酸鲜香并重的怪味型，有咸鲜辣香的冷拼红油味型，有典型的麻辣厚味的麻辣味型，有酸菜和泡菜的酸辣味型，还有糊辣味、陈皮味、椒麻味、椒盐味、酱香味、五香味、甜香味、香糟味、烟香味、咸鲜味、荔枝味、糖醋味、姜汁味、蒜泥味、麻酱味、芥末味、咸甜味等20多种味型，所以川菜享有"一菜一格，百菜百味"的声誉。

川菜：麻婆豆腐

川菜具有适应性强、雅俗共赏的特点。既有工艺精湛的一品熊掌、樟茶鸭子、干烧岩鲤、香酥鸡、红烧雪猪、清蒸江团等名菜，又有大众化的清蒸杂烩、酥肉汤、扣肉、扣鸡鸭、肘子等"三蒸九扣"，以及宫保鸡丁、怪味鸡、鱼香肉丝、麻婆豆腐、干煸鳝鱼、回锅肉、毛肚火锅等家常风味。另外，川味中还有风格独特的传统民间小吃赖汤圆、夫妻肺片、灯影牛肉、棒棒鸡、小笼牛肉、五香豆腐干等，也都是流传很广的名品。

（4）淮扬菜。淮扬菜以扬州风味为主，包括镇江、南京、淮安等地的风味，以清淡味雅著称。淮扬菜以烹制河鲜、湖蟹、蔬菜见长，十分注重吊汤，制作精致。

淮扬菜以炒、熘、煮、烩、烤、烧、蒸为主要烹法，擅长炖焖，具有鲜、香、酥、脆、嫩等特点。如清汤三套鸭，采用家鸭、野鸭、菜鸽整料去骨，用火腿冬笋相隔，三味套为一体，文火宽汤炖焖，具有家鸭肥嫩、野鸭香酥、菜鸽细鲜、火腿酥烂、冬笋鲜脆的特点。又如糖醋鳜鱼，先将鳜鱼剞上牡丹花刀，蘸上淀粉糊，三次下油锅，分别炸透、炸熟、炸酥，起锅时浇汁，得到皮脆、肉松、骨酥的效果。

淮扬菜：红烧狮子头

淮扬菜在调味上强调突出本味，使用调料也是为了增强主料本味，而且注重用调料增色，或用配料补色。这些做法往往与节令相合，如夏季要求色泽清淡，冬季则要求浓艳。例如夏季做清炖鸡，汤汁清澈见底，鸡块鲜嫩洁白，再衬以鲜红的火腿、绿色的菜心、黑色的香菇，使人有清爽悦目的感受。淮扬菜其他名菜还有红烧狮子头、清炖蟹粉狮子头、拆烩大鱼头、水晶肴蹄、百花酒焖肉、清蒸鲥鱼等。

淮扬菜造型美观，通过切配、烹调、装盘、点缀的方法，以及卷、包、酿、刻的手法，达到色香味形俱佳的艺术境界。冷菜拼盘尤其讲究造型，变化多端。其中的萝卜花雕技艺高超，刻成梅、兰、竹、菊花卉等，生动传神。冷盘的代表作有"逸圃彩花篮"，篮中有用萝卜雕刻的牡丹、玫瑰、菊花、马蹄莲、白兰花等，艳丽多姿，是高雅的艺术品。

（5）粤菜。岭南地区自古就有独具特色的饮食传统，在历代与中原的交流和与海外通商过程中，吸收了一些文化精粹，形成了具有强烈地方特色的广东菜系。

粤菜选料广博奇杂，鸟兽蛇鼠均为佳肴。在风味上，粤菜夏秋求清淡，冬春取浓郁。如八宝鲜莲冬瓜盅，即用夏令特产鲜莲、冬瓜，配以田鸡肉、鲜虾仁、夜香花等原料炖制，清淡可口。

粤菜的调味品也别具一格，经常采用的有蚝油、糖醋、豉汁、果汁、西汁、柱侯酱、煎封汁、白卤水、酸梅酱、沙茶酱、鱼露、珠油等，大都是专门配制的。如糖醋为白醋、片糖、精盐、茄汁、辣酱油等混合煮溶而成，酸、甜、咸、辣俱全，别称"怪味汁"。

粤菜：烤乳猪

粤菜中独特的烹调技法有熬汤、煲、煸、泡、焗等。熬汤以鸡、瘦猪肉、火腿为主料，汤成后用于菜肴烹调中的加汤。煲是以汤为主的烹法，用瓦罉（chēng）慢火熬成。煸则是将几种动植物原料混配一起，加进调料，煸成色鲜味浓的菜肴。泡分油泡与汤泡两种，不加配料。焗分锅焗和瓦焗两种，将原料放入锅中，经油炸成水浸，加盖，以文火焗成浓汁，上盘淋汁，风味别致。

　　粤菜有香、松、臭、肥、浓五滋和酸、甜、苦、咸、辣、鲜六味的分别，名品有五蛇羹、脆皮鸡、烤乳猪、盐焗鸡、酥炸三肥、叉烧肉、出水芙蓉鸭等。

　　（6）豫菜。中原菜肴，中华饮食中不能忽略豫菜。豫菜以郑州为中心，由四个风味区构成。豫东口味居中，恪守传统，扒制类菜肴最典型，以开封为代表。豫西以洛阳为代表，水席为典型风味，口味偏酸。豫南以信阳为代表，炖菜最为典型，口味稍偏辣。豫北以新乡和安阳为代表，善用土特产，口味偏重。

豫菜：红烧鲤鱼

　　豫菜秉承质味适中的传统，各种口味以相融相和为度。发源于开封的豫菜因地处九州之中，表现为不东、不西、不南、不北，而居东西南北之中，不偏甜、不偏咸、不偏酸、不偏辣，而于甜咸酸辣之间求其中。豫菜特色是中扒（扒菜）、西水（水席）、南锅（锅鸡、锅鱼）、北面（面食、馅饭）。豫菜的特色是选料严谨，刀工精细，讲究制汤，质味适中。豫菜技法之扒、烧、炸、熘、爆、炒、焅，各有特色，又以扒菜更为独到。

（7）其他菜系。由福州、漳州、厦门、泉州菜组成的福建菜系，称为闽菜，烹调技法以清汤、干炸、爆炒为主，常用红糟调味，偏重甜酸。名菜有干炸三肝花卷、淡糟炒鲜笋、佛跳墙、小糟鸡丁、清汤鱼丸、雪花鸡等。

闽菜：佛跳墙

湖南菜即湘菜，也是南方一个较重要的菜系，采用熏腊原料较多，烹法以熏蒸、干炒为主，风味重酸辣，名肴有蒸腊味合、凤尾虾、线粉炒牛肉丝、麻辣子鸡、金钱鱼、冰糖湘莲、清蒸鱼等。

湘菜：冰糖湘莲

湖北菜曾称鄂菜，又称楚菜，湖北菜重烧、煨、蒸、炒，油厚、口重、味鲜，名菜有红烧鮰鱼、清蒸武昌鱼、皮条鳝鱼、粉蒸鲭鱼、脊花鱖鱼、茄汁鳜鱼、冬瓜鳖裙羹、油酥野鸡、瓦罐鸡汤等。

楚菜：清蒸武昌鱼

浙菜则具有清鲜、香脆、细嫩的特色，名品有西湖醋鱼、生爆鳝片、叫花鸡、龙井虾仁、东坡焖肉、荷叶粉蒸肉、鸡蓉莼菜等。

浙菜：西湖醋鱼

安徽菜（皖菜）以皖南徽菜为代表，以烹制山珍野味著称，擅长炖、烧、蒸，讲究重油、重酱色、重火工的"三重"，名品有火腿炖甲鱼、无为熏鸭、鲜鳜鱼、符离集烧鸡、豆腐肥王鱼等。

皖菜：豆腐肥王鱼

从商周王朝的三羹、五齑、八珍，到隋唐洛阳东西两市的大宴、素席，再到北宋汴京市肆的南北佳肴，传承至今的名菜有糖醋软熘鲤鱼焙面、煎扒青鱼头尾、炸紫酥肉、牡丹燕菜、扒广肚、汴京烤鸭等。汴京燖鸭，宋时便是市肆名菜，燖是以炉灰煨炙，后变为以果木明火烤炙，以烤鸭取代燖鸭。汴京烤鸭千年不废，皮酥肉嫩，以荷叶饼、甜面酱、菊花葱、蝴蝶萝卜佐食，以骨架汤、绿豆面条添味，是一道大餐。

我国是个多民族的国家，五十多个民族的区别也十分明显地表现在饮食习俗上。各民族都有自己的风味食品，如满族的打糕、撒糕、柿糕、白煮，朝鲜族的砂锅狗肉、扑地龙、泡菜、冷面，蒙古族的马奶酒、手把肉、全羊席、馅饼，回族的油香、卷果、白水羊肉，维吾尔族的手抓饭、烤羊肉串、烤全羊、爆炒拉面，哈萨克族的手扒肉，藏族的青稞酒、酥油茶、糌粑、火烧肝、河曲大饼、虫草炖雪鸡、蘑菇炖羊肉，白族的生皮（烤猪肉）、炖梅、雕梅，傣族的竹筒糯米饭、腌鱼、竹烧鱼，彝族的坨坨肉、泡水酒，苗族的灌肠粑、五香鱼，壮族的团圆结（豆腐圆）、大肉粽子、五色饭，侗族的腌鸭肉酱、酸鱼肉、泡米油茶、糯米苦酒等。这些不仅深受本民族人民的喜爱，其中很多美味已大大超出一个民族的居住地，流传到全国各地，受到国人的喜爱。

七、蔬食与素食

在研究中国的菜系时，人们通常都要提到素菜，或者单独列出两个菜系来。一般的菜系都有特定的地域分布范围，而素菜却没有明显的地域特征，它们的形成经历了长久的历史过程。

关于素菜素食的起源，饮食史家们的意见极不一致，或以为与佛教有关，或以为很早起源于史前社会。

一般来说，素食是相对肉食而言的，是以植物类食品为主。素食素菜在中国大约是与农业的发明同时开始的，在农业生产成为主要经济门类以后，素食便在原始中国人的饮食生活中占据了主要的位置。经历了数千年的发展，到了当代仍是如此，在广大从事农业活动的人口中，仍然以素食为主。在古代，"肉食者"是统治者的代称，而平民百姓则是当然的素食者，即所谓"藿食者"。当然，平民百姓并不是素食主义者，肉食对他们而言平时是难以获得的，他们并非甘心于素食，这与后来的素食倡导者完全不一样。素食倡导者甘心于素食，当然他们的出发点并不是一样的。从他们身上，我们或者可以看出佛教徒的慈悲之心，或者可以看到山居高士的淡泊之志，或者可以看到吃腻了肉食的贵族们的尝鲜之趣。

虽然素食有久远的历史渊源，但作为一个菜系的形成，当是在宋代才开始的。北魏贾思勰的《齐民要术》以及唐代昝殷的《食医心鉴》，虽也提到过一些蔬食的制作方法，但那些蔬食与后世的素食还不能相提并论。到北宋时，都市中出现了专营素菜素食的店铺，《梦粱录》所载市肆素食就有上百种之多。这时的素食研究著作也较多，林洪的《山家清供》一书，就是一本以叙述素菜素食为主的食谱。他还著有《茹草纪事》一书，收录了许多有关素食的典故与传闻。还有陈达叟的《本心斋蔬食谱》，也是一部极力提倡素食的著作。

明清两代是素菜素食的进一步发展时期，尤其是到清代时，素食已形成寺院素食、宫廷素食和民间素食三个支系，风格各不相同。宫廷素菜质量最高，清宫御膳房专设素局，能制作200多种美味素菜。寺院素菜或称佛菜、福菜，制作十分精细，蔬果花叶皆能入馔。民间各地都有一些著名的素菜馆，吸引着众多的食客。

明清人对素食抱有不同的态度。明代高濂著《遵生八笺》十九卷，其中第十二卷载有家蔬55种和野蔬91种的烹调方法，而第十一卷叙述的肉食类馔品只有50种，表明作者偏重素食，符合他的"日用养生务尚淡薄"的原则。清代著名文学家袁枚，也是一位烹饪行家，他著了一本《随园食单》，在"素食单"和"小菜单"中记有80余种蔬素菜品的烹调方法，袁枚说："菜有荤素，犹衣有表里也。富贵之人嗜素甚于嗜荤。"看来他算得上提倡荤素结合的人。清代还有一位佛教徒叫薛宝辰，撰有《素食说略》，记述了清末流行的170余种素食的制作方法。他是一位绝对的素食主义者，反对杀牲，反对食荤。他认为，只知肉食者都是昏庸之徒，而品德高尚才能出众的人，无不以淡泊的生活来表明自己的心志。他还特别指出，素菜如果烹调得法，味美亦不亚于珍馐。他劝人素食，可谓情真意切，他说：一碗肉羹，是许多禽兽的生命换来，喝下去又有什么味道呢？试想这些动物在飞跃跳游时的自在样子，再想想它们被捕获后的样子，再看看将它们送到刀砧上的样子，真让人难过得不忍心动筷子。

素食者并不都是佛教徒。明代陈继儒的《读书镜》中说："醉醴饱鲜，昏人神志。若蔬食菜羹，则肠胃清虚，无滓无秽，是可以养神也。"其中所追求的另一番清净的境界，代表着相当一部分文人的思想。

素菜以绿叶菜、果品、菇类、豆制品、植物油为原料，易于消化，富有营养，利于健康。现代医学证实，许多素菜如香菇、萝卜、大蒜、竹笋、芦笋等，都具有抗癌和治癌作用。素菜还能仿制荤菜，形态逼真，口味相似。这些都是素菜越来越受到人们重视的原因。

　　到了现代，中国素菜已发展到数千种，烹调技法也有很大进步。这些技法大体可归纳为三类：一是卷货，用油皮包馅卷紧，以淀粉勾芡，再烧制而成，名品有素鸡、素酱肉、素肘子、素火腿等；二是卤货，以面筋、香菇为主料烧制而成，品种有素什锦、香菇面筋、酸辣片等；三是炸货，过油煎炸而成，有素虾、香椿鱼、咯炸盒等。

　　各地素菜名厨辈出，技艺高超。北京的"全素刘"，源出宫廷御膳房的御厨，能烹制242种名素菜，主料有面筋、腐竹、香菇、口蘑、木耳、玉兰片、竹笋等70多种，汤料有十几种，全是素菜荤做，独树一帜。上海玉佛寺的素斋，名菜有素火腿、素烧鸡、素烤鸭、红梅虾仁、银菜鳝丝、翡翠蟹粉等，全采用素料。重庆慈云寺素菜，以素托"荤"，如开席的四碟冷菜，为"香肠""鸭子""鸡丝""花仁"，以面筋、豆制品为主料。其他热菜也全取素料，命以荤名，制作绝妙。

　　说到素菜，不能不说到豆腐等豆制品，这是各地素菜所采用的主料之一。豆腐菜甚至被称为"国菜"，这是因为豆腐不仅起源于中国，而且深受广大人民的喜爱。

　　关于豆腐的起源年代，近几年有过比较热烈的讨论，但学界没有确切的结论。清代汪汲的《事物原会》说："腐乃豆之魂，故称鬼食，孔子不吃。"他把豆腐的发明认定在春秋时代，但不知根据何在。李时珍在《本草纲目》中说："豆腐之法，始于汉淮南王刘安。"刘安是汉高祖刘邦的孙子，袭封为淮南王，工于辞赋。他是个炼丹家，常年招集方士为他炼制长生不死之药，同时也进行动植物药理研究，在这个过程中可能发现了豆乳可以凝固的特性，经反复试验而制出豆腐。不过这种说法是道家的附会。

　　人们在古籍中寻不到豆腐起源的年代证据，恐怕主要是不知豆腐起初叫什么名称。如宋代称豆腐为"小宰羊""黎祁"，后又称为"菽乳"，豆腐的正式名称在宋初或稍早一些的时候才出现，更早的时候它被称为什么，我们并不清楚。不知豆腐的名称，又怎么能在古籍中找到它呢？豆腐的起源至今还是个谜，有待更深入的探索。

　　豆制品种类不计其数，用豆制品烹制的菜肴更是多得无法统计。有名的豆腐品种有南豆腐、北豆腐、冻豆腐、油豆腐、腐乳、臭豆腐、霉豆腐，豆制品则有豆腐干、千张、豆腐皮、香干、油丝、卤干、豆泡、素什锦、素鸡、素猪排、辣块、辣干、熏干、豆腐粉等。

八、菜品的形与名

在中国人的餐桌上，没有无名的菜肴。传统菜当然有传统名称，以名夸菜；创新菜一定取新颖名号，以菜夸名。一桌筵席，往往也冠以特定的名称，它会牢牢印在食客的脑海里。一个雅名，可能就是一个绝句妙语，令人反复品评；一个巧名，可能就是一个生动传说，让人拍案叫绝；一个趣名，可能就是一个历史典故，使人回味无穷；如果是一个俗名，也许就是一个谐趣笑谈，逗人前仰后合。中国文化的博大精深，由菜肴的命名上也充分体现出来了。一个美妙的菜肴命名，既是菜品生动的广告词，也是菜肴自身一个有机组成部分。菜名给人以美的享受，它通过听觉或视觉的感知传达给大脑，会产生一连串的心理效应，发挥出菜肴的色、形、味特殊的作用。

据烹饪史行家的研究，中国菜肴的命名重在一个"雅"字。菜肴名称的雅，也就是美雅、高雅、文雅。古今首撰名称之雅，归纳起来主要表现在四个方面，即质朴之雅，意趣之雅，奇巧之雅，谐谑之雅。大量菜肴的名称，几乎都是直接从烹调工艺过程中提炼出来的，以料、味、形、色、质、器及烹饪技法命名，表现出一种质朴之雅。以食料命名的，如荷叶包鸡、鲢鱼豆腐、羊肉团鱼汤等；以味命名的，有五香肉、十香菜、过门香等；以形命名的，有樱桃肉、蹄卷、太极蛋等；以质命名的，有酥鱼、脆姜、到口酥等；以色命名的，有金玉羹、玉露团、琥珀肉等；以烹法命名的，有炒肉丝、粉蒸肉、干煸鳝鱼等。

以时令、气象命名的菜肴，也表现出一种质朴之雅，如见风消、清风饭、雪花酥、春子鲊、夏月鱼鲊、炸秋叶豆饼、冬凌粥等。还有大量以数字命名的菜肴，也体现出一种质朴、入耳、易记的特点，举例如下：

一窝丝　一品点心　一品豆腐　二色脸　二锦馅　二龙戏珠

三和菜	三脆羹	三元牛头	四美羹	四软羹	四喜丸子
五福饼	五生盘	五柳鱼	六一菜	六合猪肝	六合同春
七返膏	七色烧饼	七星螃蟹	八仙盘	八珍糕	八宝饭
九丝汤	九转大肠	九色攒盒	十远羹	十景索烩	十色头羹
百味羹	百鸟朝凤	百花棋子	千层糕	千里脯	千里酥鱼

以比喻、寄意、抒怀手法命名的菜肴，则体现出种种意趣之雅。唐宋时代的仙人脔、通神饼、神仙富贵饼，以及后来的龙凤腿、金钩凤尾、龙眼包子、麒麟鱼、鸳鸯鱼片等，都是以比喻手法命名的肴馔，使人感受到高雅之美；又如三元鱼脆、四喜汤圆、五福鱼圆、如意蛋卷，满含着种种祝愿与期待，体现出传统的意趣之雅。赋予肴馔巧思的途径，除了高超的烹调技艺，还有别具一格的命名，体现奇巧之雅。烹也奇巧，名也奇巧者，首推"混蛋"。混蛋又名为混套，其制法见于清代袁枚《随园食单》，它是将鸡蛋打孔，去黄后拌浓鸡汁打匀，再灌进蛋壳，蒸熟去壳，得到的是浑然一卵的极鲜美味。现在一些地区还能吃到换心蛋、石榴蛋和鸳鸯蛋等，都与混蛋有一脉相承的渊源关系。

以人命名菜肴和以典命名菜肴，也是传统菜肴常用的命名方法，表现出谐谑之雅。麻婆豆腐、文思豆腐、萧美人点心、东坡肉等，就是以人命名菜肴的例子，其中包含有对肴馔创制者的纪念。以典取名的例子也有不少，"消灾饼"是唐僖宗李儇在狼狈逃蜀的路上，随行宫女所献的普通饼子。唐高僧慧寂为道士诵经行道时用果脯、面粉、蔬菜、竹笋制的羹汤，称为"道场羹"。五代窦俨官拜翰林学士，他喜食用羊眼为料制的羹，时称"学士羹"。"油炸鬼"是宋代人恨秦桧而对油条的叫法。

菜肴以典以人命名，这样的菜肴也就是一个个历史典故。此外也有一些以名胜命名的菜和借诗文成语命名的菜，更显出命名者功力，如柳浪闻莺、掌上明珠、推纱望月、阳关三叠之类即是。

中国菜肴命名的方法，最主要和大量应用的还是写实的质朴方法，研究者认为，它是一种如实反映原料构成、烹制方法和风味特色的命名法。其表现是开门见山，突出主料，朴素中略加点缀，素净里蕴含文雅，使人一看便大致了解菜肴的构成和特色。

先秦时代没有完整的菜单留传于世，不过由"三礼"的片段记述，尤其是《礼记·内则》上的若干文字，我们大略知道一点当时菜肴命名的法则。所列菜名有牛炙、羊炙之类，以原料和烹法结合命名的较多，有时仅单列食料名称即止。著名的"八珍"是以制作方式为主命名的，至多也是食料加方法的复合名称，没有任何修饰。即使被认为是屈原所作的《楚辞·招魂》所提到的肴馔名称不过是腼鳖、炮羔等，也看不到有什么华丽的色彩。

到了汉代，菜肴的命名大体承袭了先秦时代的格式，名称上少不了主料加烹法，一看名字便知是什么菜肴。汉代比较完整的菜单是在湖南长沙马王堆汉墓中出土的，竹简上书写着随葬在墓内的一款款菜肴，少数菜名中还列入了辅料，显得更为直观，如有牛白羹、犬肝炙、鹿脯、炙鸡、鱼脍、腊兔等。

《齐民要术》上所述菜名，应当是南北朝时期或者可上溯到魏晋时代的大众化菜名，如酸羹、鸡羹、脍鱼莼羹、蒸熊、蒸鸡、炙豚、肝炙、饼炙、糟肉等，这些菜名已相当规范了，基本是食料加烹法的命名格式，个别的还强调了辅料或作料。

到了隋唐时代，菜肴命名方法有了根本的改变，传世菜单上很少见到先秦至南北朝时的那种质朴的菜名了，以味、形、色、人名、地名、容器命名的现象已很普遍，带有感情色彩的形容词也开始用于菜名，这与文人们关注饮食的风气以及文学发展的程度有关。《清异录》收录隋炀帝时期的尚食直长谢讽《食经》中的肴馔53款，那些名称给人以全新的感觉，让人感到已是名不副实了。唐代韦巨源的《烧尾宴食单》，也收在《清异录》中，食单中的几十种肴馔名称，命名风格与《食经》是一致的，如光明虾炙、贵妃红、七返膏、金铃炙、见风消、玉露团、长生粥、过门香等。

不论是谢讽的《食经》，还是韦巨源的《烧尾宴食单》，所列菜名都是皇帝的御膳，名称华丽一些，理所当然。不过由其他资料看，唐代民间的肴馔名称，比起御膳也并不逊色，可见当时这种多角度的命名方法，已相当普遍了。

从宋代开始，大约是社会风气转向纯朴的关系，菜肴的命名也趋向质朴，给人以返璞归真的感觉。从此以后，质朴的命名成了采用最广泛的方法，不过在文人圈子里，在皇家筵席上，标新立异的命名也还是有的，多是立意吉祥祈福而已。

菜品的悦目，除色彩之外，还有它的形状。说到菜品的形，那就主要得谈谈刀下功夫了，也就是现在人们常说的刀工。庖厨活动既有大刀阔斧，也有精割细切，甚至还有精工雕琢。中国厨师的案头功夫是最值得称道的，也就是切割之工。西方厨师的基本功，不会以刀工为最骄傲的技艺。东西方的差别，在这一点上表现得十分明显。我们的食料是精心切好再下锅，吃起来十分便当，西方是囫囵地或"卸"成几块后下锅，等吃的时候再用餐刀切成小块叉着吃，吃起来显然要费点劲。不论从烹调的角度看，还是从食用的角度看，中国菜都略胜一筹，科学之中透出一种灵便。

据研究，中国菜的刀工主要有切、劈、斩、剖几类，刀法则分直刀、平刀、斜刀、剜刀几种，可将原料切成块、段、条、丝、片、粒、茸、末、泥等形状，而且做到形状、大小、长短、厚薄、粗细、深浅、间距相同，工艺水平极高。如剜刀法，被称为对世界烹饪技艺水平绝无仅有的创造，是一种切而不断的工艺刀法，加工过的原料经加热后会成为菊花、兰花、麦穗、荔枝、蓑衣、梳子等不同的形状，样子美，滋味足。摆上筵席一看，就能给人一种美感。

我们讲究刀法的传统，也可以追溯到古老的年代。《论语·乡党》中记孔子"割不正不食""食不厌精，脍不厌细"，没有厨师熟练的刀工作支撑，老夫子是不会有这高水平的要求的。

古人为了悦目，还动用雕刻彩染的手法，创制具有观赏价值的工艺菜肴和点心，将艺术表现形式直接运用到饮食生活中。塑形、点染、刻画、花色拼盘，造型艺术的手法无所不取，餐案上的食物形态变化多姿，有时会美得食客不忍动筷子。文献记载唐代时已有运用广泛的面塑技术，如韦巨源的《烧尾宴食单》，记有一组名为"素蒸音声部"的面食制品，以面塑成蓬莱仙人70个，入笼蒸成。又据《北梦琐言》说，唐有侍中崔安潜，是个食素的佛教徒，他任西川节度使招待下属时，"以面及蒟蒻之类染作颜色，用象豚肩、羊臑、脄炙之属，皆逼真也"。

为了使食品的形与色更加壮观，古代使用的方法还有雕刻和粘砌。食品雕刻的古例，在《东京梦华录》中可以读到，宋代汴京人在七夕"以瓜雕刻成花样，谓之花瓜"。花瓜一为赏玩，一为乞巧，是那特别节日的一种美的点缀。又据李斗《扬州画舫录》说，扬州人善于制作西瓜灯，用西瓜皮雕刻出人物、花卉、虫鱼之形，内燃红烛，新奇可爱。粘砌的手法，一般用于果品。据《春明梦余录》记载："明初筵宴、祭祀，凡茶食果品，俱系散撮。至天顺后，始用粘砌。每盘高二尺，用荔枝圆眼一百二十斤以上，枣柿二百六十斤以上。"一盘堆砌的果品这么多，难怪要用粘砌的办法了，黏合剂不知是不是糯米浆之类。

古人在饮食上花费的心思，还可以从小小的鸡蛋上看出来。古有雕卵的饮食传统，将鸡蛋雕镂出花纹图案，还要点彩染色，或又称作"镂鸡子"。雕卵的传统，至迟在汉代已经形成，或者更早，《管子·侈靡篇》中有"雕卵然后瀹之"的句子，便是证明。到了唐代，"镂鸡子"已成寒食节的必备食物了，见于《太平广记》的记述。骆宾王还有《镂鸡子》诗，说唐时将鸡蛋刻成各种人脸的样子，还要上彩："刻花争脸态，写月竞眉新。"

现代彩绘鸡蛋，古代镂鸡子大约也是这个模样

元稹的《寒食夜》诗，也提到雕卵："红染桃花雪压梨，玲珑鸡子斗赢时。"从诗中看出，雕卵还要在一起斗试，要比比谁镂得最美。

到了清代，画卵的势头越来越猛了，时间由寒食扩展到男婚女嫁和生儿育女，规模大到"悬以竹竿，凡数百枝"。实际上画卵的传统已沿至当代，作为纯粹工艺品的彩蛋，画工更精了，保存价值也更高了。

兼观赏与食用为一体的工艺菜，最实惠的还是花色拼盘。古代花色拼盘的出现当不晚于南北朝时代，《梁书·贺琛传》中说当时餐桌上有"积果如山岳，列肴同绮绣"的风气，这里应当包括了花色拼盘。《北齐书·元孝友传》里有一句话说得更清楚，表明当时确已出现大型花色拼盘菜肴："今之富者弥奢，同牢之设，甚于祭槃。累鱼成山，山有林木；林木之上，鸾凤斯存。徒有烦劳，终成委弃。"用鱼块摆成山丘之形，再用肉类植成林木，又有食料雕刻的鸾凤立于林木之上。这不是山水盆景，却胜似盆景，它把吃变成了地道的艺术欣赏。

到了唐代，更出现了组台风景拼盘，更是壮观。《清异录》中记述说：比丘尼梵正，庖制精巧过人，用肉物、醢酱、瓜蔬拼成景物，合成辋川图小样。这是一种特大型花色拼盘。辋川为地名，在今陕西西安东南的蓝田县境，因谷水汇合如车辋之形，故有是名。它本是唐代著名山水诗人兼画家王维的别墅所在地，有白石滩、竹里馆、鹿柴等20处游览景区。梵正为尼姑，她以食料拼成辋川图大盘，可以说是当时空前绝后的创举，在中国烹饪史上是值得一书的事情。

九、烹调有术

烹饪之法，由周代"八珍"开始，已见诸文字，但大多只限于口传身授。虽然也会有一些成文的"食谱"，也多限于家传。到南北朝时，这种情形开始有了改变。

南北朝时，许多官吏潜心钻研烹调术，有些人因有高超的厨艺而受到宠幸，甚至加官晋爵，荣耀一时。萧梁时有个叫孙廉的，天天给皇上送好吃的，而且亲手烹调，不辞劳苦，结果得为列卿，累官御史中丞和两个郡的太守。又有一位毛脩之，本出身南方，精通南食烹调，他到了北魏去做官，常亲手做些南方风味的饮食，很得皇上的欢心，结果被安排在太官供职，专门负责御膳的烹调。毛脩之后来进位太官尚书，赐爵南郡公，加冠军将军。

出土于湖北武昌的南朝厨俑

南齐时有一位很著名的烹饪高手，名叫虞悰，被任命为祠部尚书，专司荐美味祭太庙之职。有一次，齐高帝萧道成游幸芳林园，向虞悰要一种叫"扁米粣"的食品吃，也不知这究竟是什么吃食。虞悰不仅送来了扁米粣，还送来"杂肴数十舆"，连太官的御膳也赶不上他做的好。皇上吃得高兴了，便向虞悰讨要各种"饮食方"，没想到遭到拒绝。皇上饮醉后身体不适，虞悰只好献出了一种醒酒方。虞悰能烹出美味，原来他也有一套秘不示人的妙法，竟然对皇帝也保守秘密，似乎是一件比性命还要宝贵的法宝。唐代以后，有人慕虞悰声名，造出一部东拼西凑的《食珍录》，言为虞悰所传。实际上虞法早已失传，可能虞悰自己也没想将他的高超本领传于后世。

北魏还有一位辅佐拓跋珪建国的功臣，即官拜司徒的崔浩，据说，他曾根据家传写过一部《食经》，记述了自家日常饮食及筵宴菜肴的制法，共有9篇，可惜此书早已散佚不存。

隋唐以前，关于饮食方面的著作已不算少，篇目如《神农食经》《食馔次第法》《四时御食经》《老子禁食经》《养生要集》《太官食法》《家政方》《羹臛法》《北方生酱法》等，可惜它们同崔浩的《食经》一样，全都失传了。

北魏时曾任高阳郡（治今河北高阳东）太守的贾思勰，是历史上著名的农学家，也是一位少有的精于烹调术的人。由他整理的第一套流传至今的饮馔谱，收入其伟大著作《齐民要术》中。该书的写作无疑参考了当时的一些饮食著作，是一部十分珍贵的文献。贾氏的高明之处，是他把烹调术与农、林、牧、渔等有关国计民生的生产技术并列在一起，作为齐民之大术。如若不是这样，这一部分饮馔方面的内容恐怕也很难流传下来。贾思勰有功于中国饮食文化的传播，隋唐以前，独此一书，独此一人。

《齐民要术》著述了造曲酿酒术，作酱法、醋法、豉法、齑法，还有脯腊法、羹臛法、炙法、饼法、飧饭等烹饪技术，饮食所需技艺，十分完备。

酱、醋、豉、齑都是秦汉以来重要的调味品，《齐民要术》详尽地记述了秦汉以来重要的调味品及制作方法。酱类包括豆酱、肉酱、鱼酱、麦酱、榆子酱、虾酱、鱼肠酱、芥子酱等，醋则有大醋、秫米神醋、大麦醋、烧饼醋、糟糠醋、大豆千岁酒、水苦酒、乌梅苦酒、蜜苦酒等。苦酒为醋的别名。以酿大麦醋为例，规定必须七月七日制作，七日如不得闲，则得收起这日的水，等到十五日时制，除此二日，醋难作成。制醋时，特别要注意不能让人的头发掉进瓮中，否则便会坏醋。不过只要把头发取出来，醋还会变好的。

鱼鲊脯腊，是用不同方法腌制的鱼肉。《齐民要术》记有荷叶裹鲊、长沙蒲鲊、夏月鱼鲊、干鱼鲊、猪肉鲊、五味脯、度夏白脯、浥鱼等的制法。以荷叶裹鲊为例，其制法是，鱼块洗净后撒上盐，拌好米粉，用荷叶厚厚包裹，三二日便熟，清香味美，独具风味。鲊鱼即咸鱼，食时洗去盐，可蒸可煮，可酱可煎，比起鲜鱼，更有一番风味。

　　《齐民要术》自"羹臛法"一节开始，所述都是比较具体的烹饪方法。羹臛类中有芋子酸臛、鸭臛、鳖臛、猪蹄酸羹、羊蹄臛、兔臛、酸羹、胡麻羹、瓠叶羹、鸡羹、羌煮、鲈鱼莼羹、醋菹鹅鸭羹、菰菌鱼羹、鳢鱼臛等。举鳖臛法为例：先把鳖放进沸水内煮一下，剥去甲壳和内脏，用羊肉一斤、葱三升、豉五合、粳米半合、姜五两、木兰一寸、酒一升煮鳖，然后以盐、醋调味。贾思勰在这一节还记有一条治肉羹过咸的奇法：取车辙中干土末，用绵筛过，用双层布帛作袋装好土末，系紧袋口，沉入锅底，一会儿汤味就淡了。

　　蒸菜是中国菜中的一大类，早在商周时人们就有了很高的蒸技。《齐民要术》所记的蒸菜包括蒸熊、蒸羊、蒸豚、蒸鹅、蒸鸡、蒸猪头、裹蒸生鱼、毛蒸鱼菜、蒸藕等，方法一般都是调好味后，直接放入甑中蒸熟。还提及

山西屯留宋村金墓壁画

一种"悬熟法"：用十斤去皮猪肉切成块，葱白一升、生姜五合、橘皮二叶、秫米三升、豉汁五合调高味拌匀，蒸上七斗米的时间即成。这可能是一种汽蒸法，用特制的汽锅蒸成。蒸藕的方法也很别致：净洗藕，斫去节，将蜜糖满灌藕孔中，用面团封住孔口。蒸熟后倒去蜜水，削去外表一层皮，用小刀切着吃，甜美无比。

其他火熟的菜肴还有五侯鲭、腤鸡、腤白肉、腤鱼、蜜纯煎鱼、爆炒鸡丁等。腤是指一种类似浇汁的烹法，将鱼肉先烹熟，然后加汤煮或浇上汁。蜜纯煎鱼的做法是，取用鲫鱼净治，但不去鳞片；醋、蜜各半，再加盐渍鱼，约莫过一顿饭时间便把鱼漉出，用油煎成红色即可食用。

还有一种以醋浆为主要作料的烹法，称为"菹绿"，就是酸肉。这酸肉有的用醋汁煮成，有的用醋汁浇成，有的则直接蘸醋食用。例如"白菹"法，先用白水煮鹅、鸭、鸡，剔去骨头，斫成块后放入杯中，浇以盐醋肉汁即成。又如白煮猪，将小猪洗剥极净，盛于绢袋中，放入醋浆中煮。绢袋上要压上小石块，不使浮起。煮两沸即取出，以冷水浇之，用茅蒿揩令极白净。又和面粉为稀浆，重用绢袋盛猪放面浆中煮，熟透的乳猪皮如玉色，滑嫩甘美。

炙烤本是一种古老的肉食方法，发展到贾思勰生活的时代已相当完备。贾思勰记下的炙品有烤乳猪、棒炙、腩炙、牛胘炙、灌肠炙、跳丸炙、捣炙、衔炙、饼炙、范炙、炙蚶、炙车螯、炙鱼等。烤乳猪在南北朝时已是一道很著名的大菜，烤时一面急转，　面以清酒和猪油涂抹，烤成的猪肉色如真金琥珀，入口即消，如冰雪一般。棒炙是烤牛腿，先烤其一面，烤熟即割，割下接着再烤。不可四面轮烤，否则不好吃。腩炙是烤肉块，羊、牛、獐、鹿均可用，肉要放入调料中渍一会儿再烤，得一气烤熟。灌肠炙是将调好味的羊肉灌到羊盘肠中烤熟，切而食之，十分香美。跳丸炙实是猪羊肉合做的肉圆，放在肉汤中煮成。捣炙和衔炙均如烤肉串，用鸡蛋或白鱼肉拌子鹅肉末，抟在竹签上烤熟。饼炙是取鱼肉或猪肉斫碎，调入味后做成饼状，用微火慢煎，色红便熟。范炙是指烤鹅烤鸭，整只鹅鸭在烤之前要把骨头椎碎，涂上调料再烤，烤熟后去骨装盘上席。

肉食中的糟肉法和苞肉法，也很值得一提。糟肉四季可做，用水和酒糟调成粥状，放上盐，将烤好的棒炙肉放在糟中，存放在阴凉处，夏天可十日不坏，是下酒佐饭的佳品。苞肉必须冬季杀猪，经一宿肉半干后，割成棒炙形状，用茅草包裹起来，再用泥厚厚封实，挂在阴凉处，可以存放到翌年七八月不坏，吃时依然如新宰的鲜肉。这种密闭保鲜的方法，在现代来看也是十分科学的。

主食包括饼和饭，还有点心等。因为当时已很流行发面饼，所以贾思勰先谈了做饼酵的方法，然后举出了白饼、烧饼、髓饼、膏环、鸡鸭蛋饼、细环饼、截饼、餢飳、水引馎饦、棋子面、粉饼、豚皮饼等的制作方法。髓饼是用骨髓与蜜和面烤成，膏环则是油炸的馓子，又名粔籹。细环饼和截饼也是用蜜调水和面，亦以油煎成。截饼大约略为短小。餢飳为圆形油饼，也要求以蜜水和面。馎饦是用手指在水盆中捼出的面条，用急火煮熟。棋子面状如棋子，先过甑蒸熟，如此可以存放些时日，需要时再用水煮一下，浇上肉汁即可食用。粉饼似米线，将面浆通过有孔的牛角勺挤按成线，然后煮熟浇汁即可食用。豚皮饼有些像现在陕西一带的面皮，调面浆涂钵中，将钵放开水内一烫即成。

饭食则有粟飧、寒食浆、菰米饭、胡饭等，还有粳米糗糒和枣糒等干粮的制法。糗糒是将米蒸熟曝干，磨成细粉，是供旅行用的一种理想的方便食品。

贾思勰的可贵之处，在于他没有忘记平民的饮食。他在书中还单立"素食"一节，述及不少大众菜肴，这在烹饪史上是十分难得的资料。这一点常常不为一些美食家所重视，所以在历史推进到 11 世纪以后的宋代，中国才开始有素食专著问世。《齐民要术》所记的素菜有葱韭羹、瓠羹、油豉、膏煎紫菜、薤白蒸、酥托饭、蜜姜等，许多菜品都记有详细的制作方法。

平民素食中分量更重的是咸菜之类。《齐民要术》提到的咸菜和酸菜有：葵、菘、芜、菁、蜀芥咸菹、淡菹、汤菹、卒菹、酢菹、菹消、蒲菹、瓜菹、苦笋紫菜菹、竹菜菹、胡芹小蒜菹、菘根萝卜菹、紫菜菹，还有蜜姜、梅瓜、梨菹、木耳菹、蕨菹、荇菹等，有的显然属于野菜。别看是做咸菜，也极有学问，不知诀窍，也不易成功。如有些菜只能用极咸的盐水洗，而不能用淡水洗，否则必会烂坏；又如紫菜用冷水一渍便会自解，不可用热水烫洗，否则就会失去原味。腌菜的瓮须得密封，禁断内外空气流通，从汉代起就流行的泡菜罐正充此用。蔬菜瓜果除了腌制，还可以鲜藏，其方法是：于九月或十月在向阳处掘窖深四五尺，将菜放入窖中，一层菜一层土埋好，离坑口一尺便止。上面用禾草厚厚盖好，可以存放到冬天不坏，需用时便挖取，与鲜菜没什么区别。北方气候寒冷，冬日蔬菜不能生长，窖藏鲜菜的办法弥补了这个不足，这也是没有办法的办法。

素菜的吃法很多，在南北朝时很受重视。那个因战乱而饿死宫中的梁武帝，是个笃信佛教的皇帝，他自鸣节俭，声称所食大都为园中所产蔬果，并不杀牲。素菜的花样也极多，梁武帝说他"变一瓜为数十种，食一菜为数十味"（《梁书·贺琛传》），可见素菜的烹调，在南北朝时已有了极高的水准，与当时佛教的盛行不能说没有一点关系。

《齐民要术》中的饮馔部分，是汉代至北魏时期黄河流域饮食烹饪技术的高度总结，是唐代以前最伟大的一部烹饪著作。

十、君子与庖厨

古代有这样一个比喻，说自古有君必有臣，就像有吃饭的人一定应有厨师一样。要吃，就要有制作食物的人。古代将以烹调为职业的人称为庖人，也就是现在我们所说的厨师。厨师在古代有时地位较高，受到社会的尊重；有时也挣扎在社会的最底层，受到极不公平的待遇。庖人是中国古代饮食文化的主要创造者之一，他们的劳作、他们的成就，理应得到公正的评价。

司马迁作《史记》，后司马贞补有《三皇本纪》一篇，记述传说的人文初祖伏羲，即是一个与庖厨相关的人物。《本纪》中说："太昊伏羲养牺牲以庖厨，故曰庖牺。"或又称"伏牺"，获取猎物之谓也。此语出自佚书《帝王世纪》，不是司马氏的杜撰。我们的初祖是厨人出身，而且还以这个职业取名，说明在史前时代、在历史初期，厨事一定还是相当高尚的事情，不会被人瞧不起。

历史上的厨师，也有官至宰臣的，商代伊尹便是最著名的一位。有人说伊尹是中国第一个哲学家厨师，在他眼里，整个人世间好比是做菜的厨房。《吕氏春秋·本味篇》中记载伊尹为商汤讲述美味，把最伟大的统治哲学讲成惹人垂涎的食谱。这个观念渗透了中国古代的政治意识。

商汤在伊尹辅佐下，推翻了夏桀的统治，奠定了商王朝的根基。伊尹之说味，似乎也不是"以割烹要汤"，孟子认为他是以尧舜之道要汤（《孟子·万章》）。他是以烹饪原理阐述安邦立国的大道，他是古代中国的一个最伟大的厨师。以庖厨活动喻说安邦治国，在先秦时代较为常见。

此外还有以烹饪喻君臣关系的，由平常的烹饪原理演绎出令人信服的哲理，这都是受伊尹影响的结果。如《左传·昭公二十年》记晏婴对齐景公讲烹调原理，论证君臣应有的和谐关系，道理阐述得非常透彻。

后世还有人因厨艺高超而得高官厚禄的，尤其那些喜好滋味享受的帝王在位时。北魏洛阳人侯刚，就是由厨师进入仕途的。侯刚出身贫寒，年轻时"以善于鼎俎，得进膳出入，积官至尝食典御"，后封武阳县侯，进而升为公爵。

厨师步入仕途，在汉代就曾一度成为普遍现象。据《后汉书·刘玄传》说，更始帝刘玄时所授功臣官爵者，不少是商贾乃至仆竖，也有一些是膳夫庖人出身。由于这个做法不合常理，引起社会舆论的关注，所以当时长安传出讥讽歌谣，谓："灶下养，中郎将；烂羊胃，骑都尉；烂羊头，关内侯。"当时的厨师大约以战功获官的多，这就另当别论了。

其实，历代庖人更多的是服务于达官贵人，能有做官机会的不是太多，而做大官的机会就更少了。庖人立身处世，靠的还是自己的技艺，身怀绝技，在社会上还是比较受尊重的。庄子津津乐道的庖丁，是以纯熟刀法见长。《新五代史·吴越世家》说，身为越州观察使的刘汉宏，被追杀时"易服持脍刀"，而且口中高喊他是个宰夫，一面喊一面拿着厨刀给追兵看，他因此蒙混过关，免于一死。又据《三水小牍》所记，王仙芝起义军逮住郏城县令陆存，陆诈言自己是庖人，起义军不信，让他煎油饼试试真假，结果他半天也没煎出一张饼。陆存硬着头皮献丑，他也因此捡回一条性命。

厨师能否比较广泛受到尊重，名人的作用也是很重要的。据焦竑《玉堂丛语》卷八说，明代首辅张居正父丧归葬，所经之处，地方官都拿出水陆珍馔招待他，可他还是说没地方下筷子，他看不上那些食物。可巧有一个叫钱普的无锡人，他身为知府，却做得一手好菜，而且是地道的吴馔。张居正吃了，觉得特别香美，于是大加赞赏说："我到了这个地方，才算真正吃饱了肚子。"此语一出，吴馔身价倍涨，有钱人家都以有一吴中庖人做饭为荣。这样赶时髦的结果，使"吴中之善为庖者，召募殆尽，皆得善价以归"。吴厨的地位因此提得很高，吴馔也因此传播得很广。

古有"君子远庖厨"之语，不少人理解为是君子就别进厨房，好像杀牛宰羊就一定是小人似的，这纯属误解。原话是孟子与齐宣王的谈话，谈的是君子的仁慈之心，说君子对于飞禽走兽，往往是看到它们活着，就不忍心见到它们死去；听到它们临死时的悲鸣声，就不忍心再吃它们的肉。所以，君子总是把厨房盖在较远的地方。为了吃肉觉得香甜，就不要去看宰杀禽兽的场面，也不要听见禽兽的惨叫声，所以就有了"君子远庖厨"的经验之谈。这话还见于《礼记·玉藻》，说在祭祀杀牲时，君子不要让身体染上牲血，不要亲自去操刀，所以也要"远庖厨"。

十一、厨娘本色

要得美食，还须有高厨，无论脍炙，都是如此。

北宋科学家沈括，为杭州人，他在晚年所著的《梦溪笔谈》一书中，谈到亲身经历的两件事，说的都是烹调不得法而不得美食的事。他说当时北方人爱用麻油煎物，不论什么食物都用油煎。一次，几位学士聚会翰林院，嘱人弄来一篮子生蛤蜊，让厨人代烹。可过了许久都不见蛤蜊端上桌来，学士们都很奇怪，就派人去厨中催取，回答说蛤蜊已用油煎得焦黑，却还不见熟烂，座客莫不大笑，笑厨人不懂蛤蜊的烹法。又有一次，沈括到一友人家做客，馔品中有一品油煎鱼，但鱼鳞与鱼鳍都没事先去掉，让人不知如何下箸。而那家主人夹起一条鱼横着就啃了起来，可总觉着不是滋味，咬了一口，只得作罢。

沈括说的都是些手段不高、见识不多的厨人，在那种北食与南食的交流过程中，也难免出现这样的事情。不过北宋的厨人中高手也大有人在。如斫鲜须有"脍匠"，往往由厨婢担当，厨婢宋时又称为厨娘。宋代的厨娘有许多特别之处，也算是一种了不得的职业。据廖莹中《江行杂录》，"京都中下之户，不重生男，每生女则爱护如捧璧擎珠。甫长成，则随其姿质，教以艺业"。这些艺业，无非是琴棋书画、拆洗缝补、演剧歌舞，都是准备将来为达官贵人招用的。其中也不乏学习厨事的，成为厨娘，她们在各项艺业中被认为最是下色，不过非极富贵之家，还真雇请不起。

宋代厨娘并不自卑，时常表现出一种超然的风度。《江行杂录》中说有一位告老还乡的太守（宋代时已无太守之职，当时仍习称知府、知州为太守），极想尝尝京师厨娘的手艺如何，费了很大的劲儿才托朋友物色到一名，那是刚从某大老爷府中辞出来的，年二十余，能书会算，而且天生丽质，十分标致。朋友遣专人将厨娘护送到老太守府上，厨娘却不急于进府，而是在离城五里外的地方住下，亲笔写了一封告帖请人送给太守，提出用四抬暖轿迎接的请求。太守毫不犹豫地满足了她的要求。及至招进府中，只见这厨娘红裙翠裳，举止大方娴雅，太守乐不可支。厨娘随身所带的全套厨具，其中许多都是白银所制，刀砧杂器，一一精致。厨娘的派头不单表现在讨轿子坐，主厨亦如是。她得等下手们把将要烹调的物料洗剥停当，才徐徐站起身来，"更围袄围裙，银索攀膊，掉臂而入，据坐胡床切，徐起取抹批窝，惯熟条理，真有运斤成风之势"。真本领是有的。等待看馔上桌，座客饱餐，赞不绝口。到了第二日，太守没想到厨娘还要当面讨赏，说这是成例，她过去做完筵席后，受赏动辄锦帛百匹、钱三二百千。太守无奈，只好照数支给，过后连连叹道："吾辈事力单薄，此等筵宴不宜常举，此等厨娘不宜常用！"不出几日，太守便找了个借口，将厨娘打发走了。

宋代厨娘有时只精治一艺，不一定通理厨事。曾有一书生娶一厨娘为妻，以为从此便能将白菜豆腐都变作美味佳肴。后来一上灶，做出的饭菜也是

味道平平，并无出色之处，原来这厨娘当初只不过是专管切葱而已。当然
厨娘中也不乏巧思过人者。有一主人曾出了一道难题，要吃有葱味而不见
葱的肉包子。厨娘不费吹灰之力就办到了，她在蒸时将包子上插入一根葱，
熟时即拔去，果然是闻葱而不见葱了。

　　在河南偃师的宋代墓葬中，曾出土过几方厨娘画像砖。砖雕上的厨娘
发髻高耸，裙衫齐整，有斫鲙者，也有烹茶者和涤器者，可以看出她们身
怀绝技、精明强干。乍一见她们貌似华贵的装束和婀娜多姿的体态，令人
很难相信这就是北宋时代的厨娘，倒很有些像是富贵千金。收藏在中国国
家博物馆的四方厨娘画像砖，从四个侧面刻绘了北宋厨娘的厨事活动。第
一方画像砖表现的是整装待厨的厨娘，只见一位厨娘正在装扮自己，背景
上空无一物。第二方表现的是正在斫鲙的厨娘，方形俎案上摆放着尖刀、
砧板和几条河鱼，案旁有水盆和火炉，厨娘已经挽起了衣袖，斫鱼即将开始。
第三方表现的是煎茶汤的厨娘，一位厨娘手持铁箸，正在拨动方柜形炉台
里的炉火，炉内煨着汤瓶。第四方表现的是涤器的厨娘，在系有围幔的方
形案台上，放着茶匙、茶盏和茶缸等，一位厨娘手拿拭巾，在全神贯注地

宋代砖画《厨娘图》

擦拭茶盏。

　　一般的庶民家庭，平日里并无什么好吃好喝，用不着也雇不起厨娘，通常都是主妇直接动手，为一家人准备膳食。

第五章

食案万象

餐桌虽小，却是四方远近滋味的荟萃之所，也是传统饮食文化接续的见证。

古时席地坐食，筵席是以铺在地上的坐具为名，筵宴皆规范于礼，还有相应的礼器名物。《礼记·乐记》云："铺筵席，陈尊俎。"有身份的贵族凭俎案而食，案上摆放着食品，食物互不混杂。在汉墓壁画、画像石和画像砖上，经常可以看到人们席地而坐、一人一案的宴饮场面。汉代送食物使用的是案盘，或圆或方，有实物出土，也有画像石描绘出的图像。

筵席、盘案，还有后来出现的高大餐桌，不同的时代围绕着这个中心，演绎出缤纷的历史风景。

一、骰旅重叠，燔炙满案

汉初经济发达，出现了用高消费促进经济发展的理论。被认为成书于这个时期的《管子·侈靡篇》，提出"莫善于侈靡"的消费理论，提倡"上侈而下靡"的主张，叫人们尽管吃喝，尽管驾着美车骏马去游玩。如何变着法子侈靡呢？以"雕卵、雕橑"为例，这些叫作"雕卵然后瀹之，雕橑然后爨之"，是说在鸡蛋上画了图纹再拿去煮着吃，木柴上刻了花纹再拿去烧。这样无聊的消费，是说明再也不能比这更侈靡了。

汉代人的饮食，较之前代确实过于侈靡。《盐铁论·散不足》将汉代和汉以前的饮食生活对比，汉以前行乡饮酒礼，老者不过两样好菜，少者连席位都没有，站着吃一酱一肉而已，即便有宾客和结婚的大事，也只是"豆羹白饭，綦胹熟肉"。汉代时民间动不动就大摆酒筵，"骰旅重叠，燔炙满案，臑鳖脍鲤"。又说汉以前非是祭祀飨会而无酒肉，即便诸侯也不杀牛羊，士大夫也不杀犬豕。汉时即便没什么庆典，往往也大量杀牲，或聚食高堂，或游食野外。街上满是肉铺饭馆，到处都有酒肆。

宴飨在汉代成为一种风气，从上至下，莫不如是。帝王公侯是身体力行者，祭祀、庆功、巡视、待宾、礼臣，都是大吃大喝的好机会。各地的大小官吏、世族豪强、富商大贾也常常大摆酒筵，迎来送往，媚上骄下，宴请宾客和宗亲子弟。正因为官越大，食越美，所以封侯与鼎食成为一些士人进取的目标。《后汉书·梁统传》中就说："大丈夫居世，生当封侯，死当庙食。"汉武帝时的主父偃也是抱定"丈夫生不五鼎食，死则五鼎烹"的决心，少时勤学，武帝与他相见恨晚，竟在一年之中将他连升四级，如其所愿。

汉成帝时，封舅父王谭为平阿侯，王商为成都侯，王立为红阳侯，王根为曲阳侯，王逢时为高平侯，五人同日而封，世谓之五侯。不过这五侯意气太盛，竟至互不往来，有一个叫娄护的凭着自己能说善办，"传食五侯间，各得其欢心"。五侯争相送娄护奇珍异膳，他不知吃哪一样好，想出一个妙法，将所有奇味烩在一起，"合以为鲭"，称为五侯鲭。将各种美味烩合一起，这该是最早的杂烩了，味道究竟是不是特别好，我们不必过多去揣测，然而其珍贵无比却是不言而喻的。娄护当然是个极有手段的人，他也因此创出了一种新的烹饪法式，五侯鲭不仅成为美食的代名词，有时也成了官俸的代名词。

五侯们宴饮，自然不像平常人吃完喝完了事，照例须乐舞助兴，体现出一种贵族风度。在出土的汉代许多画像砖和画像石上，以及墓室壁画上，都描绘着一些规模很大的宴饮场景，其中乐舞百戏都是不可缺少的内容。山东省沂水县出土的一方画像石，中部刻绘着对饮的主宾，他们高举着酒杯，互相祝酒，面前摆着圆形食案，案中有杯盘和筷子。主人身后还立着掌扇的仆人，在一旁小心侍候。画像石两侧刻绘的便是乐舞百戏场景，使宴会显得隆重而热烈。在四川省成都市郊出土的一方《宴饮观舞》画像砖，模刻人物虽不多，内容却很丰富。画面中心是樽、盂、杯、勺等饮食用具，主人坐于铺地席上，欣赏着丰富多彩的乐舞百戏。画面中的百戏男子都是赤膊上场，与山东所见大异其趣。当然也有一些画像砖石上的宴饮场面没

山东沂水出土的画像石

有观舞赏乐的画面，也许是读书人一般的聚会，他们谈经研学，所以不必安排那些俳优来干扰。

汉代的诗赋对于当时的宴饮场面也有恰如其分的描写，如左思的《蜀都赋》，描述蜀都（今成都）豪富们的生活时这样写道："终冬始春，吉日良辰。置酒高堂，以御嘉宾。金罍中坐，肴槅四陈。觞以清醥，鲜以紫鳞。羽爵执竞，丝竹乃发。巴姬弹弦，汉女击节。起西音于促柱，歌江上之飀厉；纤长袖而屡舞，翩跹跹以裔裔。"其他如汉时所传《古歌》说："上金殿，著玉樽。延贵客，入金门。入金门，上金堂。东厨具肴膳，椎牛烹猪羊。主人前进酒，弹瑟为清商。投壶对弹棋，博弈并复行。朱火飏烟雾，博山吐微香。清樽发朱颜，四座乐且康。今日乐相乐，延年寿千霜。"这些诗赋都是画像石最好的注解。

筵宴间的观舞赏乐，投壶博弈，本是东周以来的传统。汉代贵族们不仅发扬光大了这些传统，而且将这些宴乐活动日常化，往往不一定对筵宴确立一个冠冕堂皇的名目，想吃就吃，想乐就乐，几乎是单纯享乐，这与周代崇尚礼仪的风格完全是两码事。正因为如此，汉代酒徒辈出，如以"酒狂"自诩的司隶校尉盖宽饶，还有自称"高阳酒徒"的郦食其，汉高祖刘

成都出土的汉代宴饮图画像砖

邦也曾是个酒色之徒。继王莽而登天子宝座的更始帝刘玄，"日夜与妇人饮宴后庭，群臣欲言事，辄醉不能见"。不得已时，则找一个内侍代替他坐在帷帐内接见大臣。这更始帝的韩夫人更是嗜酒如命，其曾与皇帝对饮碰到臣下奏事，这夫人便怒不可遏，觉得坏了她的美事，一巴掌硬是将书案都拍破了。东汉著名文学家蔡邕曾经醉卧途中，被人称为"醉龙"。还有后来被曹操杀害的孔子二十世孙孔融，也十分爱酒，常叹"坐上客常满，樽中酒不空，吾无忧矣"（《英雄记钞》）。又如荆州刺史刘表，制有三爵，即三个酒杯，大的名"伯雅"，次曰"仲雅"，小的叫"季雅"，大的容七升，中的受六升，小的为五升。设宴时，所有宾客都要以饮醉为度。筵席旁还准备了大铁针，如发现有客人醉酒倒地，便以这针去扎他，用来检验是真醉还是假醉。

汉代时，人们对酒的需求量很大，无论皇室、显贵、富商都有自设的作坊制曲酿酒，同时也有自酿自卖的小手工业作坊。一些大作坊有相当规模，很多作坊主因此而成巨富，有的甚至富"比千乘之家"（《史记·货殖列传》）。秦汉之际的酒，酒精度较低，成酒不易久存，存久便会酸败。正因为酒中水分较多，酒味不烈，所以能饮者量多至石而不醉。到东汉时才酿出度数稍高的醇酒，酒徒们的饮量也渐有下降。西汉时一斛米出酒三斛余，东汉时则仅出酒一斛，由此可知酒质有很大提高。

汉代的酒多以原料命名，如稻酒、黍酒、秫酒、米酒、葡萄酒、甘蔗酒。另外还有添加配料的椒酒、柏酒、桂酒、兰英酒、菊酒等。质量上乘的酒往往以酿造季节和酒的色味命名，如春醴、春酒、冬酿、秋酿、黄酒、白酒、金浆醪、甘酒、香酒等。汉代名酒则有宜城醪、苍梧清、中山冬酿、醽醁、酂白、白薄等。这些酒名不仅见于古籍，而且大都见于出土的竹简和酒器上，证明当时确有其酒。

《汉书·食货志》中谈到汉代用酒的情形，说"百礼之会，非酒不行"，也就是无酒不待客，可见时人对酒的重视。然而因为种种原因，朝廷和地方政府常有禁酒的命令，有时连婚姻喜庆也不许饮酒，如《汉书·宣帝纪》所记：五凤二年秋八月，诏曰："夫婚姻之礼，人伦之大者也；酒食之会，所以行礼乐也。今郡国二千石或擅为苛禁，禁民嫁娶不得具酒食相贺召。"一度连婚嫁活动都不让饮酒，够苛刻的。汉代律法曾规定"三人以上无故群饮酒，罚金四两"，严令不许聚众饮酒。

"群饮酒"的机会有时得靠高高在上的皇帝赐给，这叫作"天下大酺"。大酺为天下臣民共饮喜庆之酒，当然是皇帝自己遇到了高兴的事，要臣民与他同乐。大酺始于战国，汉以后屡屡有之。天下大酺少者一日，多者可到七日，这期间饮酒作乐不算犯禁。凡皇上立皇后、太子，乃至皇子满月、太子纳妃，或遇祥瑞等，都有令天下大酺的可能，这就要看皇帝的心情，但他遇到高兴事也不一定颁天下大酺令。

二、地下食案

秦汉之际的显贵常常考虑这样的问题，为求不死，固然要靠饮食，但若要长生不死，吃常人吃的五谷是办不到的。传说有长生的神仙，有不死的仙药，去会神仙，去求仙药，无谓的探险就这样拉开了大幕。追求长生不死和死而不朽，大约在秦汉之际，在统治阶层中形成为一股前所未有的大潮流。希望生时见到神仙，死后升仙，甚至包括皇帝们在内，都做着这种神奇的美梦。

　　秦王嬴政刚一即位，就开始征役70余万人为自己修建陵墓，准备身后之事。与此同时，他听信方士们的蛊惑，几次派人求取仙药，梦想万年长生。即位28年的秦始皇东巡至琅琊，齐人徐市（福）等上书，说东海中有三神山，名曰蓬莱、方丈、瀛洲，有仙人居之，请得斋戒，与童男童女求之。秦始皇听信此言，立即派徐市发童男童女数千人入海求仙人。4年之后，秦始皇又一次东巡，又派韩终、侯公、石生去东海求仙人不死之药。当然，这两次的探求都没有结果。后来有个叫卢生的人，劝秦始皇隐居起来，说非如此则不能得那不死之药。而且还下令，凡泄露皇帝居处的人都要处以死刑，弄得群臣不知皇帝的踪迹。如此种种伎俩，都未得到不死之药，而出谋划策的卢生等人早已逃之夭夭。这可惹恼了秦始皇，于是便有了"坑儒"而招致千古骂名之举，460多名方士和儒生因此在咸阳断送了性命。即便是这样，秦始皇也还没有死心。他后来出游到琅琊，见到了先前的那位为他求仙的徐市，徐市十分害怕，于是编了个谎话说："蓬莱仙药并非不可得，主要是海中有大鲛鱼阻拦，如果有精明的射手跟随，那就好办了。"秦始皇信以为真，居然亲操弓矢，跟着这徐市沿着海岸转了很远，在芝罘射杀一条大鱼，不久就累得病倒了，把性命也夭在寻找不死之药的旅途中。尽管是如此虔诚，十年求仙，可这位声称"功盖五帝"的始皇帝，没想到死亡来得如此突然，仅仅只活了50岁，便长眠于骊山脚下了。高大的皇陵下埋藏着的，就是这样一颗求仙的心，一个不死的梦。

　　无独有偶，汉武帝亦步秦始皇蓬莱求仙的后尘，更有饮露餐玉之举，同样受尽方士的欺骗。花费的钱财十倍于秦始皇，依然是仙人未见，仙药未得，最终还是免不了一死。神仙们大概感到东海仙境太遥远了，于是又推出一个西王母，说在昆仑山居住的她也拥有不死之药。这药取自昆仑山上的不死树，由玉兔捣炼而成。不过西王母的药更是可望而不可即，昆仑山下不仅有深不见底的大河环绕，还有熊熊火山作屏障，凡人谁也别想过去。西方的仙药没有指望，神仙们又说南方有美酒，饮之亦可不死。汉武帝听说后斋居七日，遣栾巴带领童男童女数十人去寻找，果真弄到一些酒回到长安。仙酒摆在大殿上，武帝还未及饮用，站在一旁的诙谐滑稽的东方朔抢先喝了个干净。武帝大怒，要斩下东方朔的人头，东方朔脸不变色，不慌不忙地说："这如果真是令人不死的仙酒，杀为臣也不会死。要是并不灵验，要这酒有何用？"武帝听了，一笑了之。后世有人附会说这就是龟蛇酒，并无多少根据。

于是方士们又说，即便得不着不死药也不要紧，照样可以成仙，只不过必须不吃人间烟火食，称作"绝粒"。要绝粒，必须以气充当食物，仙人都以气为食，所以要炼气。只有这样，才能羽化长出翅膀来，就能身轻如鸿毛，自由自在地飞天了。《论衡·道虚》中说："闻为道者服金玉之精，食紫芝之英，食精身轻，故能神仙。"不少人都相信不食五谷可以成仙，那个被汉高祖刘邦夸赞为"运筹帷幄之中，决胜千里之外"的留侯张良，功成名就之后，晚年也向往成仙之道，学辟谷，道引轻身。如此过了一年多，还是吕后强迫他进食，说："人生一世间，如白驹过隙，何至自苦如此乎！"叫他不要这样自找苦吃，张良不得已放弃了成仙的梦想。

实际上，尽管古人对辟谷成仙的说法深信不疑，却极少有人愿意去尝试。那些身居高位，既贵且富的统治者，总觉得美味佳肴具有更大的吸引力，他们所希望的则是既能享尽人间荣华，又能自在地当神仙，把升仙的希望寄托在死后。东汉人所作《古诗十九首》之一的《驱车上东门》，恰到好处地表达了这种心境："浩浩阴阳移，年命如朝露。人生忽如寄，寿无金石固。万岁更相送，贤圣莫能度。服食求神仙，多为药所误。不如饮美酒，被服纨与素。"说生命总是有限的，再好的仙药也不管用，不如吃好穿好，活在当下。

既然免不了一死，更转而追求死而不朽。这种追求本在东周已成趋势，在汉初又发展到一个新的顶峰。1968 年，在河北满城发掘到两座西汉墓，墓主为汉景帝刘启之子刘胜及其妻窦绾。刘胜生前被封为中山王，所以他的葬礼有较高的规格。两墓随葬各类器物达 4200 多件，最引人注目的是死者双双装殓的"金缕玉衣"。汉代皇帝及宗室死后以玉衣为葬服，为的就是追求不朽。玉衣做成人的模样，分头衣、上衣、裤子、手套和鞋子五部分。汉代贵族们相信，有玉衣封护，尸体便能永不腐朽。不过刘胜夫妇的尸体却并没有保存下来，早已化作了泥土。在其他出土玉衣的墓葬中，也都没有见到过保存完好的尸体。

不过汉代人追求不朽的理想并没有彻底破灭。考古学家曾在湖南和湖北两地先后发掘到一女一男保存完好的西汉尸体，表明两千多年前的古人虽然没能达到不死的目的，却实现了不朽的愿望，这不能不说是一个奇迹。

出土女尸的长沙马王堆一号汉墓，随葬器物有数千件之多，有漆器、纺织衣物、陶器、竹木器、木俑、乐器、兵器，还有许多农畜产品等，大都保存较好。墓中还出土了记载随葬品名称和数量的竹简 312 枚，其中一半以上书写的都是食物，主要有肉食馔品、调味品、饮料、主食和小食、果品和粮食等。

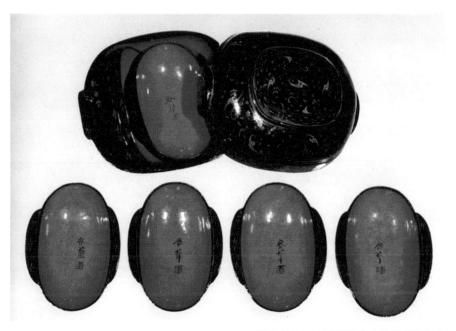

湖南长沙马王堆汉墓出土的汉代漆杯盒

　　肉食类馔品按烹饪方法的不同，可分为 17 类 70 余款。墓中随葬的饮食品根据竹简的记载统计，有近 150 种之多，集中体现了西汉时南方地区的烹调水平。墓中出土实物与竹简文字基本吻合，盛装各类食物的容器很多都经缄封，并挂有书写食物名称的小木牌。有的食物则盛在盘中，好像正要待墓主人享用。

　　与这些食物同时出土的还有大量饮食用具，数量最多、制作最精的是漆器，有饮酒用的耳杯、卮、勺、壶、钫，食器有鼎、盒、盂、盘、匕等，最引人注意的是其中的两件漆食案。食案为长方形，一般都是红地黑漆，再绘以红色的流云纹，大的一件长 75.5 厘米、宽 46.5 厘米。另一件食案略小一些，长也超过 60 厘米，案上置有五个漆盘，一只耳杯，两个酒卮，还有一双纤细的筷子，出土时盘中还盛有馔品。多少美味佳肴，都轮换着摆上这精美的食案，食案上摆不下的，则放在受用者的近旁。

湖南长沙马王堆汉墓出土的汉代漆食案，盘上置箸

　　早在新石器时代，人们伴随着将多变的色彩引入饮食生活当中，制成了彩陶食器。彩陶衰落了，铜器时代到来，漆器时代也开始了。漆器工艺在夏商时代就已发展到相当高的水平，东周时，上层社会使用漆器已相当

普遍。秦汉之际，漆器制作便已达到历史的顶峰，漆器已成为中等阶层的必需品。大约从战国中期开始，高度发达的商周青铜文明呈衰退之象，这与漆器工艺的发展恐怕不无关系。人们对漆器的兴趣远远高出铜器，过去的许多铜质饮食器具大都为漆器所取代。

漆器多以木为胎，也有麻布做的夹纻胎，精致轻巧。漆器有铜器所没有的绚丽色彩，铜器能做的器型，漆器也都能做出。长沙马王堆三座汉墓出土漆器有 700 余件之多，既有小巧的漆匕，也有直径 53 厘米的大盘和高 58 厘米的大壶。漆器工艺并不比铜器工艺简单，据《盐铁论·散不足》记载，一只漆杯要花费上百个工日，一具屏风则需万人之功，说的就是漆工艺之难，所以一只漆杯的价值超过铜杯的 10 倍有余。漆器上既有行云流水式的精美彩绘，也有隐隐约约的针刺锥画，更珍贵的则有金玉嵌饰，装饰华丽，造型优雅。漆器虽不如铜器那样经久耐用，但其华美轻巧中却透射出一种高雅的秀逸之气，摆脱了铜器的庄重威严。因此，一些铜器工匠甚至乐意模仿漆器工艺，造出许多仿漆器的铜质器具。

作为随葬品放入墓中的，不仅有成套的餐具，甚至有炊具和厨房设备，还有粮仓和水井的模型。其中的火灶模型做得比较精致，有烟囱、釜、甑等附加设施，灶面上有时还刻有刀、叉、案、勺等厨具，有的则还塑有鱼、鳖和蔬菜。这随葬井、灶、仓的做法在汉朝十分普遍，看来，或许是因为汉代人对死后升仙也失望透了，否则又何必那么破费地去厚葬？这不明明是要死者安于地下冥间的享乐吗？

三、举案齐眉

汉代的饮食方式，基本上继承了东周时的传统，变化不大。上层社会的饮食规范有更加严肃化的趋势，尤其在宫廷宴会中，活泼气氛欠浓，约束太多。非正式场合则又有所不同，礼仪规范往往会失却应有的作用，由此闹出许多是非来。

为汉王朝创制礼法的是儒者叔孙通，他本是秦代博士，后来降归刘邦，仍任博士。刘邦当皇帝后，群臣饮酒争功，"醉或妄呼，拔剑击柱"，有功之臣酗酒，舞刀弄剑，闹得皇上心里极不踏实，但也无可奈何。叔孙通见此情形，奏请皇帝制定礼法，他"采古礼与秦仪杂就之"，创立了一套诸侯王及大臣朝见皇帝的礼法。这个礼法在君与臣之间划出了严格的界限，这样的君臣关系一直未见变更地延续了两千多年。叔孙通制定的礼法，其基本规范是，皇帝坐北高高在上，丞相文职官员排列殿东，而列侯武将则排列在殿西，两相对面。这样的结果，文武百官"莫不振恐肃敬"。尤其是规定了酒筵的礼法，陪侍皇帝饮酒的人，坐在殿上都要低着头，俯伏着上身，不敢正眼看皇帝一眼。向皇上祝酒则以职位高低为顺序，不许乱套。酒筵上还有专事纠察的御史，发现有违越礼法的人，马上要撵出筵席。如此一来，"竟朝置酒，无敢欢哗失礼者"，再也没人敢大喊大叫了，乐得刘邦连声说："吾乃今日知为皇帝之贵也！"文武百官一个个服服帖帖，皇上确实感受到自己是高贵无比的了。刘邦当即提升叔孙通为奉常，并"赐金五百斤"，作为崇高的奖赏。

虔诚的臣属还将朝廷的礼仪带回家中，一丝不苟地如法施行。《汉书·石奋传》说，石奋以上大夫的资格归老在家，虽是退休，仍然护守礼法，有时皇帝赐给他食物送到家里来，他也像在朝堂一样，"稽首俯伏而食"，就像在皇帝面前一样。

当然，也并不是任何一个官吏都是如此虔诚，也有极不愿意像这样循规蹈矩的人。西汉人陈遵击贼有功，被封嘉威侯，在长安受到列侯贵戚们的敬重。他嗜酒成性，每每大饮，宾客满堂，为防客人离去，紧关大门，甚至将客人的车辖拔下投入井中，让人有天大的急事也无法离开。后来王莽起用他为河南太守，他又常入寡妇家饮酒，高歌起舞，甚至留宿，乱男女之别。这样就引起了很多人的不满，有人奏明皇上，结果陈遵被免去官职。还有不拘礼节的东方朔，一次喝醉了酒，冒冒失失地跑到皇上的大殿上撒了一泡尿，结果被削职为民。东汉大宦官张让之子本是御医，也是一个荒唐的酒徒。他与人饮酒，常常赤身露体，以为戏乐。散酒时，将众人的鞋靴杂乱着放在一起，使人大小不配，歪歪倒倒，因以取笑。

脱鞋登堂，在古代是早就有了的传统。有时大臣面见君主，不仅要先脱去鞋子，而且还要脱去袜子，要光着脚丫，称为跣足。《左传·哀公二十五年》说，有一次卫国国君出公与大夫们正在灵台饮酒，市官褚师声子"袜而登席"，没脱袜子就入了筵席。卫出公认为这是一种无礼的举动，十分生气，褚师声子解释说："我的脚上生疮，与别人不同，如果让人看见了，难免要恶心呕吐，所以没敢脱袜子。"听了这话，卫出公越发不饶人，以为这人是故意与他作对，无论侍坐的大夫们如何解劝都不行，执意要砍断他的双脚不可。不脱袜子而登席，竟犯有如此大的罪过，这不是今天的人所能理解的。到了汉代，对于这一礼仪教条，也不折不扣地继承了下来，甚至一般的士大夫家庭，也严守不怠。《淮南子·泰族训》中说：一家之内，老人吃的饭要好，用的器具也要好，儿媳要脱光了脚才能上堂，盛羹时还要恭恭敬敬跪着。

作为一个女人，不只对长辈要恭恭敬敬，结了婚，对丈夫也要以礼待之，这在汉代也是毫不含糊的。东汉隐士梁鸿，初时受业于太学，后入上林苑牧猪。还乡时娶孟光为妻，隐居霸陵山中，以耕织为业。此后梁鸿偕妻流浪到今苏州一带，住在一个有钱人皋伯通的庑（指正对面或两侧的小屋）下，卖力春米度日。每当梁鸿佣作归来，妻子为他准备好饭食，将食案举过眉头送到他的面前，甚至都不敢抬头看这丈夫一眼。皋伯通见此情景，深受感动，将这对患难夫妻请到自己家里住下。孟光的举案齐眉，成为夫妻相敬如宾的千古佳传。孟光或许是受了封建纲常观念的影响，然而她这样举案齐眉，却是一种通行的礼节。《汉书·外戚传》说皇后朝见皇太后，也要亲为举案上食。

汉代普遍流行使用矮而小的方案或圆案作食桌。由一些画像石观察，饮食者坐在席上，席前设案，常见一人一案或两人一案。案上置盘盏一二，或有耳杯数件，筷子一双。其他较重的酒樽、酒壶和食盒等，一律放在案旁的地上，以方便取用。后来有的夫妻尽管相亲相爱不亚于梁鸿和孟光，却难为再去举案齐眉了，因为从食案到餐具都有了改变，餐桌太重了，不易频频举起。

洛阳汉墓壁画夫妇宴享图

汉代因为食案矮小，所以餐具也很轻巧，有时连大些的盘子和碗都不用，却风行直接用小小的耳杯盛肴馔吃，这耳杯本是专用于饮酒的。就连周代盛行的小鼎形火锅，这时也都铸成耳杯的形状，再配以炭炉，分称为染杯和染炉。这种耳杯的容量一般只有130~250毫升，与染炉合起来高不过10~14厘米，小巧玲珑，可直接放在食案上使用。

汉代染炉和染杯（出土于西安东郊汉墓）

汉代画像石上，食案是一个很受重视的题材，宴饮场所当然少不了它，庖厨场所也常常可以找到它的踪影。如山东诸城前凉台西村出土的一块画像石，画面是精彩的庖厨图，是迄今所见同类题材的最佳之作。图上刻有40多个忙忙碌碌的厨人，他们有的在汲水，有的在炊、酿造、宰牲、切肉、剖鱼，还有的在烤肉串和制肉脯，一切都那么井井有条。图中还特别表现了两个整理食案的仆人，站在罗列起来的7个食案面前，正在仔细擦洗。他们的身后，有一个托盘的男仆，手里端着食物走过来。待食品和食具摆放停当，

山东诸城出土的汉画像石庖厨图

便要和案抬出，供那些主宾享用。这类食案大一些的还可直接作厨事活动的案桌，在许多汉代画像砖和画像石的烹调场景中都能发现它们。

四、庖厨图卷

在历来出土的汉代画像石、画像砖和墓室壁画上，我们常常可以看到画面上表现的庖厨活动主题，有时描绘的场面很大，表现许多厨师从事的各种厨事活动。这些描绘有庖厨场景的汉画，是研究汉代饮食文化史最宝

贵的资料。画像石和画像砖都是墓室的建筑材料，采用凿刻和模印手法表现汉代人的现实生活与精神世界。表现厨师庖厨活动的画像石以山东和河南所见最为精彩，常见大场面的刻画。四川的画像砖则擅长表现小范围的庖厨活动，厨事活动刻画得细致入微。

　　由许多画像石和画像砖上的庖厨图看到，表现庖厨活动的场所主要是厨房；还有一些庖厨活动是在帐中、树下、露天进行的，另外也有一些画面并没有明确交代环境，或者表现的是庭院。例如四川彭州市出土的一方庖厨图画像砖，构图简洁明快，画面上只表现有三位厨人：一位蹲在用三足架支起的大釜前生火，手里拿着扇子在扇风助燃；另外两位在一条长条形几案上切割，他们的身后竖立着一个简单的挂物架，架上挂着猪牛腿等牲物。背景上还见到四层摆放起来的小食案，案上摆满了餐具。这方画像砖的画面上没有交代环境标志物，估计这个庖厨场所是设在室外。在四川彭州市同一地点出土的另一方类似的画像砖上，也表现有三位厨人，不过画面明确交代了庖厨场所，这是一座厨房，厨房有瓦顶。厨房里有一座低台双孔灶，一位厨人正在摆弄蒸锅，另外两位也是在几案旁操作，他们的背后同样也竖立有挂物架，架上挂有牲物。在山东微山县两城出土的一方画像石，镌刻着一幅表现野炊的庖厨图，有四位厨人在一棵枝叶茂盛的大树下忙碌着，一人汲水，一人庖宰，一人滤物，另一人在灶前拨火。离树根远一点的高台火灶上只见到一个灶孔，后面设有烟囱。这里不见专设的挂物架，牲物直接高挂在树枝上。

　　有些画像石在一个画面上同时表现了室内、室外两种庖厨活动，场面相当宏大。在山东沂南北寨出土的一方很大的画像石上，则将庖厨活动置于庭院之中，画面上有井台、灶台和挂物架，俎上整齐地摆放着鱼和肉，案上有食具，地上放着酒壶、酒樽和大缸等。几个厨人有的趴在灶前吹火，有的在临时支起的帷帐中切割，有的在宰牛，有的在剐羊，有的在抬牲，有的在端运食物，有的赤膊在滤物，几种主要的庖厨作业都包括在其中了。这方画像石上还有一些其他方面的内容，而庖厨活动的内容大约占了一半的画面，仅这一半的内容就已非常壮观了。

山东沂南出土的汉画庖厨图

　　河南新密打虎亭村发现两座东汉时代的画像石墓，其中的一号墓见到多幅庖厨图画像石，表现的场面也都比较大。画像石表现了蒸、煮、煎、炖、烤等各种烹饪活动，也有宰杀鸡鸭、酿酒、加工米面的刻绘。在一号墓东耳室北壁东端的石刻画像右下角，雕刻有宰杀鸡鸭的场面。在一个小口大腹的条编笼内装有许多活鸡和活鸭，笼旁放着五只已被宰杀的鸡鸭，其中有的鸡鸭好像在做挣扎状。在笼旁站立着一位正在宰杀鸡鸭的厨人，他的前面还放着一个盛接牲血的大盆。附近另有一厨人跪坐在一个四足的热水槽旁，把杀死的鸡鸭放入热水槽煺毛。他的前边有一厨人正操刀切割，俎下的盘上已盛满切好的食料。画面上还刻绘有一大型火灶，有四个火门，灶上的炊具正冒着热气。引人注意的是，炊具中一台十层的蒸笼，这是最早的蒸笼图像。

　　在东耳室的东壁中部，雕刻着热气腾腾的炊煮场面。左上角是两个挂物架，架上挂满了牲物，连带着牛蹄与牛角，架下的地面上也堆放着牛蹄和牛腿。画面的中部有大鼎和大釜，鼎釜下点燃着木柴，鼎釜中已经沸腾，呼呼地冒着热气。一位厨人双手握着长柄铁叉，翻动着鼎内的肉物。画面的右上角，有一个带烟囱的方形灶台，灶上置有大口甑。灶前放有许多柴草，一位厨人抱着木柴走过来，灶膛内的火焰喷出了灶口。灶台旁边，还放有圆形小炉灶和大竹筐等。画面的右下角，有一座高架井台，一厨人正在汲水，另一人在端水。画面的左下角刻绘了四位厨人，一人持勺在炭炉上的釜内搅拌，一人似在盆中淘洗着什么，另外两人双手端着放有食具的大盘。这是画像石中见到的表现烹饪活动最丰富的画幅，仅烹煮设备就刻绘了炉、灶、鼎、釜等，实在是难得。

河南新密出土的汉画像石庖厨图

在东耳室的南壁东部，雕刻着另外一幅热闹的庖厨场面。画面上部是一根长横竿，均匀安有十二个挂钩，分别挂着鸡、鸭、牛肉、牛心、牛肝和鱼等牲物。挂钩的下面是一条大菜案，四个厨人挽起袖子，并排坐在案前，紧张地切割着手里的肉物。菜案下面铺着一张长席，厨人们切好的肉物就堆在上面。下部是加工肉食的场面，八位男女厨人忙着在烹煮和烧烤熟食。画面上有两个圆形小火炉、两个长方形炭炉、一个大圆形炭炉，炉上架着大釜，放着小甑，炖着烧锅，吊着铫子，炉火熊熊。八位厨人有的在煮肉，有的在烤肉，有的在穿肉，或相互配合，或独自操作。地面上摆满了小盆大缸，还有两个大平底筐，筐内放满了盘盘碗碗。值得注意的是，画面上有三盏高柄环形灯，显示出这是一个夜厨场景，这在其他画像石上还不多见。

一些非常壮观的汉画庖厨图，将许多庖厨活动刻绘在一个画面上，具有很强的写实风格。如山东诸城前凉台村就发现有这样一方画像石，石工以阴线刻的手法，集酿造、庖宰、烹饪活动于一石，描绘了一个庞大而忙碌的庖厨场面。这是一幅精彩的汉代庖厨鸟瞰图，表现了43位厨人的劳作，包括汲水、蒸煮、过滤、酿造、杀牲、切肉、斫鱼、制脯、备宴等内容。

古时流行"君子远庖厨"之说。事实上，可能除了祭仪以外，古人从来就不曾真正"远"离过庖厨。那些"君子"在活着的时候，不少人都要尽情享用美味佳肴。他们在死去的时候，不仅要随葬大量食物，而且要在墓室中建造象征性的厨房；或者在墓壁上描绘庖厨场景，表现许多厨师为自己继续烹调佳肴；或者在墓室里摆上陶土烧造的厨人，象征为自己殉葬的厨师；或者随葬各式各样的包括陶灶模型在内的炊具和食具，预备在冥间继续使用。这不仅没有一点儿"远庖厨"的意思，反而是确确实实地"近庖厨"了。

古代有许多君子，不仅没有远庖厨，他们还躬亲庖厨，钻研烹调学问，创制了不少佳肴名馔，写成了许多食谱食经。古代也有许多的君子，他们十分关注厨师们的创造，甚至为厨师树碑立传。没有这些君子的努力，中国的饮食文化也许就形成不了今天的完整体系。同样，没有历代厨师们的创造，中国的饮食文化也许不会有如此的璀璨光彩。

五、选胜游宴

大约自隋唐时代开始，皇室、官僚、富豪、士大夫们的宴饮活动越来越频繁，规模也越来越大。巧立的宴会名目，翻新的饮食花样，难以尽数，有钱人想方设法创造机会来大吃大喝，肆意挥霍。这当然都是皇帝带的头，也算上行下效的一例。这样的筵宴既有摆阔绰的，也有追求雅兴的，免不了也有落入俗套的，不一而足。

隋代那个杀父而登上皇帝宝座的炀帝杨广，凭借他父亲积累起来的巨大民力与财富，随心所欲地安排着自己奢侈的生活。被人称为历史上"著名的浪子，标准的暴君"的杨广，常常在游玩中打发日子，他由大运河乘船出游江都（扬州），庞大的船队首尾相衔，逶迤二百余里。挽船的壮丁多达八万人，两岸还有骑兵夹岸护送。杨广下令船队所过州县，五百里内居民都得来献食，要知道这个船队载人一二十万，该需要多少饭食才够！有的州县一次献食多到一百余台，妃嫔侍从们吃不完，开船时把食物埋入土坑里就走。他游玩所经之处，遇了献食精美的官吏，还要马上加官晋爵；对那些表现不大热情，送食不中意的官吏，则随意惩处，闹得人心惶惶。这一来，弄得众多百姓倾家荡产，生计断绝，以致不得不以树皮草根充饥，甚至逼得人相食，可谓悲惨。

杨广在宫中花天酒地，饮馔极丰。他所食用的馔品，一部分名目保存在谢讽所撰《食经》中。谢讽是杨广的尚食直长，他的《食经》虽早已不存，但从《清异录》上还可找到这书的一些内容。下面列举谢讽《食经》所提到的一些馔品，但不是全部所知的五十多种：

急成小馍	飞鸾脍	咄嗟脍
剔缕鸡	龙须炙	君子饤
紫龙糕	象牙䭔	白消熊
专门脍	折箸羹	朱衣馍
天孙脍	暗装笼味	乾坤奕饼
干炙满天星	新治月华饭	无忧腊

这些自然都是美味，不过现在人们没法完全弄清它们的配料及烹法，有些馔品甚至令人不知究竟为何物，要再现当年的风味也许永远都办不到了。

唐人在举行比较重大的筵宴时，都十分注重节令和环境气氛。有时本来是一些传统的节令活动，往往加进一些新的内容，显得更加清新活泼，盛唐时的"曲江宴"就是一个极好的例子。

中国采用科举考试的办法选拔官吏，是从隋代开始的，唐代进一步完善了这个制度。每年进士科发榜，正值樱桃初熟，庆贺及第新进士的宴席便有了"樱桃宴"的美雅称号。宴会上除了诸多美味之外，还有一种最有特点的时令风味食品，就是樱桃。由于樱桃并未完全成熟，味道不佳，所以还得渍以糖酪，赴宴者一人一小盅，极有趣味。

事实上，这种樱桃宴并不只限于庆贺新科进士。在都城长安的官府乃至民间，在这气候宜人的暮春时节，也都纷纷设宴，馔品中除了糖酪樱桃外，还有刚刚上市的新竹笋，所以这筵宴又称作"樱笋厨"。这筵宴一般在农历三月三日前后举行，是传统节日上巳节的进一步发展。

皇帝为新进士们举行的樱桃宴，地点一般是在长安东南的曲江池畔。曲江池最早为汉武帝时凿成，唐时又有扩大，周围超过十千米。这是一座全都城中风光最美的开放式园林，池周遍植以柳木为主的树木花卉，池面上泛着美丽的彩舟。池西为慈恩寺和杏园，杏园为皇帝经常宴赏群臣的所在；池南建有紫云楼和彩霞亭，都是皇帝和贵妃登临的处所。在三月三日这一日，皇帝为了显示升平盛世，君臣同乐，官民同乐，不仅允许皇亲国戚、大小官员随带妻妾和侍女以及歌伎参加曲江盛大的游宴会，还特许京城中的僧人道士及平民百姓共享美好时光。如此一来，曲江处处皆筵宴，皇帝贵妃在紫云楼摆宴，高级官员的筵席摆在近旁的亭台，翰林学士们特允在彩舟上畅饮，一般士庶只能在花间草丛得到一席之地。

考古发现的长安唐代韦氏家族墓壁画中的《野宴图》，描绘的大概是曲江宴的一幕场景，图中画着九个男子围坐在一张大方案旁边，案上摆满了肴馔和餐具。人们一边畅饮，一边谈笑，好不快活。唐代大诗人杜甫《丽人行》云："三月三日天气新，长安水边多丽人。……紫驼之峰出翠釜，水精之盘行素鳞。犀箸厌饫久未下，鸾刀缕切空纷纶。黄门飞鞚不动尘，御厨络绎送八珍。"这首诗描写的是权臣杨国忠与虢国夫人等享用紫驼素鳞华贵菜肴，游宴曲江的情形，翠釜烹之，水晶盘盛之，犀角箸夹之，鸾刀切之，该是多么快意！新科进士更是得意，这从刘沧《及第后宴曲江》诗中可以看得出来："及第新春选胜游，杏园初宴曲江头。紫毫粉壁题仙籍，柳色箫声拂御楼。霁景露光明远岸，晚空山翠坠芳洲。归时不省花间醉，绮陌香车似水流。"

许多饮食风气的形成以及相应食品的发明，与季节冷暖有极大的关系，如《清异录》所载的"清风饭"即是。唐敬宗宝历元年（825 年），宫中御厨开始造清风饭，只在大暑天才造，供皇帝和后妃作冷食。造法是用水晶饭（糯米饭）、龙睛粉、龙脑末（冰片）、牛酪浆调和，放入金提缸，垂下冰池之中，待其冷透才取出食用。这种食法同现代用电冰柜做冷食冷饮很像，那冰池实际是以冰为冷气源的冷藏库。

　　夏有清风饭，冬则有所谓"暖寒会"。据《开元天宝遗事》所载，唐代有个巨豪王元宝，每到冬天大雪纷扬之际，即吩咐仆夫把本家坊巷口的雪扫干净，他自己则亲立坊巷前，迎揖宾客到家中，准备烫酒烤肉款待，称为暖寒之会。

　　把饮食寓于娱乐之中，本是先秦及汉代以来的传统，到了唐代，则又完全没有了前朝那些礼仪规范的束缚，进入一种更加豁达的自由发展境地。包括一些传统的年节在内，也融进了不少新的游乐内容。比如宫中过端午节，将粉团和粽子放在金盘中，用纤小可爱的小弓架箭射这粉团粽子，射中者方可得食。因为粉团滑腻而不易射中，所以没点本事也是不大容易一饱口福的。不仅宫中是这样，整个都城也都盛行这种游戏。

　　每逢年节，一些市肆食店，也争相推出许多节日食品，以招徕顾客。《清异录》记唐长安皇宫正门外的大街上，有一个很有名气的饮食店，京人呼为"张手美家"。这个店的老板不仅可以按顾客的要求供应所需的水陆珍味，而且每至节令还专卖一种传统食品，结果京城很多食客都被吸引到他的店里。张手美家经营的节令食品有些继承了前朝已有的传统，如人日（正月七日）的六一菜（七菜羹）、寒食的冬凌粥，新的食品则有上元（正月十五日）的油饭、伏日的绿荷包子、中秋的玩月羹、重阳的米糕、腊日的萱草（俗称金针菜、黄花菜）面等。这些食品原本主要由家庭内制作，食店开始经营后，使社会交际活动又多了一条途径，那些主要以家庭为范围的节令活动扩大为一种社会化的活动。

　　在唐代人看来，饮食并不只为口腹之欲，并不单求吃饱吃好为原则，他们因而在吃法上变换出许多花样来。著名诗人白居易曾任杭州、苏州刺史，大约在此期间，他举行过一次别开生面的船宴。他的宅院内有一大池塘，水满可泛船。他命人做成100多个油布袋子，装好酒菜，沉入水中，系在船的周围随船而行。开宴后，吃完一种菜，左右接着又上另一种菜，宾客们被弄得莫名其妙，不知菜酒从何而来。唐代有个人名叫熊翻，每当大宴宾客时，酒饮到一半，在阶前当场杀死一只羊，让客人自己执刀割下想吃的一块肉，各用彩绵系为记号，再放到甑中去蒸。蒸熟后各人自取，用竹刀切食。这种吃法称为"过厅羊"，盛行一时。这类饮食方式很难说只是为了滋味，它给人的愉悦要多于滋味，这就是饮食环境气氛的作用。这时的烹饪水平也为适应人们的各种情趣提高了许多，大型冷拼盘的出现就是证明。

当然，也有一些人专求美味而不知风雅，他们似乎天天都在过年过节，尽力搜求四方珍味，和州刺史穆宁算是一个典型。据说，这位穆宁有十分严厉的家法，他命几个儿子分班值馔，为他筹划每日饮食，稍不如意，就用棍棒伺候。几个儿子在轮到自己值馔之前，"必探求珍异，罗于鼎俎之前，竞新其味，计无不为"，肴馔一味比一味新，办法一个比一个好，然而还是免不了笞叱。有时给弄到特别好吃的东西，穆宁在饱餐之后，大声喊道："今天谁当班？可与棍棒一起来！"结果儿子还是挨了一顿板子，那原因是："如此好吃的东西，怎么这么晚才送来？"这样的父亲，怎么侍候也没个满意的时候。

值得一提的是，唐代时也并不是所有达官贵人全都如此奢侈，也并不是每一种筵席都极求丰盛。宪宗李纯时的宰相郑余庆，就是一个不同凡流的清俭大臣。有一天，他忽然邀请亲朋官员数人到自己家里聚会，这种在过去从来不曾有过的事，使得大家感到十分惊讶。这一日大家天不亮就急切切赶到郑家，可到日头升得老高时，郑余庆才出来同客人闲谈。过了很久，郑余庆才吩咐厨师"烂蒸去毛，莫拗折项"，客人们听到这话，要去毛，别弄断了脖子，以为必定是蒸鹅鸭之类。不一会儿，仆人们摆好桌案，倒好酱醋。众人就餐时才大吃一惊，他们每人面前只不过是粟米饭一碗，蒸葫芦一枚。郑余庆自己美美地吃了一顿，其他人勉强才吃了一点点。

郑余庆显然是为了矫正时弊，不过也起不了多大作用。有他这种节俭观念的人，在唐代士大夫中也不是很多。如中唐诗人李绅未发迹时曾写下千古绝唱《悯农》诗："锄禾日当午，汗滴禾下土。谁知盘中餐，粒粒皆辛苦。"后来发迹了，官居节度使、宰相，生活也是豪奢得不得了。

六、盛世烧尾宴

中国南北分裂的局面，到隋唐时得到大统一，历史又进入一个辉煌的发展时期。政局比较稳定，经济空前繁荣，人民在多数时间里都能安居乐业，饮食文化也随之发展到新的高度。君臣上下的欢宴，士大夫畅心的宴游，医药学家们宣扬的养生之术，胡姬美酒的传入，交织成一幅幅色彩斑斓的风俗图卷。

毋庸讳言，古代中国饮食文化的发展水平固然要从整个社会生活的全景角度去考察，其中也包括广大民众的生活，然而作为国家最高水准的佳肴却只能在帝王与贵族大臣们的餐桌上才能品尝得到。不能孤立地认为佳肴只是属于帝王和大臣们的，作为一种文化财富，它是属于整个民族的，同样也是属于大众的。所以我们看某一个时代饮食文化的发展水平，不能不论及帝王的餐桌，也不能不看士大夫们的言行。

盛世为百姓带来的欢乐，远没有为官吏们带来的多。尤其是那些高高在上的将相，更是醉生梦死。中唐时有一个宰相叫裴冕，性极豪侈，衣服与饮食"皆光丽珍丰"。每在大会宾客时，食客们都叫不出筵席上馔品的名字，此言丰盛之极。另一个差一点当宰相的韦陟，每顿饭吃完之后，"视厨中所委弃，不啻万钱之直"，扔掉的残馔都有万钱之多，这恐怕会使西晋那位日食万钱的何曾自叹不如。这韦陟有时赴公卿们的筵宴，虽然是"水陆具陈"，珍味应有尽有，却连筷子都不动一下，他看不上眼。

尽管宰臣们家中有享不完的四方珍味，还能常常在朝中得到一顿顿丰盛的美餐。唐代继承了自战国时起各代例行的传统，为当班的大臣们提供一顿规格很高的招待午餐。国家富强了，这午餐也越发丰盛了。丰盛到什么程度呢？到了宰臣们都不忍心动筷子的地步，因为不忍心再这样挥霍下去，以至几次三番提出"减膳"请求。唐太宗时的张文瓘，官拜侍中，这个官几乎与宰相差不多。他和其他宰臣一样，每天都能从宫中得到一餐美味。和张文瓘同班的几位宰臣见宫内提供的膳食过于丰盛，提出稍稍减扣一些。张文瓘坚决不同意，而且认为这是理所应当，他说："这顿饭是天子用于招待贤才的，如果我们自己不能胜任这样的高职位，可以自动辞职，而不应提出这种减膳的主意，以此来邀取美名。"这么一说，旁人还能再说些什么呢。一顶邀名的帽子扣下来，众人减膳的提案不得不作罢。唐代宗时，有一位"以清俭自贤"的宰相常衮，看到内厨每天为宰相准备的食物太多，一顿馔品可供十几人进食，几位宰相肚皮再大也不可能吃完，于是请求减膳，甚至还准备建议免去这供膳的特殊待遇。结果呢，还是无济于事，"议者以为厚禄重赐，所以优贤崇国政也。不能，当辞位，不宜辞禄食"（《旧唐书·常衮传》）。这与百年前张文瓘的话是同一腔调，也就是说，宰臣们有权享受最优厚的待遇，你想推辞这种待遇，反倒被认为是不正常的举动。

自古以来，随心所欲地吃，可算是上层统治者的一大特权，他们无论在朝中，或是在家中，都十分喜欢这种特权。有高官就有了厚禄，高官得中，第一件事就是大吃大喝，大摆筵席，广贺高升。至晚从魏晋时代开始，官吏升迁，要办高水平的喜庆家宴，接待前来庆贺的客人。到唐代时，继承了这个传统，大臣初拜官或者士子登第，也要设宴请客，还要向天子献食。唐代对这种宴席还有个奇妙的称谓，叫作烧尾宴，或直曰"烧尾"。这比起前代的同类宴会来，显得更为热烈，也更为奢侈。

烧尾宴的得名，其说不一。有人说，这是出自鲤鱼跃龙门的典故。传说黄河鲤鱼跳龙门，跳过去的鱼即有云雨随之，天火自后烧其尾，从而转化为龙。功成名就，如鲤鱼烧尾，所以摆出烧尾宴庆贺。不过，据唐人封演所著《封氏闻见记》里专论"烧尾"一节看来，其意别有所指。封演说道："士子初登、荣进及迁除，朋僚慰贺，必盛置酒馔音乐，以展欢宴，谓之'烧尾'。说者谓虎变为人，惟尾不化，须为焚除，乃得成人。故以初蒙拜受，如虎得为人，本尾犹在，体气既合，方为焚之，故云'烧尾'。一云：新羊入群，乃为诸羊所触，不相亲附，火烧其尾则定。贞观中，太宗尝问朱子奢烧尾事，子奢以烧羊事对之。及中宗时，兵部尚书韦嗣立新入三品，户部侍郎赵彦昭假金紫，吏部侍郎崔湜复旧官，上命烧尾，令于兴庆池设食。"这样，烧尾就有了烧鱼尾、虎尾、羊尾三说。

看来，热心于"烧尾"的太宗皇帝，也委实不知这"烧尾"的来由。

一般的大臣只当是给皇上送礼谢恩，谁还去管它是烧羊尾、虎尾还是鱼尾呢！唐中宗在兴庆池摆的庆贺三大臣升迁复官的烧尾宴，似乎是赐宴，不由大臣出资，略有区别。

烧尾宴的形式不止一种，除了喜庆家宴，还有皇帝赐的御宴，另外还有专给皇帝献的烧尾食。也许，除了赐宴不必非有以外，家宴与献食皇上都是决不可少的。那么献给皇帝的烧尾食究竟是什么呢？我们从宋代陶毂所撰《清异录》中可窥出一斑。书中说，唐中宗时，韦巨源拜尚书令，照例要上烧尾食，他上奉中宗食物的清单保存在传家的旧书中，这就是著名的《烧尾宴食单》。食单所列名目繁多，《清异录》仅摘录了其中的一些"奇异者"，达58款之多，如果加上平常一些的食物，也许有不下百种！

且把这58款馔品大部分罗列在下面，一则可见烧尾食之丰盛，二则可见中唐烹饪所达到的水平，因为保存如此丰富完整的有关唐代的饮食史料，还不多见。

单笼金乳酥　一种用独隔通笼蒸的酥油饼。

曼陀样夹饼　在炉上烤成的形如曼陀罗果形的夹饼。

巨胜奴　用酥油、蜜水和面，油炸后敷上芝麻的点心。巨胜，指黑色芝麻。

贵妃红　味重而色红的酥饼。

婆罗门轻高面　用古印度烹法制成的笼蒸饼。

御黄王母饭　面上盖有各种看馔的黄米饭，如现代的快餐盒饭。

七返膏　做成七卷圆花的蒸糕。

金铃炙　如金铃形状的酥油烤饼。

光明虾炙　煎鲜虾。

通花软牛肠　用羊骨髓作拌料做的牛肉香肠。

生进二十四气馄饨　二十四种花形馅料各异的生馄饨。

生进鸭花汤饼　做成鸭花形的汤饼。

上述两款面食只能随吃随煮，所以上食时必须"生进"，如果煮熟了献去，就没法吃了，到时由宫廷内厨代为下汤煮熟。

同心生结脯　将生肉打成同心结再风干的干肉。

见风消　糯米面皮煿热后当风晾干，食时以猪油炸成。

冷蟾儿羹　冷食蛤蜊肉汤。

唐安餤　数饼合成的拼花饼。唐安为县名，在今四川成都附近，崇州东南，这种饼是那个地方的特产。

金银夹花平截　剔出蟹肉蟹黄卷入面片中，横切成断面为黄白色花斑的点心。

火焰盏馓　上部为火焰形，下部似小盏的蒸糕。

水晶龙凤糕　红枣点缀成龙凤的米糕。

双拌方破饼　拼合为方形的双色饼。

玉露团　印花酥饼。

汉宫棋　做成双钱形印花的棋子面。

长生粥　未详烹法。上食只进粥料，不必煮熟。

天花饆饠　香味夹心面点，或说是"手抓饭"。

赐绯含香粽子　染红淋蜜的甜粽。

甜雪　用蜜浆淋烤的甜而脆的点心。

八方寒食饼　八角形的面饼。

素蒸音声部　全用面蒸塑而成的歌人舞女，如蓬莱仙人飘飘然，共七十件。音声部，指唐宫内廷的歌舞伎人。

白龙臛　鳜鱼片羹。

金粟平䭔　加鱼子的糕点。

凤凰胎　用鱼白（胰脏）蒸的鸡蛋羹。

羊皮花丝　拌羊肚丝，肚条切长一尺上下。

逡巡酱　鱼肉羊肉酱。

乳酿鱼　乳酪腌制的全鱼，不用切块。

丁子香淋脍　淋上丁香油的鱼脍。

葱醋鸡　鸡腹内放置葱醋等作料，笼蒸而成。

吴兴连带鲊　吴兴原缸腌制的鱼鲊，不开缸，整缸献上。

西江料　粉蒸猪肉末。西江为地名。

红羊枝杖　可能指烤全羊。

升平炙　羊舌、鹿舌烤熟后拌合一起，定三百舌之限。

八仙盘　剔骨鸡，共八只。

雪婴儿　净剥青蛙，裹上精豆粉，贴锅煎成。白如雪，形似婴。

仙人脔　乳汁炖鸡块。

小天酥　用鸡肉和鹿肉拌米粉，油煎而成。

卵羹　纯兔肉汤。

箸头春　切成筷子头大小的油煎鹌鹑肉。

暖寒花酿驴蒸　烂蒸糟驴肉。

水炼犊炙　清炖小牛肉。

五生盘　羊、猪、牛、熊、鹿五种肉拼成的花色冷盘。

格食　羊肉、羊肠拌豆粉煎烤而成。

过门香　薄切各种肉料，入沸油急炸而成。

……

遍地锦装鳖　用羊脂和鸭蛋清炖甲鱼。

蕃体间缕宝相肝　装成宝相花形的冷肝拼盘，堆砌七层。

汤浴绣丸　浇汁大肉丸，即今天的"狮子头"。

这么多的美味，真可谓五花八门，其中很多如果没有注解，单看名称，我们很难知道究竟指的是什么馔品。这里包纳有 20 种面食点心，品种十分丰富。点心实物在新疆吐鲁番阿斯塔纳唐墓中有出土，馄饨、饺子、花色点心至今还保存相当完好。阿斯塔纳还出土了一些表现面食制作过程的女俑，塑造得十分生动。

一下进献这么多的精美食物，若是一般富贵之家，难免有倾家荡产之虞，然而对大官僚来说，这不仅是一个讨好皇帝的绝妙手段，而且也是一个炫耀财力的难逢良机。再说，这也是桩一本万利的美事，那又何乐而不为呢？

当然，有时也有例外，苏瑰就对献食天子的"烧尾"不感兴趣。苏瑰累拜尚书右仆射、同中书门下三品，进封许国公，照常规应当"烧尾"，但他却不动声色。有一次赶上赴御宴，有些大臣拿苏瑰开玩笑，中宗李显心里不高兴，一声不吭。苏瑰向中宗解释说："现在正遇上饥荒，粮价飞涨，百姓不足，禁中卫兵有时三天吃不上饭。这都是为臣的失职，所以不敢'烧尾'。"

拜得高官者，要给皇上"烧尾"，没有机会做官的皇室公主们，也仿效烧尾的模式，寻找机会给皇上献食，以求取恩宠。据《明皇杂录》说，唐玄宗李隆基在位时，诸公主相效进食，玄宗"命中官袁思艺为检校进食使"，专门清点登记献上来的食物。所献食物，"水陆珍羞数千盘之费，盖中人十家之产"，耗费之巨，不亚于大臣"烧尾"。这个唐玄宗，尽管他自己如此之奢侈，却还要装扮成节俭君王。有一次他坐在步辇上，看见一个卫士食毕后将剩下的饼饵弃于水沟内，于是怒从心起，命高力士将这个卫士杖死。还是旁人苦苦劝阻，才挽救了一条性命。

向皇上进献的馔品，多为家厨所为。官僚们一般都十分注重家厨的传统，如被封为邹平公的宰相段文昌，便十分精于馔事，府第中的厨房命名为"炼修堂"，行厨则称为"行珍馆"。段文昌的家厨由一个名叫膳祖的老婢主管，她训练女仆学厨，传授她们烹饪技巧。但真正学成者并不算多，膳祖四十年间教了一百多人，只有九人算是学成了。段文昌还自编《食经》五十卷，称为《邹平公食宪章》，这书可惜也早就没有了踪影。

七、酒楼食肆

早在先秦时代的市集上，就已经有了饮食店。《鹖冠子·世兵》中说"伊尹酒保，太公屠牛"，《古史考》还说姜太公"屠牛于朝歌，卖饮于孟津"，这些虽不过是传说，但也说明也许商代时真有了食肆酒店。到了周代，饮食店的存在已是千真万确的了，《诗·小雅·伐木》中的"有酒湑我，无酒酤我"即是证据，当时肯定有酒店可以买酒喝了。

东周时代，饮食店在市镇上当有一定规模和数量了，《论语·乡党》有"沽酒市脯不食"的孔子语录，《史记·魏公子列传》有"薛公藏于卖浆家"的故事，《史记·刺客列传》有荆轲与高渐离"饮于燕市"的记载，都是直接的证明。还有《韩非子·外储说右上》记述的那个寓言故事，也是一个间接证明。

故事说宋国有人开了个酒店，不动缺斤少两的手脚，待客和颜悦色，酒酿得也很好，而且还高悬着招牌，可他的酒却卖不出去，他感到很纳闷，于是向一位名叫杨倩的长者讨教。长者对他说，你店里的那条狗太凶猛了。他不明白狗与酒卖不出去有什么关系，长者又对他说，有一条过于厉害的看家狗，要是有人让一个小孩子揣着钱提着壶打酒，你的狗龇牙咧嘴地迎上去，谁敢买你的酒？这种小酒店一般是自酿自售，到汉代也还是如此，一些画像砖上就有这种作坊兼酒店的画面。

司马迁的《史记·货殖列传》，有一句话叫作"用贫求富，农不如工，工不如商，刺绣文不如倚市门"，说明秦汉之际不少人走上了经商致富这条道。所谓"倚市门"即做买卖，卖酒食鱼肉自然也在其中，开饮店食铺亦属倚市门之列。司马迁还提到当时经营饮料的张氏，成了巨富；经营肉食的浊氏，比当官的还神气。《盐铁论·散不足》也简略论及汉代饮食业的繁荣情景，书中说："古者不粥饪，不市食。及其后，则有屠沽、沽酒、市脯、鱼盐而已。今熟食遍列，肴施成市。"汉代酒店食店的服务已很规范，礼貌待客，如汉朝的乐府诗《陇西行》，就描绘了一位他十分满意的酒店侍女的形象：女子和颜悦色地出门迎客，向客人道平安；请客人坐北堂之上，陪侍客人饮酒；一面饮酒一面说笑，还嘱咐厨房抓紧烹调；用完酒饭，还要恭敬地送客人。

古代食店的经营方式及品种，唐宋以前因无详细记载，已不甚明了，市厨的活动也知之甚少。隋唐五代的市肆饮食，虽无全面记述，古文献中留下的线索还是不少的。据《郡国志》说，隋大业六年（610年），外国使者到达长安，请求入市交易。隋炀帝为了扩大影响，命整修店铺美化市容，外国人进酒楼饭店可随意吃喝，分文不取，所谓"醉饮而散，不收其值"。唐代都市饮食店不仅数量多，经营规模也大。《唐国史补》中说，唐德宗召吴凑为京兆尹，催他尽快到任，弄得他连传统的庆贺宴会都摆不及，不得不想了个救急的办法。当时长安两市食店经营"礼席"，也就是代客办理筵宴到家的业务，吴凑一面派人到食店联系，一面催马去请客人，"请客至府，已列筵毕"。拿着釜镗去食店取回现成肴馔就行了，"三五百人之馔，可立办也"。

小型专营饭馆、饮店也很多，长安颁政坊有馄饨店，长兴坊有馎饦店，辅兴坊有胡饼店，长乐坊有稠酒店，永昌坊有茶馆，行街摊贩也不少。

据《东京梦华录》的记述，汴京御街上的饮食店中，经营正规的称为"正店"，大概有点像现代的星级饭店。《东京梦华录》中说："在京正店七十二户，此外不能遍数，其余皆谓之脚店。"当时有名店，也有名厨，《东京梦华录》所列名厨是："卖贵细下酒，迎接中贵饮食，则第一白厨，

《清明上河图》（局部）中的"正店"

州西安州巷张秀；以次保康门李庆家，东鸡儿巷郭厨，郑皇后宅后宋厨，曹门砖筒李家，寺东骰子李家、黄胖家。"风味饮食也有名店名厨，"北食则矾楼前李四家、段家爊物、石逢巴子，南食则寺桥金家、九曲子周家，最为屈指"。

一些大店经营时间很长，不分昼夜，不论寒暑，顾客盈门。有的酒店，饮客常至千余人，规模很大。《武林旧事》中说，临安也有不少名店，如太和楼、春风楼、丰乐楼、中和楼、春融楼、太平楼、熙春楼、三元楼、赏心楼、日新楼等，名号吉雅。

饮食店在宋代大体可区分为酒店、食店、面食店、荤家从食店等几类，经营品种有一定区别。面食店在客人落座后，店员手持纸笔，谒问各位，客人口味不一，或热或冷，一一记下，报与掌厨者。不一会儿，只见店员左手端着三碗，右臂从手至肩驮叠约二十碗之多，依序送到客人桌前。客人所需热面、冷面不得发生差错，否则他们会报告店主，店员不仅会遭责骂和罚减佣金，甚至还有被解雇的危险。

饮食店的业务量大了，厨师数量也就要多一些，再加上经营品类繁杂，厨师的分工也就顺理成章了。红案、白案即是分工，或者称作菜肴、面点，菜肴又可分为冷菜、热菜，面点又有大案、小案。不少厨师都擅长一技或多技，所以就有了烹调师和面点师。

四川泸县出土的宋代石刻温酒女佣

第六章

至味与知味

饮食之至味，感觉最好的味觉记忆，人与人之间体验各不相同。饮食除了首先是个体的营养活动以外，更多体现的是社会化活动，调节人与人、人与自然之间的关系。从这个意义上说，至味没有一定的标准，没有所有人完全认同的标准。

古语说："三辈子做官，才懂得吃穿。"可见懂得吃，进入真正知味的境界并不是一件容易的事。饮食不只是满足口腹之欲，不只是体验味蕾上的感受，除了维持身体机能，还要满足精神上的追求。

一、岁时食事：顺应时令

中国饮食文化传统具有非常丰富的内涵，岁时饮食风俗便是其中一个重要的内容。中国年节风俗的形成，经历了一个十分漫长的过程，它是我们这个季节分明的国度的最优秀的传统之一。与年节风俗相关的一系列饮食活动和许多特别的饮食品类，更是一道道美丽的风景，让世世代代的中国人其乐陶陶、其乐融融。

中国岁时饮食文化传统有悠久深厚的历史背景，有雅俗兼备的文化品位，有丰富多彩的食物品类。中国岁时饮食重在体现尝新、健体、融情几个方面，中国人就这样在享受大自然的同时，养性健身，将一种民族的人文景观演绎得多姿多色、尽善尽美。

以本土物产为出发点的中国岁时饮食传统，同时还体现有一些并不像尝鲜荐新那样的别有一种时令的特点。顺应时令安排饮食生活，成为中国岁时饮食传统的又一个显著特点。

在中国的大部地区，特别是长江和黄河中下游地区及华北地区，大都是四季分明，物产丰富。与这种气候地理环境相适应，形成了诸多很有特色的节令饮食风俗,对夏季的炎热、冬季的寒冷,我们都有相应的节令食物,不仅丰富了饮食生活,而且活跃了节日气氛。

夏日炎炎,难耐的暑热令人食欲不振,于是清淡的祛暑饮食成了最受欢迎的节物,例如冷面便是夏令最受欢迎的大众食品之一。

夏至是夏季的一个重要节候,在古代它没有像立夏那样受重视,虽然一直没有成为普遍节日,但南方一些地区,它的意义却超出了端午。夏至标志着炎热天气的开始,这一日有的地方要象征性地食用一些冰凉食物,冷面就是其中最常见的一款。关于夏至食冷淘面,《帝京岁时纪胜》有相关记载:夏至,"京师于是日家家俱食冷淘面,即俗说过水面是也,乃都门之美品……谚云:'冬至馄饨夏至面。'"。明清之际,北京的冷淘面非常著名,有"天下无比"的称誉。冷淘面早在唐宋时代就已很流行,杜甫有一首《槐叶冷淘》,就写到了食冷面的感受,诗中有"经齿冷于雪"的句子。又据《东京梦华录》和《梦粱录》等书的记载,宋代两京的食肆上还有"银丝冷淘"和"丝鸡淘"等出售,丝鸡淘即是鸡丝冷面。现在许多人都有夏日食凉面的爱好,那凉爽的感觉不仅降低了体热,而且驱走了心中的浮躁。

六月伏日在古时也是一节,与冬季的腊日相对应。伏日的食物以防暑为主,腊日则以驱寒为主。汉代杨恽《报孙会宗书》说:"田家作苦,岁时伏腊,烹羊炰羔,斗酒自劳。"这说明汉代时在民间已是很重伏腊风俗了。《东京梦华录》中说:"都人最重三伏,盖六月中别无时节,往往风亭水榭,峻宇高楼,雪槛冰盘,浮瓜沉李,流杯曲沼,苞鲊新荷,远迩笙歌,通夕而罢。"古时各地伏日的节物多以清凉为要,有凉冰、冰果、绿豆汤、过水面、暑汤和新莲等。《清嘉录》中说,在清代,苏州在三伏天有担冰上街叫卖的,称为凉冰。有时还杂以杨梅、桃子、花红之属,称为冰杨梅、冰桃子。又据《北平指南》说:"入伏亦有饮食期,初伏水饺,二伏面条,至三伏则为饼,而佐以鸡蛋,谓之贴伏膘。谚云:头伏饽饽二伏面,三伏烙饼摊鸡蛋。"面条之类的食品,古时通称为饼。《荆楚岁时记》中说伏日要食汤饼,汤饼被称为避恶饼,其实就是面条。

冬季的节令,与夏季正相反,人们于冰雪中取温暖,于寒冷中求热烈。

为了迎接冬天的到来，古代于十月一日这一天有特定的饮食活动，虽然这一天并不是名目很明确的节令。黄河流域的人们将这一日作为冬季的首日对待，《古今事物原始》说："十月一日……民间皆置酒作暖炉会。"《东京梦华录》也说："十月一日……有司进暖炉炭，民间皆置酒作暖炉会也。"北方人此日开始生火御寒，饮酒作乐，故此就有了"暖炉"之名。

　　冬季最重要的节令是冬至，古人甚至把冬至看得比除夕还重。冬至的节物，对北方人而言，以馄饨最盛。宋代《乾淳岁时记》说：冬至"三日之内，店肆皆罢市，垂帘饮博，谓之'做节'。享先则以馄饨，有'冬馄饨年馎饦'之谚。贵家求奇，一器凡十余色，谓之'百味馄饨'"。《岁时杂记》也说："京师人家，冬至多食馄饨，故有'冬馄饨年馎饦'之说。又云'新节已故，皮鞋底破，大捏馄饨，一口一个'。"《北平指南》说："十一月通称冬月，谚谓'冬至馄饨夏至面'者，盖是月遇冬至日，居民多食馄饨，犹夏至之必食面条也。"冬至食馄饨的用意，据《燕京岁时记》解释说："馄饨之形有如鸡卵，颇似天地浑沌之象，故于冬至日食之。"

　　冬至之后，还有一个腊八节，时在腊月初八日。腊八古称腊日，起源很早，是一个祭祖宗和百神的重要节日。我们现在虽然没了这个传统节日的隆重仪礼，却仍是看重腊八粥和腊八蒜。腊八蒜为腊八制作，并不在腊八食用。《春明采风志》说："腊八蒜亦名腊八醋，腊日多以小坛甎贮醋，剥蒜浸其中，封固。正月初间取食之，蒜皆绿，味稍酸，颇佳，醋则味辣矣。"腊八粥可能与佛教有关。传说乔达摩·悉达多饥饿时吃了牧女煮的果粥，在十二月八日于菩提树下静思成佛，他就是佛祖释迦牟尼。后来佛寺要在腊八日诵经，煮粥敬佛，这便是腊八粥。《梦粱录》中说：腊八"大刹等寺俱设五味粥，名曰腊八粥"。《武林旧事》中也说：寺院及人家"用胡桃、松子、乳蕈、柿、栗之类为之作粥，谓之'腊八粥'"。腊八粥的用料，有的地方是用八种左右，有时并无限数。据《天咫偶闻》说："都门风土，例于腊八日，人家杂煮豆米为粥，其果实如榛、栗、菱、芡之类，矜奇斗胜，有多至数十种。"腊八粥富于营养，是御寒佳品。

　　馄饨适于热食，冬至食之自然为佳，与夏至的冷面正相反。腊日食热粥，又与伏日的凉冰暑汤不同。这说明中国岁时对食物品类的选择，以顺应时令特点为一重要原则。这种选择的出发点是身体的承受能力和适应能力，也就是说，节令食物的安排，要以维护身体的健康为一个重要的出发点。

饮食有一个不言自明的首要功利目的，就是强健体魄，我们的先贤墨子、老子、孔子也都是这样认为的。《墨子·辞过》中说："其为食也，足以增气充虚、强体适腹而已矣。"《墨子·节用》也有类似的说法："古者圣王制为饮食之法曰：足以充虚继气，强股肱，耳目聪明，则止。不极五味之调、芬香之和，不致远国珍怪异物。"又见《符子》所述老子"节寝处，适饮食"的议论，主张以饮食养性健身。孔子虽然有"食不厌精，脍不厌细"的名言，他因此还被认为是一个过于追求滋味的人，但他也曾夸奖过颜回不讲究饮食起居，在《论语·述而》中还有他"饭疏食饮水，曲肱而枕之，乐亦在其中矣"的论说。孔子还有一些关于不食变质变味食物的话，明显是从健康的角度考虑的。

中国岁时饮食也并不排除健身这个明显的功利目的，古代也以健康作为岁时饮食追求的一个重要目标。从外部因素而论，人常会因季节变换导致身体失和而生病，所以在不同节令人们要设计不同的饮食，以护卫自己的健康。我们这里就通过几款特别的古老的节令食品，看看古人在设计这些食品时追求健康的用心。

《荆楚岁时记》中说，大年初一要"进椒柏酒，饮桃汤；进屠苏酒、胶牙饧，下五辛盘"，这些饮食多以健身为目的。如椒柏酒，就有祛病的功用，魏人成公绥有《椒华铭》说："肇惟岁首，月正元日，厥味为珍，蠲除百疾。"味道不错，疗病亦佳。白居易《七年元日对酒》诗中的"三杯蓝尾酒，一碟胶牙饧"，其中的蓝尾酒，正是椒柏酒。大年初一还食用五辛盘，五辛者，大蒜、小蒜、韭菜、芸薹、胡荽是也，均辛香之物。《本草纲目》说：正月节食五辛以辟疠气。又见孙真人《养生诀》也有类似说法：元日取五辛食用，令人开五脏、去伏热。人们还在寒冷的节令，就想着夏日的平安了，用心之苦可见一斑。

包括北京在内的华北一带的人，在冬春爱吃一种翠皮紫心萝卜，名为"心里美"。《燕都杂咏注》说，立春食紫萝卜，名为"咬春"。《燕京岁时记》也说：立春日"妇女等多买萝卜而食之，曰咬春，谓可以却春困也"。清甜寒齿，清心却困，名之为心里美是太好理解了。北方与这心里美同季的特色食物还有一款冰糖葫芦。《燕京岁时记》中说："冰糖葫芦乃用竹签贯以葡萄、山药豆、海棠果、山里红等物，蘸以冰糖，脆甜而凉。冬夜食之，颇能去煤炭之气。"冬日离不了炭火取暖，体内难免火盛，取冰糖葫芦败火，甜酸可口，那是最好不过的了。冰糖葫芦至今在京城仍然很受欢迎，而且不限冬日享用。

冰糖葫芦

除了冰糖葫芦，北人还在冬至食赤豆粥败火。《岁时杂记》说：冬至日以赤小豆煮粥，合门食之，可免疫气。这就是我们现在的红豆粥。粥作为节日食品，食用比较多，值得一提的还有祭灶日的口数粥。《乾淳岁时记》中说：十二月"二十四日谓之交年，祀灶用花饧米饵及烧替代及作糖豆粥，谓之'口数'"。《武林旧事》中也说,腊月二十四日"作糖豆粥,谓之'口数'"。范成大为此还作有《口数粥行》,这粥男女老少人人都要吃,猫犬都不例外,因此名为口数粥。口数粥也是赤小豆粥,同冬至粥一样,目的主要也是防瘟病。赤小豆,古代又称小菽、赤菽或米小豆,现代一般称为红小豆。红小豆多用作豆汤、豆粥、豆馅,为北方人所喜爱。中医认为,红豆性平味甘,有健脾利水、清利湿热、解毒消肿的功效,对脾虚不适、泻痢便血等症有一定的食疗作用。

冬要防瘟,夏要防暑,夏令也有不少用于健康的节物。《元池说林》中说:"立夏日俗尚啖李。时人语曰:立夏得食李,能令颜色美,故是日妇女作'李会'。取李汁和酒饮之,谓之'驻色酒'。一曰是日啖,令不疰夏。"古代以入夏寝食不安为"疰夏",又写作"蛀夏"。立夏日还以饮七家茶的方式防疰夏,见于《熙朝乐事》和《清嘉录》的记述,对此我们在下文还将提及。立夏的节物还有上海嘉定人的麦饭、浙江桐乡人的粉饼、太湖一带的麦豆羹,都与防疰夏有关。由此可以看出南方人较为注重立夏这个节日,这一天要吃一些防暑食物,以保炎夏平安。

以健康体魄为目的的饮食宜忌,是中国饮食文化传统的一个非常独特的内容。同一种食物,某个时令不宜食用,在另一个时令却宜食用,这是中国节令饮食的中心内容,其主要作用仍然还是疗疾、祛邪、保健。如《岁时杂记》说:"自寒食时,晒枣糕及藏稀饧,至端五日食之,云治口疮。并以稀饧食粽子。"古籍中其他相关的节令饮食宜忌内容还可以举出一些:

《齐人月令》:凡

宋代粽子(安徽南陵出土)

立春日，进酱粥以导和气。

《荆楚岁时记》：元日服桃仁汤，桃为五行之精，可以伏邪气，制百鬼。

《四时宜忌》：五月五日午时，饮菖蒲雄黄酒，避除百疾而禁百虫。

《西京记》：九月初九日佩茱萸，饵糕，饮菊花酒，令人寿长无疾。

这些节令饮食宜忌，用现代医学观点来看，不一定全都科学，但古人的用心却是难能可贵的，对于健康的追求，古今都是一样的。

此外，我们还注意到，古代有以饮食养生的传统，而节日饮食的种种安排，都是这种传统的集中体现。传统的节令饮食，多数都清淡素雅，制作较为简单，而风味却很独到。煮元宵、饺子、馄饨、面条，烙春饼、烤月饼、蒸糕、包粽子，在制作上包括了蒸、煮、烙、烤等一些基本的烹调方法，在品类上有干食、湿食、流食，有热食，有点心，非常全面。

客家人的盆菜

养生为饮食第一要义，节令饮食亦是如此。

二、年节食事：寄托情怀

中国传统年节非常注意强调亲情，节日饮食活动一般是以家庭为单位，显示出团圆和睦的气氛。这一点在除夕和中秋节中表现得最为充分，合欢与团圆，是这两个节日的主题。

春节在古今都是一个最为重要的节仪。古时将大年初一称为元日或正日，作为春节开场的是正日前夜的除夕，这也就是通常所说的大年三十。在除夕之夜，人们通宵不寐，等待新年的到来，称为守岁。晋人周处的《风土记》中说，除夕"各相馈赠，称曰馈岁；酒食相邀，称曰别岁；长幼聚饮，祝颂完备，称曰分岁；大家终夜不眠，以待天明，称曰守夜"。《东京梦华录》中说，除夕"士庶之家，围炉而坐，达旦不寐，谓之守岁"。守岁限一个家庭之内的成员，守于室内，等待新年的到来，所以又称为"合家欢"。《清嘉录》中说："除夜，家庭举宴，长幼咸集，多作吉利语，名曰'年夜饭'，俗呼'合家欢'。"是书并引周宗泰《姑苏竹枝词》道："妻孥一室话团圞，鱼肉瓜茄杂果盘。下箸频教听谶语，家家家里合家欢。"

除夕合家欢家宴又称年夜饭或年饭，各地年饭并不相同。《京都风物志》中说：除夕"人家盛新饭于盆锅中以储之，谓之年饭。上签柏枝、柿饼、龙眼、荔枝、枣栗，谓之年饭果，配金箔元宝以饰之。家庭举宴，少长欢喜"。有些地方的年饭是吃火锅，《清嘉录》提到分岁宴用暖锅（边炉），杂投食物于铜锡之锅，炉而烹之。全家老少融融乐乐，尊老爱幼的美德，就在这样欢乐的节日气氛中得到彰扬。

守岁到了天明，已是大年初一。《荆楚岁时记》中说，正日"长幼悉正衣冠，以次拜贺"，然后是享用各种节日食饮，有椒柏酒、屠苏酒、五辛盘等。初一还有大家族的会拜，宋人戴复古《岁旦族党会拜》诗说："衣冠拜元旦，樽俎对芳辰。上下二百位，尊卑五世人。"五代二百人的大家族，在这新春的团拜中实现了平日难有的情感交流。

亲情的强调，并不仅限于大年三十，人们在其他节令中也有相似的追求，如中秋节便是。

八月十五为中秋节，中秋节的源起当可追溯到先秦时代。《广博物志》说晋平公始置中秋，虽不能确认，但《礼记·月令》说仲秋"养衰老、授几杖，行糜粥饮食"，这秋日敬老的习俗与中秋节仪的形成不会没有关系。中秋赏月和享用与月亮有关的节物，至迟在唐代已成风气，那已是名符其实的中秋节了。唐代诗人有许多中秋望月诗，如司空图有《中秋》诗云："闲吟秋景外，万事觉悠悠。此夜若无月，一年虚过秋。"又有曹松的《中秋对月》唱道："无云世界秋三五，共看蟾盘上海涯。直到天头天尽处，不曾私照一人家。"我们还知道宋代苏东坡在中秋大醉之时，作《水调歌头》怀念亲人，有"明月几时有，把酒问青天"，"人有悲欢离合，月有阴晴圆缺，此事古难全。但愿人长久，千里共婵娟"，成千古绝唱。中秋最佳节物是月饼，这在古今均如此。《熙朝乐事》中说："八月十五谓之中秋，民间以月饼相遗，取团圆之义。"又见《帝京景物略》说："八月十五日祭月，其祭果饼必圆，分瓜必牙错瓣刻之如莲华。……月饼月果，戚属馈相报，饼有径二尺者。"月饼如此之大，当然象征的是大团圆了。月饼在古时又称为团圆饼，《酌中志》说，八月十五日"家家供月饼瓜果，候月上焚香后，即大肆饮啖，多竟夜始散席者。如有剩月饼，仍整收于干燥风凉之处，至岁暮合家分用之，曰'团圆饼'也"。《燕京岁时记》也说：中秋月饼，"大者尺余，上绘月宫蟾兔之形，有祭毕而食者，有留至除夕而食者，谓之团圆饼"。中秋月饼留到除夕去"团圆"，将两个相隔数月的节日联结起来，也使得合欢团圆的主题进一步深入人心。

中秋节的饮食活动以家庭范围为主，非常强调一种融洽的家庭氛围，这有利于增进长幼亲情。《京都风物志》记有家庭赏月宴，中秋夜拜月礼毕，"家中长幼咸集，盛设瓜果酒肴，于庭中聚饮，谓之团圆酒"。

家，对于中国人来说，不仅是生命之根，而且是力量的源泉，人们在家中获得温暖和信心。正因为如此，培育家庭观念就成了古人用心的一个焦点，饮食便是培育家庭观念的重要手段之一。《周礼·春官宗伯》中就为饮食活动的这个功能做过这样的阐述："以饮食之礼，亲宗族兄弟。"中国传统的岁时节日所设计的饮食活动，强调增进家庭和睦氛围，这样的年节，除了春节、中秋之外，还有清明、重阳、冬至、腊日等。我们在除夕团圆饭和中秋月饼上，看到了中国岁时饮食所追求的一个非常明确的目标，就是让家庭的亲情更加浓厚起来。

中国古代年节风俗在体现家庭氛围的同时，也强调一种社会氛围，年节毕竟不仅仅是限于家庭范围内的活动，也不会只是一个家庭的活动。中国人即便是纯粹的家庭活动，也不会将它局限在家庭范围内，更不用说具有社会意义的年节活动了。人们在多数节日活动中都有亲近邻里的举动，有道是"远亲不如近邻"，于是在节日饮食活动中，又有了一些和睦邻里的特别内容。这里要提到的若干年节食俗，就是这样一些和睦邻里的特别内容。

我们很多人可能不知道古时有"百家饭"的风俗，这是夏至日的一种非常特别的食俗，它已经在现代生活中消逝了。《岁时杂记》记述了这种风俗："京辅旧俗，皆谓夏至日食百家饭则耐夏。然百家饭难集，相传于姓柏人家求饭以当之。"集成百家饭的过程，就是一个亲近邻里的过程，你到我家集，我到你家集，集饭的时候很自然地就把彼此的关系拉近了。当然"百家"只是一个概数，实为多家，也许是越多越佳。古人为何认为食百家饭能耐炎热，却让我们不明白，这种以健康目的为出发点的食俗，其实为人们带来了更多的收益，它大大增进了邻里之间的感情。

与百家饭相似的节日食俗，还有"七家饭"。江苏无锡人立夏日合七家米为饭，以为这样夏日能防暑热伤身。集七家米的效果，与集百家饭是相同的。

再来看七家茶。立夏日还以饮七家茶的方式防疰夏，正如《熙朝乐事》所说："立夏之日，人家各烹以新茶，配以诸色细果，馈送亲戚比邻，谓之七家茶。"《清嘉录》中则说："凡以魇疰夏之疾者，则于立夏日，取隔岁撑门炭烹茶以饮，茶叶则索诸左右邻舍，谓之七家茶。"钱思元《吴门补乘》中也说："立夏饮七家茶，免疰夏。"为了平安度过炎夏，向邻里多家索取茶叶，其用意与百家饭并无区别，结果都是密切了邻里关系。

四月八日为佛节，这是一个纪念佛祖诞生的节日，在有的地方又作为城隍神的诞节，还有在这一日祭关公的。在佛节的食品中，有一种结缘豆很有特色。据《余墨偶谈》说，"京都浴佛日，内城庙宇及满洲宅第，多煮杂色豆，微漉盐豉，以巨笸列于户外，往来人撮食之，名结缘豆"。《燕京岁时记》也说，"四月八日，都人之好善者，取青黄豆数升，宣佛号而拈之，拈毕煮熟，散之市人，谓之结缘豆，预结来世缘也"。在上海崇明地区，人们在四月八日要走街串巷送糖豆，专为小儿稀痘，这实际也是一种结缘豆，同时又是一种保健食品。佛节的这些行为，自然是受佛教影响的结果。这一世的缘，下一世的缘，都要广结，这是与佛教教义相关的食俗，相识的与不相识的人，都会由这佛节的结缘豆结下缘分。

在七巧（七夕）节，南方地区有的以熟豆互馈，也名之为结缘。有的则制作一种果茶，家家户户用桃仁杂果点茶，相互递饮，与结缘豆同义。

百家饭、七家茶等的制作过程，就是增进邻里感情的过程，而结缘豆更是如此。邻里关系在节日的一些特别的气氛中得到增进，安定祥和的社会秩序也得到巩固。

凡动物都有饮食活动，只有人的饮食活动带有特别的感情色彩和文化色彩，人类饮食活动的文化属性在年节饮食活动中得到最充分的体现。人们在年节饮食活动中抒情、畅怀、言志，表达对美好生活的追求与向往。

农历二十四节气的首节是立春，它在春节前后到来，所以古代非常重视这个节日，不像现代人冷漠地看待它。在《礼记》注引的《王居明堂礼》中，记周天子在立春之日，亲率三公九卿诸侯大夫，往东郊行迎春礼，赏赐群臣，这表明上古对立春礼仪的重视。根据后来的文献得知，立春日有以"春"命名的筵宴与节物，其中"春盘"最为特别。春盘的主要内容是萝卜、春饼、生蔬，算不上佳肴。据唐人《四时宝镜》说，"东晋李鄂，立春日命以芦菔、芹芽为菜盘相馈贶，立春日春饼生菜号春盘"。《摭遗》中也有类似说法，并说春盘最早是由江淮间流传起来的，后来传入宫中。《燕都游览志》记明代"凡立春日，于午门外赐百官春饼"。食春饼还要配以五辛盘，用五种或更多生菜如芹、韭、萝卜和粉皮等做成，这与前文提到的五辛有所不同。《熙朝乐事》记立春之仪说，"缕切粉皮，杂以七种生菜，供奉筵间"。春寒之时，生菜并不能多食，所以《齐人月令》还告诫道："凡立春日食生菜，不可过多，取迎新之意而已。""辛"和"生"，都寓"新"之意，为了迎新迎春，这是食生食辛的本意。苏东坡有诗曰："渐觉东风料峭寒，青蒿黄韭试春盘。"在寒冷中领受春来的消息，感受新年的春意，春盘被古人当作一个特别的媒介。

不同地方的春饼，做法与吃法有所不同

据《琐碎录》说，"京师人岁旦，用盘盛柏一枝，柿、橘各一枚，就中擘破，众分食之，以为一岁百事吉之兆"。又据《酌中志》说，大年初一"所食之物，如曰'百事大吉盒儿'者，柿饼、荔枝、圆眼、栗子、熟枣，共装盛之"。希求百事大吉，以这样一种饮食方式来表达，也只有在中国才有这样的食俗。这同我们较为熟知的用红枣、花生、桂圆和筷子祝福新婚夫妇早生贵子，有异曲同工之妙。

北方人在大年初一吃饺子，也要寄托自己的希望，我们在明人《酌中志》

中可读到这方面的记述。《酌中志》称饺子为"扁食"，说在正月初一日"饮椒柏酒，吃水点心，即'扁食'也。或暗包银钱一二于内，得之者以卜一年之吉"。《燕京岁时记》中则说：初一"无论贫富贵贱，皆以白面作角（饺）而食之，谓之煮饽饽。举国皆然，无不同也。富贵之家，暗以金银小锞及宝石等藏之饽饽中，以卜顺利。家人得食者，则终岁大吉"。这是说的清代的情形，应当指的是北方。吃到了包有银钱宝石的饺子，就能一年平安大吉，这是一种非常朴实的愿望。

九月九日的重阳节，是继中秋之后又一个重要的秋节，此日要游宴登高，饮菊酒、食花糕。《荆楚岁时记》已提到"九月九日，四民并籍野饮宴"，《千金月令》则明确提到了重阳登高游宴，"以畅秋志"。唐代时很注重这个节令，将它作为一个特定的思亲的日子，文人写下了许多佳篇。王维的"独在异乡为异客，每逢佳节倍思亲"，是诗人在重阳节留下的千古绝句。

重阳正值秋菊盛开，赏秋菊、饮菊酒、食菊花糕为这一节令的中心活动。一款重阳花糕，因糕与"高"同音，寓吉祥之意，食糕与登高的用意有些相似。据《文昌杂录》所记：唐岁时节物，"九月九日则有茱萸、菊花酒糕"。重阳花糕，有时是用菊花为饰，直接名菊花糕；有时是杂以枣栗粉面，统称花糕。《京都风物志》说："重九日，人家以花糕为献。其糕以麦面作双饼中夹果品，上有双羊像，谓之重阳花糕。"又据《燕京岁时记》记述："花糕有二种：其一以糖面为之，中夹细果，两层三层不同，乃花糕之美者；其一蒸饼之上，星星然缀以枣栗，乃糕之次者也。每届重阳，市肆间预为制造以供用。"这样细心装点的重阳花糕，表达了人们对美好生活的追求。

在别的节日里，也见到一些其他表达人们对美好生活追求的做法。如《清嘉录》说苏州人在除夕时家家户户插冬青、柏枝、芝麻萁于檐端，名曰"节节高"；《江乡节物词》则说："杭俗，除夕封门，束甘蔗树之门侧，谓取渐入佳境之意。"

春盘、重阳糕、百事大吉盒、银钱饺子、"节节高"、渐入佳境等，种种节日饮食及其活动，都表示了人们追求美好生活的愿望。

岁时饮食传统是我们优秀文化遗产的一个重要组成部分，我们在这里所论及的内容，表明传统的岁时饮食活动于身于心都有益处，值得发扬光大。中国古代对岁时风俗一直非常重视，无论盛世乱世，都不会随意处之。古代有不少文人对岁时风俗进行过记述，为整理和保存这个传统做出了贡献。如东汉崔寔的《四民月令》，在叙述农事活动的同时，将当时士人阶层的岁时生活风俗做了详细记述。又如南朝人宗懔著有《荆楚岁时记》，是中国古代第一部专门的岁时风俗文献，系统记述了南朝时期长江中游一带的节仪与饮食。后来又有唐人的《辇下岁时记》《秦中岁时记》《四时宝镜》，宋代的《岁时杂记》《岁时广记》《乾淳岁时记》《东京梦华录》《梦粱录》，明代的《酌中志》《熙朝乐事》《皇朝岁时杂记》，清代的《燕京岁时记》《帝京岁时纪胜》和《清嘉录》等，对一时一地岁时风俗都有详尽记述，对岁时节物的品类有全面记载。

一年之中的岁节，各代风俗移易，所注重的中心并不完全相同。据唐代李肇的《翰林志》，我们从唐代朝廷对翰林学士的岁节关照上，可知当时选定的大节主要有寒食、清明、端午、重阳、冬至，在这些节日里，由内府为他们供给特别的节料：寒食是酒饧杏酪粥、屑肉馂，清明是蒸馔，端午是粆蜜等，重阳是粉糕等，冬至是岁酒、野鸡等。

在宋代，帝王在年节对臣下有赏赐，称为"时节馈廪"。据《宋史·礼志二十二》所记，宋代选定的全国性时节有正日、至日、立春、寒食、端午、伏日、重阳等，与唐代略有不同。在这些节日所赐的食物，立春为春盘，寒食为饼、粥，端午为粽子，重阳为糕等。

据《明会典》记载，明代"凡立春、元宵、四月八、端阳、重阳、腊八等节，永乐间俱于奉天门通赐百官宴"。这表明岁节的轻重，朝廷是有所选择的，这与前代又有了一些不同。明代这些节日和节日特色食品，按《明会典》的记述如下：

正旦节　茶食、油饼、馒头等；

立春节　春饼等；

元宵节　馒头、汤圆等；

四月八节　不落荚、凉糕等；

　　端午节　小馒头、粽子等；

　　重阳节　糕、小点心；

　　冬至节　馒头、马羊肉。

明代共有七个国家性节日，食物品类并不复杂，较为传统。

　　到了清代，全国性的年节主要有元旦、立春、端午、中秋、重阳、冬至等，与前代相比，又略有一些变化。年节和饮食品类大体如下：

　　元旦　饺子、元宵；

　　立春　春饼、春盘；

　　端午　粽子；

　　中秋　月饼、瓜果；

　　重阳　菊酒、花糕；

　　冬至　馄饨。

　　历史发展到今天，在民间保留的具有全国性意义的年节，除了春节、端午和中秋以外，其他只在某些地区或范围较受重视，有的除保留传统的节日食品外，基本体现不出节日气氛了，至于像冬至这样的在古代极为重视的节日，我们似乎已经将它忘却了。

　　一个民族的凝聚力可以由许多途径加强，民族的节日是其中的一个很重要的途径。节日和节日传统饮食活动，是体现民族精神、传播民族文化、维系民族情感的重要方式，值得发扬光大。当然要全部恢复过去的岁节传统是不可能的。我们认为，中国岁时饮食文化传统值得重新整理，在保持区域风格的同时，还可以建立一种全国性的规范，在规范节日的基础上，相对规范节日饮食，以体现具有特色的民族传统文化。例如可以通过民政部门发布中华节日规范，建议一年内至少可以设立五个年节，分别为春节、端午、中秋、重阳和冬至节，相应的节日食物品类如下：

　　1.春节（除夕、大年、元宵）——大年三十合家欢团圆饭，初一饺子、百吉盒，元宵汤团。

　　2.端午（农历五月初五）——粽子、糯米粥。

　　3.中秋（农历八月十五）——月饼、桂花酒。

张翀作《春社图》

4. 重阳（农历九月初九）——花糕、菊酒。

5. 冬至（公历 12 月 21、22 或 23 日）——馄饨或饺子、火锅。

如果这样规范，就季节而论，差不多是一季一节，春有春节，夏有端午节，秋有中秋节，冬有冬至节，再加一个重阳，一年的年节共有五个。明清时代曾有五六个大年节，大体是春为清明、夏为端午、秋为中元（中秋）、冬为冬至，再有除夕。参照明清传统，将全国性的年节规定为春节、端午、中秋、重阳和冬至五节，应当说是适宜的。我们考虑到清明对中华民族来说，也是一个很有意义的节日，可以加上它合为六节，或者用它取代重阳，仍定五节。

　　春节是民族大年节，素来为华夏子孙所看重。端午和中秋二节在古代也是极为人们看重的。到了当代，中秋在民间仍较重视，而端午却似可有可无，虽粽子作为端午节前后的特色食品依然受到欢迎，但端午的概念却已很淡薄。说起冬至就更是今不如昔了，很多人甚至都没有这个节令概念了。现在提起这个节日，很多人可能都会感到很陌生。

　　正因为如此，冬至节值得重点说道说道。冬至作为农历的二十四节气之一，居冬季六节气（立冬、小雪、大雪、冬至、小寒、大寒）之中，排在大雪和小寒之间。冬至日北半球白昼最短，黑夜最长，与夏至正相反。古时重视冬至，胜过大年，常常将它与春节相提并论。宋代孟元老《东京梦华录》说，京师最重冬至节，"虽至贫者，一年之间，积累假借，至此日更易新衣，备办饮食，享祀先祖。官放关扑，庆贺往来，一如年节"。又见宋代《岁时杂记》说："冬至既，号'亚岁'，俗人遂以冬至前之夜为'冬除'，大率多仿岁除故事而差略焉。"在南方的一些地区，干脆将冬至前夜称为"除夜"，因岁除而立冬除。亚岁之名，至迟起于唐代，而将春节与冬至等同看待的习俗，起源更早。如唐代释皎然有诗说："亚岁崇佳宴，华轩照渌波。"更早的《四民月令》则说："冬至之日荐黍糕，先荐玄冥以及祖祢，其进酒肴及谒贺君师耆老，如正旦。"也许早在汉代，中国人对冬至日的感觉与大年初一已没有明显不同了。

　　在南方，虽不如北方寒冷，但冬至的节仪却很隆重，如周遵道的《豹隐纪谈》就提到苏州一带有"肥冬瘦年"的风俗，将冬至的重要程度摆到了大年之上。我们现在大可不必将冬至节凌驾于大年之上，不过适当恢复并提升一下冬至的节仪，作为一个冬季的正节，还是有一定意义的。

　　在四季的节日之外，我们还多列出来一个重阳节，作为对老人的特别尊奉，也是对现代老龄社会的一个特别关注。当然重阳并不只限于敬老，还有登高思乡念友的意思，也是游子抒发乡情的愁节。在许多人都离乡寻求发展的当代，重阳节的设定会更有一种现实意义。

　　这几个节日饮食品物，大抵按照流行较广的风俗设计，一般是以一点心配一流食或酒饮。当然作为节令食品，东西南北可以保留一些地域区别，不必强求划一，不过就上列各项来说，大体还是可以统一起来的。

我们平日饮食，多为口腹之需，而在岁时的享用，则主要表现的是精神上的需求。中国传统的饮食活动，是文化活动，也是社会活动，人们在这些活动中，享受自然的恩赐，喜尝收获的果实，联络彼此感情，抒发美好的情怀，休养自己的体魄。作为中国优秀文化传统重要内涵之一的岁时饮食风俗，经过漫长历史的移易变改，早已形成了一个完善的体系。对这样一个富有民族健康向上精神的文化体系，在现代社会生活中仍然有必要保留它一定的位置。当然这种保留不是一成不变的，需要做一些整理，要经历一个扬弃过程。历史是向前迈进的，固守传统虽然是不明智的，但完全割裂传统也不可行。

三、享受自然：尝新与荐新

古代中国以农业立国，根据考古研究，中国农耕文化已有一万年以上的历史。农作的耕种与收获，有很强的季候特征，我们的传说中因此就有了上古时代掌管观象授时的羲和（《尚书·尧典》）。据《大戴礼·夏小正》说，夏后氏以建寅为正朔，定岁时节候之宜，其实最早出现的岁时节候系统应当要远远早于夏王朝建立的时代，它应与农耕文化同时出现。农耕民族在万物春生、夏长、秋收、冬藏的自然法则中，逐渐认识了宇宙的运行规律，中国古代形成的"四时七十二候"学说，就是这种认知结果的集中体现。随着七十二候形成的，还有许多相关的特别节日，各种节日有着深刻的历史文化背景，如除夕、春节、寒食、端午、中秋和重阳等，便都是中国文化长期积淀的结果。明代《广博物志》说伏羲初置元日、神农初置腊节、巫咸始置除夕节、秦德公初置伏日、晋平公始置中秋、齐景公始置重阳和端午、秦始皇初置寒食，都是一些久远的传说，虽不全可凭信，但多少是有些根据的。

中国的节日多数都体现有季候特点，同四季的变换紧密相关，如立春、立夏、夏至、冬至、清明、中秋、伏日、腊日等，都是以季候设节。与各种节日相关的有丰富多彩的饮食活动，人们在节日中享用风味独特的节令

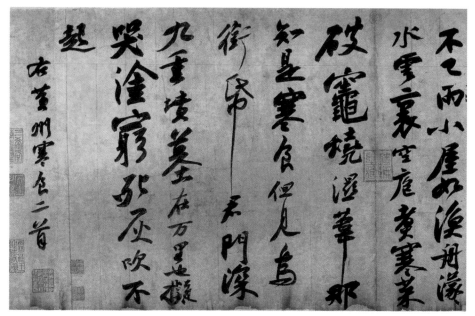

苏轼《寒食帖》局部

食品。大约从汉代开始，中国就形成了比较完备的节日体系，有了一些特别的饮食风俗。汉末以后，已出现一些记叙节令和节令食品的著作。在唐宋之际的一些文献中，更有不少关于节令饮食风俗的系统而具体的记述，市肆上也出现了专售节令食品的饮食店。《东京梦华录》述及东京开封的市肆食店的节日食品，寒食节有稠饧、麦糕、乳酪和乳饼等。《梦粱录》中则提到杭州端午满街卖粽子，"杭都风俗，自初一日至端午日，家家买桃、柳、葵、榴、蒲叶、伏道，又并市菱、粽、五色水团、时果、五色瘟纸，当门供养。自隔宿及五更，沿门唱卖声，满街不绝"。《梦粱录》提到食店中出售的其他节令食品有月饼、菊花饼、重阳糕、枣糕、栗糕、真珠元子、澄粉水团、栗粽、裹蒸粽子、巧粽、豆团、糍团、春饼等。

当然，到市肆食店去享用节令食品，在那样的时代并不是节令饮食活动的中心内容。大众化的节令饮食活动主要体现在"尝新"这一特别的民俗上。

尝新也就是尝鲜，是享受自然的恩赐，品尝新收获的果实。各种食物的收获都有很强的季节性，一般来说，收获季节常常就是最好的享用季节。中国历史上渐渐形成了一些很特别的风俗，在一些季节性很强的谷类和果蔬成熟时，人们要举行专门的尝新仪式，而且赋予这种尝新活动很浓厚的文化意味。在我们这个以农业立国的国度，春、夏、秋三季都有来自大自然的丰厚收获物，于是这三季便都有了一些特别的尝新活动。

春季尝新，在古代特别看重樱桃与春笋，有的地方因此有了雅宴"樱笋厨"。唐代的《秦中岁时记》讲，长安四月已后，自堂厨至百司厨通谓之"樱笋厨"。当时长安乃至整个关中，春季因为樱桃是最先成熟的果实，所以人们争先尝鲜，而且还在果实未完全成熟时就迫不及待地将它用蜜糖浸渍后品尝，并为此专设樱笋之会。《东京梦华录》中提到宋代的汴京在四月八日的佛节尝新，正所谓"初尝青杏，乍荐樱桃"。

对于自己辛勤耕作的收获物，人们更是珍爱，更要以尝新举动迎来丰收。在五谷中，麦子是一年中最早成熟的，对它的尝新往往是在它还未完全成熟之时就开始了。明代的《酌中志》说，四月"取新麦穗煮熟，剁去芒壳，磨成细条食之，名曰'稔转'，以尝此岁五谷新味之始也"。新麦制成的稔转，在另外的文献中又写作"捻转""碾转"等，这种特别的食物用的都是尚未完全成熟的麦穗。《烬宫遗录》同时提及果、麦尝新："四月尝樱桃，以为一岁诸果新味之始。取麦穗煮熟，去芒壳，磨成条食之，名曰捻转，以为一岁五谷新味之始。"

南方人六月早稻开镰，也有尝新之举。如清代湖北石首一带，称六月六为清暑之节，采新谷宰子鸡，名曰尝新。

在南方，立夏

稔转

日是一个专门尝新的节候，这一天可以品尝到一年中最早的收获物，如李子、樱桃、青梅、蚕豆、新茶等。《清嘉录》中说，苏州一带于"立夏日，家设樱桃、青梅、穬麦供神享先，名曰立夏见三新。宴饮则有烧酒、酒酿、海蛳、馒头、面筋、芥菜、白笋、咸鸭蛋等品为佐。蚕豆亦于是日尝新"。

在节令尝新的同时，古代还有"荐新"的习俗。荐新就是以时令新物祭祀祖先，这是历朝历代十分重视的一个节仪，从周代起已成定式。中国素有事死如生的传统，生者在享受自然的时候，也没忘记已进入另一个世界的死者。人们用新的收获物祭奠死者，通过这个方式追思先人。

帝王的庙称为太庙，荐新仪式一般就在太庙举行。各代帝王荐新品物多少有些不同，如宋至清几朝就各有不同。

宋代宫廷中的荐新品物，四季所用多达 50 余种，《宋史·礼志十一》的记述是这样的：孟春荐韭、菘，仲春用冰，季春用笋、含桃；孟夏荐麦，仲月用瓜、来禽，季月用芡、菱；孟秋荐粟、穄、枣、梨，仲秋用酒、稻、筊笋，季秋用豆、荞麦；孟冬荐兔、栗，仲冬荐雁、獐，季冬用鱼。在春、夏、秋三季多以谷物、果蔬作为荐品，冬季因为没有这些收获物，所以改用肉物。

明代荐新礼仪最隆，有节日荐礼，还有月朔之日的荐新。据《明会典》说，明代曾于洪武二年（1369 年）"重定时享，春以清明，夏以端午，秋以中元，冬以冬至，惟岁除如旧"。这是说，一年之中，要按照时令的变化举行五次重大的祭飨荐新仪式。到了洪武三年（1370 年），又重申"诸节致祭，月朔荐新，其品物视元年所定"（《明史·礼志六》）。明代太庙月朔日的荐新品物，据《明史·礼志五》的记述是：

正月　韭、荠、生菜、鸡子、鸭子；

二月　水芹、蒌蒿、苔菜、子鹅；

三月　茶、笋、鲤鱼、鳖鱼；

四月　樱桃、梅、杏、鲥鱼、雉；

五月　新麦、王瓜、桃、李、来禽、嫩鸡；

六月　西瓜、甜瓜、莲子、冬瓜；

七月　菱、梨、红枣、蒲萄；

八月　芡、新米、藕、茭白、姜、鳜鱼；

九月　小红豆、栗、柿、橙、蟹、鳊鱼；

十月　木瓜、柑、橘、芦菔、兔、雁；

十一月　荞麦、甘蔗、天鹅、鹔鹴、鹿；

十二月　芥菜、菠菜、白鱼、鲫鱼。

清代的荐新礼仪，与明代区别不大，只是荐新品物有些不同。据《清史稿·礼志四》的记载，清廷的荐新品物是这样的：

正月　鲤鱼、青韭、鸭蛋；

二月　莴苣、菠菜、小葱、芹菜、鳜鱼；

三月　王瓜、蒌蒿、芸薹、萝卜、茼蒿；

四月　樱桃、茄子、雏鸡；

五月　桃、杏、李、桑葚、蕨香、瓜、子鹅；

六月　杜梨、西瓜、葡萄、苹果；

七月　梨、莲子、菱、藕、榛仁、野鸡；

八月　山药、栗实、野鸭；

九月　柿、雁；

十月　松仁、软枣、蘑菇、木耳；

十一月　银鱼、鹿肉；

十二月　蓼芽、绿豆芽、兔等。

不仅帝王们用荐新的仪礼祭祖，平民百姓也毫不含糊，每至年节，他们也要设法在祖宗灵前摆几盏时新品物。《大学衍义补·明礼乐·家乡之礼》引用程颐的话说：古时"家必有庙，庙必有主。月朔必荐新，时祭用仲月。冬至祭始祖，立春祭先祖"。一般人家，都是在家庙祭祖，贫者无庙也有祖龛之类。清人阮葵生《茶余客话·庶人家祭》提道，"凡庶人家祭之礼，于正寝之北为龛，奉高曾祖祢神位，岁逢节序荐果蔬新物"。

我们知道，平民的荐新是模仿帝王的做法，当然这上下不同阶层的排场是不能相提并论的。后来寒食节或清明节成了一般百姓最固定的荐新仪节，如徐达源在《吴门竹枝词》中说："相传百五（寒食）禁厨烟，红藕青团各荐先。"

　　不论尝新还是荐新，表现的都是人们面对收获的喜悦心情。瓜蔬果谷，都可以是尝新的对象，都可作为荐新的品物。用不着肥肉厚酒，用不着复杂的烹调，尝新完全是为了享受大自然带给人们的清新。人们还将这清新奉献给故世的祖先，荐新的仪礼于是就成了我们中华民族一个非常久远的传统。

四、五味、五谷与保健

　　饮食的一个重要目标是保健。明代人陈继儒的《养生肤语》，论及饮食与健康的关系，他说："人生食用，最宜加谨，以吾身中之气由之而升降聚散耳。何者？多饮酒则气升，多饮茶则气降；多肉食、谷食则气滞，多辛食则气散，多咸食则气坠，多甘食则气积，多酸食则气结，多苦食则气抑。修真之士，所以调燮五脏、流通精神，全赖酌量五味，约省酒食，使不过则可也。"

　　在古人看来，饮食五味不仅给人的口舌带来直接的感受，而且对人的肌体有重要的调节作用。五味调和不当，摄入不当，不仅使人的味觉感到不适，而且会危害身体的健康。所以早在周代，王室已设食官一职，负责周王的饮食保健。当时对食疗、食补和食忌有了一定的认识，初步总结出了一些基本的配餐原则。随着饮食品种的增加和烹调技艺的发展，人们对食物的作用有了更全面的认识，了解到饮食不仅仅有充饥解渴和愉悦心志的作用，它还有相反的一面。尤其是一些美味佳肴，有时吃了以后并没有益处，于是人们得出了"肥肉厚酒，务以自强，命曰烂肠之食"的结论。美味不仅有可爱的一面，也有可恨的一面，有了许多的教训之后，才知不可不慎了。好东西是要吃的，但要根据身体情况，不可没有节制，吃多了尽管美了口舌而苦了身体，弄不好还要影响到寿命，得不偿失。

　　春秋时齐国有位神医秦越人，也就是扁鹊，相传中医诊脉之术就是他的发明。据唐孙思邈《千金食治》所述，扁鹊还是一位较早阐明药食关系的人，他说："安身之本，必资于食；救疾之速，必凭于药。不知食宜者，不足以存生也；不明药忌者，不能以除病也。斯之二事，有灵之所要也，若忽而不学，诚可悲夫！是故食能排邪而安脏腑，悦神爽志，以资血气。若能用食平疴，释情遣疾者，可谓良工。长年饵老之奇法，极养生之术也。夫为医者，当须先洞晓病源，知其所犯，以食治之；食疗不愈，然后命药。"其中蕴含的道理是：人生存的根本在于饮食，不知饮食适度的人，不容易保持身体健康。饮食可以健康肌体，可以悦神爽志，也可以用于治疗疾病。一个好的医生，首先要弄清疾病产生的根源，以食治之，如果食疗不愈，再以药治之。扁鹊所说的食疗原则，历来为中医学所采用，形成了一种优良的传统。

扁鹊之后的时代，食疗理论又有很大发展。成书于战国时代的《黄帝内经·素问》，系统地阐述了一套食补食疗理论，阐明了五味与保健的关系，奠定了中医营养医疗学的基础。

例如《素问·藏气法时论》，将食物区别为谷、果、畜、菜四大类，即所谓五谷、五果、五畜、五菜。五谷指黍、稷、稻、麦、菽，五果即桃、李、杏、枣、栗，五畜为牛、羊、犬、豕、鸡，五菜即葵、藿、葱、韭、薤。这里所说的"五"，应当是一种泛指，不一定是具体的五种。这四大类食物在饮食生活中的作用和所占的比重，《素问》有十分概括的阐述，即所谓"五谷为养，五果为助，五畜为益，五菜为充"。也就是说，以五谷为主食，以果、畜、菜作为补充。这个说法符合中国古代的国情，符合食物资源的实际，表现出东方饮食结构的鲜明特点。直到今天，中国绝大部分人的食物构成仍是这样一个固定模式，这是较早成熟的农业经济发展的必然结果。

古人对五谷的偏爱，也得力于对自然的观察与总结。《大戴礼·易本命》中说："食水者善游能寒，食土者无心而不息，食木者多力而拂，食草者善走而愚，食桑者有丝而蛾，食肉者勇敢而捍，食谷者智惠而巧，食气者神明而寿，不食者不死而神。"神本无形，当然无须饮食。这段话的意思是说，各种动物的本性之所以不同，主要是由各自食性的不同所决定的，人类之所以聪慧智巧，超出一切动物之上，就因为是以五谷为主食。

按照现代营养学观点，谷物中的主要成分是淀粉和蛋白质，豆类还含有较多的脂肪。人体热能主要来源于糖和脂肪，而生长修补则靠蛋白质，谷豆类食物可以基本满足这些要求，这也就是古人"五谷为养"所包含的内容。动物蛋白有优于植物蛋白的特点，动物类食品对提高热量和蛋白质的供应提供了一条辅助途径。蔬菜水果类有多量无机盐和多种维生素，又有纤维素促进消化液分泌和肠胃蠕动。由此看来，《素问》的营养理论还真是科学合理的。

按照中医学理论，饮食之物都有温、热、寒、凉、平的性味，还有酸、苦、辛、咸、甘的气味。五味五气各有所主，或补或泻（解），为体所用。《素问·六节藏象论》中说："嗜欲不同，各有所通。天食人以五气，地食人以五味。五气入鼻，藏于心肺，上使五色修明，音声能彰。五味入口，藏于肠胃。味有所藏，以养五气，气和而生，津液相成，神乃自生。"人的容颜、声音、神采都与五味五气的摄入相关。

《素问·生气通天论》有一则专论五味之于人体五脏的关系：阴精的产生，来源于饮食五味。储藏阴精的五脏，也会因五味而受伤，过食酸味，会使肝气淫溢而亢盛，从而导致脾气的衰竭；过食咸味，会使大骨劳损，肌肉短缩，心气抑郁；过食甜味，会使心气满闷，气逆作喘，颜面发黑，肾气失于平衡；过食苦味，会使脾气过燥而不濡润，从而使胃气滞；过食辛味，会使筋脉败坏，发生弛纵，精神受损。因此谨慎地调和五味，能使骨骼强健，筋脉柔和，气血通畅，腠理致密，这样，骨气就精强有力。所以，重视养生之道，并且依照正确的方法加以实行，就会长期保有天赋的生命力。

可见偏食一味，有筋骨受损、脾胃不和、肝肾不舒、心血不畅、精神不振之虞，性命攸关。《素问·五藏生成》也谈到偏食一味的害处：多食咸则脉凝泣而色变，多食苦则皮槁而毛拔，多食辛则筋急而爪枯，多食酸则皮肉粗糙皱缩而唇枯，多食甘则骨痛而发落。此五味之所伤也。故心欲苦、肺欲辛、肝欲酸、脾欲甘、肾欲咸，此五味之所合也。

不慎五味之所和，必被五味之所伤。五味之所入，据《素问·宣明五气》中说，是"酸入肝，辛入肺，苦入心，咸入肾，甘入脾"，知道了这些以后，身体稍有不适，就要忌口禁食某些食味，防止给身体造成更大的伤害，这就是"五味所禁"。其具体内容是："辛走气，气病无多食辛；咸走血，血病无多食咸；苦走骨，骨病无多食苦；甘走肉，肉病无多食甘，酸走筋，筋病无多食酸。"

五味所以养五脏之气，病而气虚，所以不能多食，少则补，多则伤。五味各有独到的治疗功能，据《素问·藏气法时论》所说，为"辛散、酸收、甘缓、苦坚、咸软"。谷粟菜果都有辛甘之发散、酸苦咸之涌泄的效用，这就进一步说明了这样的道理：食物不仅可以果腹，给人以营养，而且都有良药之功，可以用于保健。《素问·藏气法时论》列举的五味保健的原则是：肝色青，宜食甘，粳米、牛肉、枣、葵皆甘。心色赤，宜食酸，小豆、犬肉、李、韭皆酸。肺色白，宜食苦，麦、羊肉、杏、薤皆苦。脾色黄，宜食咸，大豆、豕肉、栗、藿皆咸。肾色黑，宜食辛，黄黍、鸡肉、桃、葱旨辛。这里将五谷、五畜、五果、五菜的性味都阐发出来了，其主要理论基本为现代食疗学所继承。《内经·素问》为假托黄帝之名而作，从它的思想体系分析，人们认为它同战国时的道家和阴阳五行家有密切的关系。不过我们引述的五味健身的理论，经现代医学的检验，应当说是正确的，是可取的，它也是历代医家所奉的圭臬。

现代食疗理论对五味与健身的关系，基本上继承了《内经》的学说，又有了丰富与发展，也更加科学化了。其主要内容是：

（1）辛味具宣散、行气血、润燥作用，用于治疗感冒、气血瘀滞、肾燥、筋骨寒痛、痛经等症，典型饮品有姜糖饮、鲜姜汁、药酒等。

（2）甘味有补益、和中、缓急等作用，用于虚症的营养治疗。如糯米红枣粥可治脾胃气虚，羊肝、牛筋等可治头眼昏花、夜盲等症。

（3）酸涩味有收敛固涩作用，可用于治疗虚汗、泄泻、尿频、遗精、滑精等症。如乌梅能涩肠止泻，加白糖可生津止渴。

（4）苦味具有泄、保、坚的作用，用于治疗热、湿症。如苦瓜可清热、明目、解毒。

（5）咸味有软坚、散结、润下的作用，用于治疗热结不利等症。如海带咸寒，能消痰利水，治痰火结核。

一般凡属辛、甘、湿、热的阳性食物，大多有升浮作用，有升阳、益气、发表、散寒功用。凡属酸、苦、咸、寒、凉的阴性食物，则多有沉降作用，有滋阴、潜阳、清热、降逆、收敛、渗湿、泻下功用。普通食者不大了解各类食物的性味，读了《内经》也许会弄得不知如何动筷子，不知吃什么才好。其实日常饮食，只要不偏食某味，不要吃得太杂太多，是不会对身体造成什么损害的。食物的性味大多比较平和，短期内偏食某种食物，也不致吃出什么毛病来。当然在身体有了毛病时，或者体质本来就不大强壮，饮食还是注意一些为好。古今人的经验，许多是由教训中得出的，而饮食保健的许多原则，又是数千年无数人一口一口吃出来的，虽不是全都有值得传承的价值，但总的理论体系还是值得肯定的，过去有存在的价值，现在和将来依然也有价值。

五、以食当药

饮食既能养生，又可疗疾，但有时也会造成病痛与死亡，这些道理早在野蛮时代便为人们所懂得。然而这些知识要上升为科学，却不知经历了多少个世纪。到了唐代，出现了专门研究食疗的学者和著作，一个新的学科逐渐形成了。

唐初医药学家孙思邈，少时因病而学医，不求功名，一心致力医药学研究。他著有《千金方》和《千金翼方》等，被后人尊为"药王"。孙思邈的这两部著作有专章论述食疗食治，对食疗学的发展产生了深远的影响。

《千金方》又名《备急千金要方》，全书三十卷，第二十六卷为食治专论，后人称之为《千金食治》。之所以名为"千金"，是因为有一方药值千金之义，孙氏自谓"人命至重，贵于千金，一方济之，德逾于此"。《千金食治》的序论部分谈到了食疗的必要性，孙思邈援引东汉名医张仲景的话说：人们平时不必妄用药物，否则会影响肌体内的平衡。孙思邈认为，人安身的根本，在于饮食；疗疾要见效快，就得凭于药物。不知饮食之宜的人，不足以长生；不明药物禁忌的人，没法给人解除病痛。这两件事至关重要，如果忽视了，那就实在太可悲了。饮食能排除身体内的邪气，能安顺脏腑，悦人神志。如果能用食物治疗疾病，那就算得上是良医。作为一个医生，先要摸清疾病的根源，知道它给身体的什么部位会带来危害，以食物疗治。只有在食疗不愈时，才可用药。孙思邈还谈到饮食不当可能会危害人体健康，提倡少吃一些佳肴，要注意选择对人体有益的食物。他告诫人们，平日里的饮食，要注意节俭，若是贪味多餐，对着饭碗饱食，食完觉胀肚短气，有可能得暴疾，或有霍乱之害。夏至以后，直至秋分时节，饮食必须慎肥腻、饼臛、酥油之类，这些东西与酒浆瓜果性类相仿。一个人身体所以多患疾病，皆由春夏冷食太过和饮食不加节制引起。他既谈到一些配餐禁忌，也谈到饮食与季节的关系，尤其节食一说，包含着极富哲理的内容。

《千金食治》分"果实""菜蔬""谷米""鸟兽"几篇，详细叙述了各种食物的药理与功能。"果实"篇述及槟榔、豆蔻、蒲桃、覆盆子、大枣、生枣、藕实、鸡头实、栗子、樱桃、橘柚、梅实、柿、木瓜实、甘蔗、芋、杏仁、桃仁、李仁、梨、安石榴、胡桃等20多种果类。孙思邈提倡多食大枣、鸡头实、樱桃，说它们能使人身轻如仙。告诫不可多食者有：梅，坏人牙齿；桃仁，令人发热气；李仁，令人体虚；安石榴，损人肺脏；梨，令人生寒气；胡桃，令人呕吐，动痰火。食杏仁尤应注意，孙思邈引扁鹊的话说，杏仁"不可久服，令人目盲，眉发落，动一切宿病"，不可不慎。

"菜蔬"篇记有包括枸杞叶、瓜子、越瓜、胡瓜、早青瓜、冬葵子、苋菜实、小苋菜、苦菜、荠菜、芜菁、薤、芥菜、苜蓿、葱实、韭、海藻、白蒿、藿、蒓、小蒜、茗叶、苍耳子、食茱萸、蜀椒、干姜、芸薹、竹笋、茴香菜等在内的菜有50多种。孙思邈说，越瓜、胡瓜、早青瓜、蜀椒不可多食，而苋菜实和小苋菜、苦菜、苜蓿、薤、白蒿、茗叶、苍耳子、竹笋均可久食，令人身轻多力，可延缓衰老。

"谷米"篇记谷物及其酿造制品20余种，包括薏苡仁、胡麻、白麻子、青小豆、大豆豉、大小麦、青粱米、白黍米、秫米、酒、扁豆、粳米、糯米、酢、荞麦等，食盐也附在其中。孙思邈说：久食薏苡仁、胡麻、白麻子、大麦、青粱米益力长肌，轻身长年；而久食赤小豆令人肌肤枯燥，白黍米和糯米令人烦热；多食盐损筋力，肤色黑。

"鸟兽"篇记述了包括虫鱼在内的动物及乳品40余种，有人乳、马牛羊猪驴乳、马牛羊酪、醍醐、熊肉、青羊胆汁、狗脑、猪肉、鹿头肉、獐骨、麋脂、虎豹肉、兔肝、鸡、石蜜、蝮蛇肉、鲤、鳖、蟹等。其中乳酪制品对人大有补益；石蜜久服，强志轻体，益寿延年；腹蛇肉泡酒饮，可疗心腹痛；乌贼鱼也有益气强志之功，鳖肉食后能治脚气。

《千金翼方》是为补《千金方》的不足而写的，两书宗旨相同，内容相近。《千金翼方》还特别提到与饮食相关的养老之术，在今天也颇有可取之处。

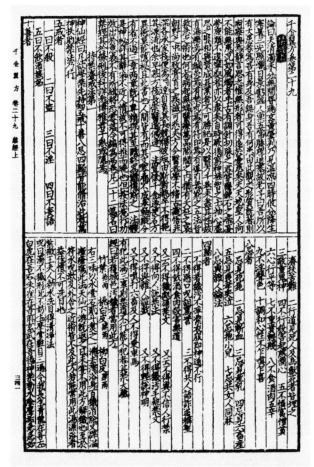

《千金翼方》（元大德本）书影

孙思邈说："一日之忌者，暮无饱食；一月之忌者，暮无大醉；一岁之忌者，暮须远内；终身之忌者，暮常护气。夜饱损一日之寿，夜醉损一月之寿，一接损一岁之寿，慎之。"主张晚餐要不饱不醉，否则难得长寿。孙思邈对养生之道很有研究，他主张"醉勿食热，食毕摩腹能除百病"。又说"热食伤骨，冷食伤肺。热无灼唇，冷无冰齿"。他还创立了"食后将息法"：早晨吃罢点心，即刻自己用热手摩腹，出门外散步一会儿，用以消食。午餐后，也以热手摩腹，并慢慢散一会儿步，不要走得太急。然后回屋仰卧，四肢伸展开来，但不可入睡。待气定之后，就起身端坐，吃上五六颗酥煎枣，喝半升人参、茯苓或甘草饮料。吃饱了不要快速运动，觉得饥饿时不可大言大语。感到腹空就要找吃的充饥，不能忍饥。孙思邈说："如此将息，必无横疾。"这虽都是经验之谈，不过想想孙思邈活了100多岁，我们满可以放心地接受他的养生学说了。

　　在孙思邈门下有一位著名的医药学家孟诜，也是一位寿星。孟诜写了中国第一部食疗学专著《神养方》。后来，由其弟子张鼎做了一些增补，易名《食疗本草》，共载食疗方227条。但此书早已散佚。1907年，英国

在敦煌发现的《食疗本草》残卷

人斯坦因在敦煌莫高窟中找到了《食疗本草》残卷，是一个很重要的发现。该书的许多内容散见于其他一些唐宋医籍中，近代许多学者进行了辑佚，出版了比较完备的辑本。本书集药用食品于一册，在每种食物名下均注明药性、服食方法及宜忌等项，特别对有些食物多食或偏食可能招致的疾患，也都一一标明。所列基本上包括了《千金食治》所提到的那些食物，并另有许多发现。

唐代末年，四川名医咎殷写成《食医心鉴》一书，也是食疗专著，不过又有创新。可惜的是此书也早已散佚，现仅存辑本。书中不像过去的食疗著作那样，只介绍单味食物的治疗作用，而是以病症分类，每类中开列数方或数十方。现存食疗方分 16 类，即：中风疾状食治诸方，浸酒茶药诸方，治诸气食治诸方，论心腹冷痛食治诸方，论脚气食治诸方，论脾胃气弱不多下食食治诸方，论五味噎病食治诸方，论消渴饮水过多、小便无度食治方，论水肿诸方，论七种淋病食治诸方，小便数食治方，论五痢赤白肠滑食治诸方，论五种痔病下血食治诸方，论妇人妊娠诸病及产后食治诸方，小儿诸病食治诸方，余方散见第 16 类。

咎殷在论述每类疾病之后，具体介绍食疗处方，这些食方剂型包括粥、羹、菜肴、酒、浸酒、茶方、汤、乳方、丸、脍、散等，选用食物以稻米、薏仁、大豆、山药、羊肉、鸡肉、猪肝、鲤鱼、牛乳最为常见。这可以称为初级药膳，如治心腹冷痛用桃仁粥，治五痢用鲫鱼脍，治痔疮用杏仁粥，治产后虚症用羊肉粥等。

唐代其他一些医学著作中，也有记载食疗内容的。由于许多食疗方都不过是经验之谈，免不了包含一些不符合科学的内容，甚或会有一些荒诞不经的内容，这些都不足为怪。我们只要用历史的眼光去看待，这些都不难理解。

唐人讲究食疗食治，并不只限于医药学家们，事实上食疗在唐代已成为一种比较普遍的学问，一些基本的常识可能为一般大众都掌握了。对于上层社会来说，饮食与性命攸关，有关食疗的一些道理，权贵们决不会置之不理的。例如，唐代有口蜜腹剑之称的宰相李林甫，他的一个女婿郑平，是个户部员外郎，经常住在李宅中。一天，李林甫到郑平住处看望自己的女儿，正好女婿在梳理头发，他一眼就看出女婿头上有白发，随口就说："要有甘露羹吃了，即使满头白发也能变得乌黑。"没想在第二天，皇上派人赐食李林甫，送来的食物中就有甘露羹。李林甫将这甘露羹转送与郑平吃了，后来郑平的白发还真的变黑了。

六、以药当餐

药膳这个词，是近些年才出现的，而且有愈来愈火的趋势。但药膳的形式，在古代很早就有了。药膳是以药入食，中医营养学理论不认为食物与药物之间有什么明显的界限，不过在量的取用上区别却是明显的。食物每日不可缺少，药物却不是这样，一般是有病才用药，剂量要求很严格。以药入食，主要还是为了使味道大多不佳的药物具备诱人的味道，变用药为用餐的方式，达到防病、保健、治病和康复的目的。

大约从唐朝末年开始，一些食疗著作已不满足于探讨单味食物的治疗保健作用，开始了复合方剂的研制，出现了一种新的医疗体系，具有现代意义的药膳出现了。药与膳的结合，将古代食疗学又推向了一个新的发展阶段。

到宋代时，药膳又有发展，应用也更加广泛。北宋初年编定的《太平圣惠方》及稍后成书的《圣济总录》，是两部重要的医药巨著，都分别有几卷专论食治。两书所列食疗方大多属药食共煮的药膳形式，分粥方、羹方、饮方、饼方、肉方等多种。

宋代还有专为老年人写成的食疗专著。曾任县令的陈直，就撰有《养老奉亲书》一卷，为老年保健提供了许多食疗方。至元代又有邹铉的增补本，共四卷，更名为《寿亲养老新书》。《养老奉亲书》分饮食调治、医药扶持、四时养老、食治养老、食治老人诸疾方、简妙老人备急方几部分，陈直在"序"中说："人若能知其食性，调而用之，则倍胜于药也。缘老人之性，皆厌于药而喜于食，以食治疾胜于用药。况是老人之疾，慎于吐痢，尤宜用食以治之。凡老人有患，宜先食治，食治未愈，然后命药，此养老人之大法也。"这应当是陈直撰写该书的初衷之一。

这里还要提一下南宋林洪的《山家清供》，在这本难得的烹饪专著中，有一半的篇幅与食疗有关。他在叙述一些风味食品时，指出了它们的主要治疗功用。如"松黄饼"，取松花粉和熟蜜做饼，香味清甘，能壮颜益志延年。又如"酥琼叶"，实际就是酥炸馒头片，有止痰化食之功。再如"拨霞供"，本是火锅涮兔肉，能补中益气。有趣的是，本来是极平常的饮食，林洪却给它们取了一个个高雅的名号，如所谓金玉羹、广东寒糕、进贤菜、通神饼等，让人闻其名必欲品其味。

元代宫廷饮膳太医忽思慧，著有《饮膳正要》三卷，主要叙述元代贵族食谱和饮食宜忌等内容。有研究者认为，该书是为帝王及贵族写的，是为了告诉他们如何在享乐中养生，如何以食疗疾，这当然是有道理的。不过其中的奥妙也未必只有贵族们才能体味出来，起码忽思慧所提到的一系列饮食原则对普通大众也都是适用的。

忽思慧在他著作的前言中说："虽饮食百味，要其精粹，审其有补益助养之宜、新陈之异、温凉寒热之性、五味偏走之病。若滋味偏嗜，新陈不择，制造失度，俱皆致疾。可者行之，不可者忌之。如妊妇不慎行，乳母不忌口，则子受患。若贪爽口忘避忌，则疾病潜生而中不悟。百年之身，而忘于一时之味，其可惜哉！"说饮食如药，性味不同，弄得不好，不仅无益，反而给身体造成危害。

在"养生避忌"一节中，忽思慧较全面地阐述了自己关于人体保健方面的见解。他说："善服药者不若善保养，不善保养，不若善服药。"指出治病首先要防病。接着他又说："善摄生者，薄滋味，省思虑，节嗜欲，戒喜怒，惜元气，简言语，轻得失，破忧阻，除妄想，远好恶，收视听，勤内固，不劳神，不劳形，形神既安，病患何由而致也？故善养性者，先饥而食，食勿令饱；先渴而饮，饮勿令过；食欲数而少，不欲顿而多（意为少吃多食）。盖饱中饥，饥中饱，饱则伤肺，饥则伤气。若食饱不得便卧，即生百病。"他强调了身体与精神两个方面的保健，这是很难得的，也是极科学的。

忽思慧还提出了一系列具体的饮食保健措施，如：凡热食有汗，不能当风坐卧，易患痉病、头痛、目涩、多睡；食毕即以温水漱口，令人无齿疾口臭；不饮空腹茶，不吃申后粥，申指下午三点至五点；饮食"朝不可虚，暮不可实"。这与现代科学提倡的"早晨要吃饱，晚上要吃少"的原则完全一致。烂煮面，软煮肉。少饮酒，独自宿。

忽思慧的书中既开列有奇珍异馔，也有许多保健饮食方和食疗方，还有抗衰老的药膳以及食物中毒缓解方法。在最后一卷，分列着各种食物的性味、疗效及禁忌。饮食禁忌也是很早就产生的一门学问，随着人们对各类食物的性味的认识不断加深，它的内容也越来越丰富，越来越庞杂。这门学问对统治者的重要程度，远远超过了平民百姓，实际上这门学问之所以能发展起来，也多半是为了适应统治者需要。

现代热门的药膳，重要的也不外乎是粥食、面点、羹汤和菜肴，市肆上推出的以菜肴为主，并出现了专营药膳的餐馆。常用的药膳有虫草鸭子、白果全鸡、黄芪炖鸡、米酒炒田螺、莲子猪肚、杜仲爆羊腰、百合粥、荷叶粥、马齿苋粥、茯苓饼、山药糕、当归羊肉羹、山药奶油羹等。许多病症都有药膳验方，许多人都在关心食疗，对此有比较深入的了解。不少医生与厨师也在不断开发新的药膳品种，出版了一些药膳食谱。

药膳虽好，不过在推广上有一些问题。如我国《食品安全法》规定，生产经营的食品中不得添加药品，但是可以添加按照传统既是食品又是中药材的物质。国家有关部门公布了既是食品又是药品的中药名字，如刀豆、大枣、干姜、山药、山楂、枸杞子、桂圆、百合、花椒、红小豆、苦杏仁、昆布、莲子、木瓜、乌梢蛇、酸枣仁、甘草、罗汉果、肉桂、决明子、砂仁、白芷、菊花、藿香、丁香、白果、香橼等。当然还有更多的已入药膳却没有合法身份的中药，如何进一步合理地开发，是有关专家正在探讨的课题。

药膳在国外也有，甚至还比较盛行，称为保健食品或健康食品。有趣的是，国外的保健食品中所采用的药物原料不少却是取自中药，有人参、枸杞、红花、薏苡、枇杷、柿叶、葛根、大蒜等。

　　700多年前马可·波罗从中国带到欧洲的不少保健食品，现今仍然畅行欧美大地。如法国的"哈姆茶"，就是中药紫苏叶制成的茶，紫苏有和胃理气、消食解毒之功，原配方载于晋代《肘后方》。还有流行意大利的"大黄酒"，原配方见于唐代孙思邈的《千金方》。对这种食用苦酒，去欧洲的旅行者都要品尝，酒含泻药，开目、消食、通肠。欧美有名的"杜松子酒"，主料为中药柏子仁，原配方载于元代《世医得效方》。这种酒养心安神，被称为"健酒"。欧美市场上还有许多我国其他的传统保健饮品和食品，如菊花酒、竹叶酒、五加皮酒、人参酒、枸杞酒、木瓜酒、鸡蛋酒、蜂蜜酒、乌龙茶、橘皮茶、茯苓饼、八珍糕、薄荷糖、松子糖、姜汁糖、话梅和药橄榄等。中国的药膳药饮，越来越多地涌入国际市场，进入越来越多的西人的饮食生活中。

　　说到饮食禁忌，元代的贾铭写过一部《饮食须知》，不可不提及。该书共八卷，专论饮食的性能与禁忌。该书将食物分为谷物、菜蔬、瓜果、调味品、水产、禽鸟、走兽七类，另外还有相关的水火一类，每类立一卷，分别叙述各类食物的禁忌。

　　在水火卷中，列有雨水、井水、冰水、海水、露水、开水、艾火等项。据贾铭说：腊雪水密封阴凉处，数年不坏，腌藏一切果实，永不会被虫蛀。他还说，人不可饮半滚水，令肚胀，损元气；酒中饮冷水，令人手颤；酒后饮冷茶，易成酒癖。

　　在谷物卷，列米豆类共30多种。其中提到胡麻蒸制不熟，食后令人脱发；绿豆共鲤鲊久食，令人肝黄；豆花可解酒毒。

　　菜蔬卷列家蔬野菜共70多种，贾铭说：葱多食令人虚气上冲，损头发，昏人神志；大蒜多食生痰，助火昏目；秋后食茄子损目，同大蒜食发痔漏；刀豆多食令人气闷头胀；绿豆芽多食发疮动气；黄瓜多食损阴血，生疮疥，令人虚热上逆。

　　瓜果卷列果品瓜类共50余种。贾铭认为：杏子不益人，生食多伤筋骨，多食昏神，发疮痛，落须眉；生桃损人，食之无益；枣子生食令人热渴膨胀，损脾元，助湿热；柿子多食发痰，同酒食易醉；樱桃多食令人呕吐，伤筋骨，败血气；西瓜胃弱者不可多食，作吐利；椰子浆食之昏昏如醉，食其肉则不饥，饮其浆则增渴。

在调味品卷，贾铭指出：盐多食伤肺发咳，令人失色损筋力；麻油多食滑肠胃，久食损人肌肉；川椒多食，令人乏气伤血脉；茶久饮令人瘦，去脂肪。

水产卷中列有鱼类等60多种，贾铭说：鲟鱼多食动风气，久食令人心痛腰痛；鳖肉同芥子食，生恶疮；淡菜多食令人头目昏闷，久食脱人发；海虾同猪肉食，令人多唾。

在禽鸟卷和走兽卷共列动物70多种，主要禁忌例子有：鸭肉滑中，发冷利，患脚气之人忌食；燕肉不可食，损人神气；鸳鸯多食，令人患麻风病；狗肉同生葱蒜食损人，炙食易得消渴疾；驴肉多食动风，同猪肉食伤气；兔肉久食绝人血脉，损元气，令人痿黄；误食老鼠骨，令人消瘦。

读完《饮食须知》，似乎让人有些不知所措了，这也不能吃，那也不能尝，好像吃什么都会有副作用。但我们应当明白，贾铭着重讲的是禁忌，主要是对那些身体不大健康的人说的，常人大可不必谨小慎微。再说，一般的食物性味都比较平和，不会对人造成多大的伤害。

流传至今的伟大的医药学著作，当推明代李时珍所撰的《本草纲目》。作者历27年之久，阅书800余种，三易其稿而成此书，共收入中药1892种，验方10 000多个，近200万字。书中所列的食物类药品达518种之多，搜罗了许多食疗方剂和药膳配方，也有不少饮食禁忌方面的内容，其中多是采纳前人的成就，李时珍可称为集大成者。有兴趣翻翻这部巨著，往往能

《本草纲目》书影

得到不少教益。

七、酒中三昧

唐代很多文人嗜酒特甚，所吟诗文也特别多，或可立出一门"酒文学"来，极有欣赏价值。初唐的王绩，算得是一个酒文学先锋。王绩长期弃官在乡，纵酒自适。他所作诗文多以酒为题材，其中有一篇《醉乡记》，将历来的嗜酒文人称作酒仙，以为榜样，文中说："醉之乡，去中国不知其几千里也。其土旷然无涯，无丘陵阪险；其气和平一揆，无晦明寒暑；其俗大同，无邑居聚落；其人甚精，无爱憎喜怒，吸风饮露，不食五谷。……阮嗣宗、陶渊明等数十人并游于醉乡，没身不返，死葬其壤，中国以为酒仙云。嗟乎，醉乡氏之俗，岂古华胥氏之国乎？何其淳寂也！如是，予得游焉。"王绩还有一首《过酒家》云："此日长昏饮，非关养性灵。眼看人尽醉，何忍独为醒。"这里依稀闪现着魏晋名士们的影子。阮籍为了酒，自请为步兵校尉，而王绩得知太乐署史焦革家善酿酒，求为太乐丞，与焦革成为酒友。焦革死后，他追求其家酿之法，撰成《酒经》一书，可惜已经失传。

有了"酒仙"的美称以后，酒仙便层出不穷地涌现出来。唐代中期就有"酒八仙"之说，称嗜酒的贺知章、李琎、李适之、崔宗之、苏晋、李白、张旭、焦遂八人为酒仙。大诗人杜甫所作《饮中八仙歌》，概略述及了八仙的酒事，歌中说：

> 知章骑马似乘船，眼花落井水底眠。
>
> 汝阳三斗始朝天，道逢曲车口流涎，恨不移封向酒泉。
>
> 左相日兴费万钱，饮如长鲸吸百川，衔杯乐圣称避贤。
>
> 宗之潇洒美少年，举觞白眼望青天，皎如玉树临风前。
>
> 苏晋长斋绣佛前，醉中往往爱逃禅。
>
> 李白一斗诗百篇，长安市上酒家眠。
>
> 天子呼来不上船，自称臣是酒中仙。
>
> 张旭三杯草圣传，脱帽露顶王公前，挥毫落纸如云烟。

焦遂五斗方卓然，高谈雄辩惊四筵。

知章即贺知章，也是一位诗人。官至秘书监，后还乡隐居为道士，他的晚年尤为放诞，遨游里巷，每醉后就动笔写诗文，只是不曾刊布。汝阳指李琎，唐睿宗孙子，受封汝阳王，家有酒法，名为《甘露经》，自称为"酿王兼曲部尚书"。李适之本是唐宗室大臣，贵为宰相。他十分好客，饮酒至斗余不乱。杜甫说的"衔杯乐圣称避贤"，指的是李适之所写《罢相作》一诗："避贤初罢相，乐圣且衔杯。为问门前客，今朝几个来？"崔宗之、苏晋的事迹，史籍记载不详，他们的酒事只见于杜甫的诗。张旭是唐代大书法家，官至金吾长史。精书道，以草书最知名。每大醉之后，呼叫狂走一气，然后才下笔，或以头发濡墨而书，"逸势奇状，连绵回绕"，醒后自视，以为神来之笔，不可复得，世呼为"张颠"。焦遂乃口吃之人，平时结结巴巴，说出口的话难得有一句别人听得明白。可是等到饮醉之后，却能高谈阔论，应答如流，真是怪事。

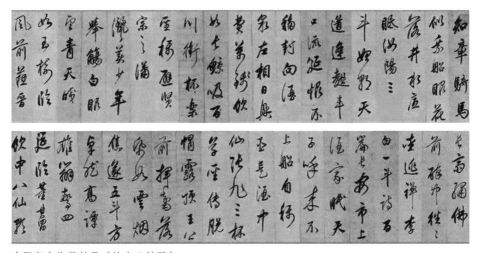

康熙皇帝临董其昌《饮中八仙歌》

嗜酒八仙中最著名的当然还是李白。李白在42岁时，由道士吴筠推荐，到了长安，唐玄宗李隆基命他供奉翰林。有一次，李白与酒友醉倒市中，恰巧皇上心有所感，诏令李白作乐章，李白援笔即成，婉丽精切，皇上大加赞赏。他有时还醉倒在皇帝的御宴上，曾让宦官高力士为他脱靴。这高力士非一般的内侍，极受唐玄宗和杨玉环贵妃的宠信。为李白脱靴，高力士感到遭受莫大污辱，于是他让杨贵妃在玄宗面前进谗言，说李白的坏话。李白渐被疏远，知道自己不会被重用，于是恳求还山，开始了浮游四方的人生旅程。

李白爱酒，他的酒诗也相当多。他的酒诗中有许多名篇，《月下独酌》就是佳作之一：

> 花间一壶酒，独酌无相亲。举杯邀明月，对影成三人。……
> 三杯通大道，一斗合自然。但得醉中趣，勿为醒者传。……
> 穷愁千万端，美酒三百杯。愁多酒虽少，酒倾愁不来。

还有那一曲千古绝唱《将进酒》，有人认为该诗宣扬了一种及时行乐的消极情绪，实际上也是诗人心灵深处回荡的一曲悲歌：

> 君不见黄河之水天上来，奔流到海不复回。
> 君不见高堂明镜悲白发，朝如青丝暮成雪。
> 人生得意须尽欢，莫使金樽空对月。
> 天生我材必有用，千金散尽还复来。
> 烹羊宰牛且为乐，会须一饮三百杯。……

李白把自己的愁闷痛楚都消释在酒中，没有酒就不会有他的生活。他的《把酒问月》诗，表达的正是一种寄情于酒的愿望："唯愿当歌对酒时，月光长照金樽里。"还有那首《客中行》，也表达了同样的心境：

> 兰陵美酒郁金香，玉碗盛来琥珀光。
> 但使主人能醉客，不知何处是他乡。

传说李白最终因酒而死，那是他在大醉之后，下到采石矶大江中捉月，结果丢了性命。

赞佩酒八仙的杜甫，也是一个不亚于八仙的酒客。杜甫流传至今的酒诗，比起李白的来甚至要多近一倍，有 300 首之数。如《水槛遣心》诗：浅把涓涓酒，深凭送此生。《绝句漫兴》诗：莫思身外无穷事，且尽生前有限杯。诗中所表达的意境，与李白颇有相通之处。

白居易也嗜酒，自称为"醉尹"。他有一篇《酒功赞》，极言饮酒的乐趣，自以为步刘伶《酒德颂》之后。他写道：

> 麦曲之英，米泉之精，作和为酒，孕和产灵。
>
> 孕和者何？浊醪一樽，霜天雪夜，变寒为温。
>
> 产灵者何？清醑一酌，离人迁客，转忧为乐。
>
> 纳诸喉舌之内，淳淳泄泄，醹醐沆瀣；
>
> 沃诸心胸之中，熙熙融融，膏泽和风。
>
> 百虑齐息时乃之德；万缘皆空时乃之功。
>
> 吾尝终日不食，终夜不寝，以思无益，不如且饮。

酒中趣究竟是什么，这些文字多少道出了一些奥秘，主要恐怕就是"百虑齐息""万缘皆空"，酒可使你超脱凡尘，无所思，无所求。白居易认为这正是酒的功德所在。到了67岁时，退居洛阳香山的白居易仍长饮不辍，自名"醉吟先生"，以酒为乐。他作有一篇《醉吟先生传》，描写自己闲而诗，诗而吟，吟而笑，笑而饮，饮而醉，醉而又吟的所谓"陶陶然，昏昏然，不知老之将至"的情态，尽管"须尽白，发半秃，齿双缺，而觞咏之兴犹未衰"。

白居易也深得酒中的奥妙，有《啄木曲》诗为证："不如饮此神圣杯，万念千忧一时歇。"

挚友饯别，美酒一杯，情深意重。王维的《送元二使安西》诗写道：

> 渭城朝雨浥轻尘，客舍青青柳色新。
>
> 劝君更尽一杯酒，西出阳关无故人。

触景生情，举杯相劝，依依难舍之情跃然纸上。

唐代不只文人嗜酒，朝中饮酒也蔚为成风。唐人普遍好酒，与朝廷的倡导不无关系。唐玄宗时朝廷在宫中特筑一大酒池，砌以银砖，泥以石粉，贮三辰酒一万车，预备赐饮当制学士等。这也鼓励文人们饮酒，以酒作为奖赏。

唐代文人饮酒，极重花前月下之酌，李白的《月下独酌》即其一例。它实际上是诗人孤独寂寞境遇的写照，不仅在"月下"，而且为"独酌"，沉闷的心绪因酒而消散，随月而飘去。当然，难免也会有"抽刀断水水更流，举杯销愁愁更愁"的时候，那就很难得到解脱了。

大约从唐代开始，见诸记载的单纯狂饮的酒徒似乎没有过去那么多了，尤其是文人们越来越注重领略酒中趣，不再是一味作乐，饮酒被看成是一种高尚的精神享受。经过唐宋以后文人的总结积累，与"茶道"并行的"酒道"也趋于成熟，这就是所谓"六饮"之说。六饮对饮酒的酒人、地点、季候、情趣、禁忌、娱乐几方面进行了具体探讨，这些主张逐渐成为士大夫们的行为准则。

吴彬《酒政六则》列举出六饮的主要内容：

饮人：高雅、豪侠、真率、忘机、知己、故交、玉人、可儿。

饮地：花下、竹林、高阁、画舫、幽馆、平畴、荷亭。

饮候：春郊、花时、清秋、新绿、雨霁、积雪、新月、晚凉。

饮趣：清谈、妙令、联吟、焚香、传花、度曲、返棹、围炉。

饮禁：华筵、连宵、苦劝、争执、避酒、恶谑、佯醉。

饮阑：散步、欹枕、踞石、分韵、岸巾、垂钓、煮泉、投壶。

其他还有所谓的"春饮宜庭、夏饮宜郊、秋饮宜舟、冬饮宜室、夜饮宜月"等说法，表明了饮者所追求的特定意境。

八、龙团凤饼

承唐代余韵，茶到了宋代，无论种植、采制、饮用都发展到一个新的高峰。茶品辈出，名目繁多，品名高雅，大胜唐时。这些与贡茶制度的进一步发展不无关系。陆羽《茶经》将唐代茶叶产地分为八大区，包括相当于今天的湖北、湖南、河南、安徽、浙江、江西、福建、四川、贵州、广东、广西十一个省区。其中峡州茶、光州茶、湖州茶、彭州茶、越州茶等，名冠一时。建州茶虽十分优良，因陆羽不曾品味，所以没有提及。

贡茶，即是向皇帝进贡新茶。这在唐代时已经形成制度，至宋代愈演愈烈。唐时贡茶只有湖州顾渚的"紫笋"，每年清明，新茶便贡至京师。

宋代贡茶的主要产地之一，是福建建溪的北苑。北苑茶起初亦名紫笋，继又有"研膏""腊面""京铤"等名号。北宋初，宋太祖特派官员到北苑督造团茶。团茶模压成龙凤的样子，称为龙凤茶，习惯上也称为"龙团凤饼"。后来茶模改小，压出的茶称小龙团。此外还有"密云龙"和"白茶"等，一品胜一品。兹择宋代贡茶的主要名号录于次：

白茶　　　试新銙　　　贡新銙　　　龙团胜雪　　御苑玉芽

万寿龙芽　承平雅玩　　龙凤英华　　玉除清赏　　启沃承恩

云叶　　玉华　　寸金　　瑞云翔龙　　长寿玉圭　　小龙

小凤　　大龙　　太平嘉瑞　　龙苑报春　　大凤

北苑贡茶多至 4000 余色，年贡 47 100 多斤，龙团凤饼，名冠天下。丁谓的《北苑茶》一诗这样写道："北苑龙茶著，甘鲜的是珍。四方惟数此，万物更无新。"这个说法应当是符合事实的。

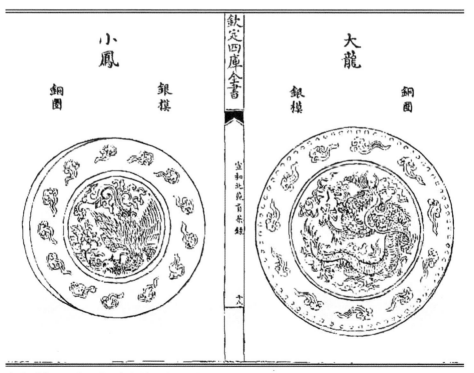

宋代《宣和北苑贡茶录》描绘的龙团凤饼

贡茶再多，皇上也不能拿它当饭吃，所以乐得将那许多饮不尽的饼茶赐给近臣。臣下们得茶，反倒以为这是莫大的恩泽。苏东坡出知杭州时，宣仁皇后特遣内侍赐以龙茶银盒，以示厚爱之意。位不及宰相，是难得这厚爱的。欧阳修为龙图阁学士时，宋仁宗赵祯曾赐给中书、枢密院八大臣小龙团茶一饼，八人高兴得平分而归。这赐茶拿到家中，根本不敢饮用，却当作家宝珍藏起来，等有尊客来访，方才拿出传玩一番，以为荣耀。龙凤大团茶八饼重一斤，龙凤小团茶则是二十饼重一斤，一斤价值黄金二两，正所谓"金可有而茶不可得"，是再贵重不过了，一般人是无缘消受的。北宋文学家王禹偁，有一首描写大臣受赐贡茶的诗《恩赐龙凤茶》，诗中这样写道：

> 样标龙凤号题新，赐得还因作近臣。
>
> 烹处岂期商岭水，碾时空想建溪春。
>
> 香于九畹芳兰气，圆似三秋皓月轮。
>
> 爱惜不尝惟恐尽，除将供养白头亲。

茶学经陆羽首倡，至宋代进一步充实，茶道随之完善起来。比起唐代来，宋代的茶学著作较多，有蔡襄《茶录》、宋子安《东溪试茶录》、熊蕃《宣和北苑贡茶录》、黄儒《品茶要录》、无名氏《北苑别录》等。此外，宋徽宗赵佶也撰有一部茶学著作，名为《大观茶论》，此书虽不一定全为这皇帝本人的手笔，但一定也记录着他自己的不少心得。一般来说，宋代及宋代以后的茶学著作，都没能脱离陆羽《茶经》的体系，只是内容渐有更新而已，精华部分都是互相转抄，代代相因。这些茶学著作所记的采制技术和烹茶的规范，可以看出一代一代都有很大进步。例如采茶，《东溪试茶录》中说"断芽必以甲不以指，以甲则速断不柔，以指则多温易损"，要求极高。茶工在采茶时，"多以新汲水自随，得芽则投诸水"，以保证茶芽的鲜洁。茶芽须蒸，蒸芽必熟，否则茶中会存留草木气味；也不可受烟气熏烤，烟熏会使茶走失本来的香味。制茶的技巧，按《大观茶论》的话说，叫作"涤芽惟洁，濯器惟净；蒸压惟其宜，研膏惟熟，焙火惟良"。采造过时，蒸压不当，焙之太过，便得不到上等茶。

在宋代，饮茶风气更盛，茶成了人们日常生活不可或缺的东西。《梦粱录》中说："人家每日不可阙者，柴、米、油、盐、酱、醋、茶。"这是说的南宋临安的情形，也就是后来俗语所说的"开门七件事"，即便贫下之人，也是一件少不得的。在临安，与酒肆并列的就有茶肆，茶店布置高雅，室中摆置花架，安顿着奇松异桧。一些静雅的茶肆，往往是士大夫期朋约友的场所。街面与小巷之内，还有提着茶瓶沿门点茶的人，卖茶水一直卖到市民的家中。大街夜市，常有车担设的"浮铺"，供给游人茶水。

宋人好茶，比起唐人有过之而无不及。酒中有趣，茶中也有趣。宋徽宗在《大观茶论》的序言中，谈到宋人嗜茶的情形，他说："缙绅之士，韦布之流，沐浴膏泽，薰陶德化，盛以雅尚相推，从事茗饮。故近岁以来，采择之精，制作之工，品第之胜，烹点之妙，莫不盛造其极。……天下之士，励志清白，竞为闲暇修索之玩，莫不碎玉锵金，啜英咀华，较箧笥之精，争鉴裁之别。虽下士于此时，不以蓄茶为羞，可谓盛世之清尚也。"这里说的盛世虽有自夸之嫌，视饮茶为清尚则是事实。黄庭坚所作的《品令·茶词》，将烹茶饮茶之趣写得深沉委婉，是茶词中一篇难得的佳作：

> 凤舞团团饼，恨分破、教孤令。金渠体净，只轮慢碾，玉尘光莹。
> 汤响松风，早减了、二分酒病。

> 味浓香永，醉乡路、成佳境。恰如灯下，故人万里，归来对影。
> 口不能言，心下快活自省。

士大夫们以品茶为乐，比试茶品的高下，称为斗茶。宋人唐庚有一篇《斗茶记》，记几个相知一道品茶，以为乐事。各人带来自家茶，在一起一比高低。大家从容谈笑，"汲泉煮茗，取一时之适"。不过谁要得到绝好茶品，却又不会轻易拿出斗试，苏东坡的《月兔茶》诗中即说："月圆还缺缺还圆，此月一缺圆何年？君不见斗茶公子不忍斗小团，上有双衔绶带双飞鸾。"

盛产贡茶的建溪，每年都要举行茶品大赛，也称为斗茶，又称为"茗战"。范仲淹有一首《斗茶歌》，写的正是建溪北苑斗茶的情形，诗中说：

> 研膏焙乳有雅制，方中圭兮圆中蟾。
> 北苑将期献天子，林下雄豪先斗美。

鼎磨云外首山铜，瓶携江上中泠水。

黄金碾畔绿尘飞，碧玉瓯中翠涛起。

斗茶味兮轻醍醐，斗茶香兮薄兰芷。

其间品第胡能欺，十目视而十手指。

斗茶既斗色，也斗茶香、茶味。陆羽《茶经》中说唐茶贵红，到宋代则不同，宋代茶色贵白。茶色白宜用黑盏，更能体现茶的本色，所以宋代流行绀黑瓷盏，青白盏虽也使用，但在斗试时绝不取用。宋代黑茶盏在河南、河北、山西、四川、广东、福建都有大量出土，其中有一种釉表呈兔毫斑点的黑盏属最上品，十分精美。

河北磁县出土的宋代兔毫盏

斗茶不仅要观色，而且更要品味，宋代因此而涌现出不少品茶的高手。品出不同茶叶的味道来也许并不太难，但要品出混合茶的味道却不容易。发明制作小龙团茶的蔡襄就有这种绝技。有一次，一个县官请他饮小龙团茶，其间来了一个客人，蔡氏品出主人的茶不仅有小龙团味，而且杂有大龙团味。一问茶童，原来他起初只碾了够县官与蔡氏二人饮的小龙团，后一位客人到后，由于碾之不及，于是加进了一些大团茶。蔡氏的明识，使得众人佩服不已。

斗茶风气的源起，似可上溯到五代。五代词人和凝官至左仆射、太子太傅，被封为鲁国公，他十分喜好饮茶，在朝时"率同列递日以茶相饮，味劣者有罚，号为'汤社'"。这样的斗茶，别具一格。宋人的斗茶，可能与此有些关联。

宋代时不仅斗茶为一盛事，还有一种"茶百戏"，更是茶道中的奇术。据《清异录》所载："近世有下汤运匕，别施妙诀，使汤纹水脉成物象者，禽兽虫鱼花草之属，纤巧如画，但须臾即就散灭。"用茶匙一搅，即能使茶面生出不同图像，这样的点茶功夫，非一般人所能有，所以被称为"通神之艺"。更有甚者，还有人能在茶面幻化出诗文来，奇上加奇，《清异录》说，有个叫福全的沙门，"能注汤幻茶成一句诗，并点四瓯，共一绝句，泛乎汤表"。这简直近乎巫术了，虽然并不一定真有其事，但宋人茶艺之精，则是不容怀疑的。

宋代以后，饮茶一直被士大夫们当作一种高雅的艺术享受。饮茶的环境有诸多讲究，如凉台、静室、明窗、曲江、僧寺、道院、松风、竹月即是。茶人的姿态也各有追求，有的晏坐，有的行吟，有的清谈，有的把卷。饮酒要有酒伴，饮茶也须茶友，若有佳茗而歌非其人，有其人而未识其趣，一饮而尽，不暇辨味，那就是最俗气不过的了。元末画家倪瓒，自创一种"清泉白石茶"，那是他在无锡惠山所为，用核桃、松子肉和真粉丸如小石块，饮时置茶中。一天，一位据说是宋朝宗室的叫赵行恕的人慕名来访，主宾坐定之后，童子献茶，献的就是清泉白石茶。赵行恕端起茶杯一饮而尽，气得倪瓒火冒三丈。倪瓒怒气冲冲地说："我以为你是个王孙，所以出高品相饮，可你这人一点也不知品味，真是一个俗人！"从此，倪瓒与赵行恕绝了交情，真是够认真的。

明清以来，饮茶之风经久不衰，新的茶品不断问世，饮用方法也有革新，如改煎茶为泡茶，使饮茶得到了更好、更便利的普及方式。

现代中国名茶已形成六个大类，即绿茶、红茶、乌龙茶、白茶、花茶和砖茶，以绿茶和红茶产量最高。绿茶的制成要经过杀青（蒸、炒）、揉捻、干燥三道工序，名品有以"色翠、香郁、味醇、形美"四绝著称于世的"西湖龙井"，还有江苏苏州的"碧螺春"、四川的"蒙顶茶"、江西庐山的"云雾茶"和河南信阳的"毛尖"等。红茶的制作要经过发酵的工序，与绿茶不同，名品有安徽的"祁红"、云南的"滇红"、广东的"英红"等。乌龙茶兼取绿茶的杀青和红茶的发酵工艺，所以既有绿茶的清鲜，又有红茶的浓香，名品有福建的"武夷岩茶"和"铁观音"等。白茶采用特殊工艺，除去青叶的苦涩气味，色白如银，名品有福建的"白毫银针"和"白牡丹"。花茶又称熏花茶或香片茶，以鲜花窨制茶叶而成，采用的花料主要有茉莉、玉兰、玫瑰、蜡梅、桂花等，以福州的"茉莉烘青"为最佳。砖茶是紧压成形的块状粗茶，名品有云南的"普洱茶"和广西的"六堡茶"等。

茶品众多，难分高下，人各有所好。一般说来，浙江人爱绿茶，广东人爱红茶，福建人爱乌龙茶，云南人爱普洱茶，北方人爱花茶。在国外，欧美人爱红茶，非洲人爱绿茶，东南亚人爱乌龙茶，日本人爱蒸青绿茶。要品得茶中至味，恐怕要花大功夫。

九、晶磊饭与斫鲜会

精彩的饮食活动，在很多场合下不是在家庭成员范围内完成的，往往具有一定的社会性。在亲朋故旧的聚会中，在与外人的交际中，更在饮食活动中体现出超出饮食之外的意境，体现出时代的风貌。这样的意境或高雅，或粗俗，或热烈，或淡素，很少有皇宫的那种庄重和官场的那种审慎。

北宋时，社会风气一度比较质朴，这与士大夫们倡导的理念有关。表现在饮食生活上，人们追求一种淡泊素雅的风度，这在中国历史上还并不多见。这种淡泊素雅的风度，可称为君子风度，自古以来就为士大夫中的一部分人所推崇。《礼记·表记》中说"君子之接如水"，《庄子·山木》中也说"君子之交淡若水"，这在北宋时的一些文人中，大约是真正用心践行过的，例如苏轼（号东坡居士）可算是其中的一位。

苏轼是个诗文书画无所不能、聪敏异常的全才，也算得是一位美食家。不过，他这位美食家并不怎么追求奇珍异味，更多的是追求一种难得的乐

苏东坡画像

趣。发生在苏东坡身上的晶饭与毳饭的故事，体现出他在饮食上所抱有的质朴态度。那故事的情节十分有趣，与当时的史学家刘攽（字贡父）有关。有一次，苏东坡对刘贡父说："从前我曾与人共享'三白'，觉得十分香美，使人简直难以相信世间还有八珍之馔。"贡父急忙问"三白"是什么美味，东坡答曰："一撮盐，一碟生萝卜，一碗米饭。"原来是生萝卜就盐佐饭，逗得贡父大笑不止。过了一些日子，刘贡父忽然下了一道请帖，邀东坡前往吃"晶饭"。东坡以为"晶饭"必出于什么典故，如期前往赴宴，结果只见食桌上摆有萝卜、盐和饭，才明白刘贡父是以"三白"相戏，于是操起碗筷，几乎一扫而光。东坡起驾回府时，对贡父说：

"明日请到我家来，我有毳饭招待。"贡父明知为戏言，只是不解"毳饭"究竟为何物，次日还是如约到了苏府。二人见面，谈笑已久，直到过了午时，还不见设食。刘贡父已觉饥饿难耐，便请备饭，东坡说："再等一小会儿。"如此再三，东坡回答如故。贡父说："我饿得实在忍受不住了。"只听东坡不紧不慢地说道："盐也毛，萝卜也毛，饭也毛，非毳而何？"毛即"无"也。意为：盐无，萝卜无，饭也无，这不就是毳饭吗？贡父听罢捧腹大笑说："我想先生必定会找机会报复我那晶饭的，没料到竟有如此绝招。"当天，东坡终究还是摆了实实在在的筵席，刘贡父吃到很晚才离去。

　　这算得是宋代文人交往的一段佳话，从一个侧面反映了那种追求雅趣的风度。"三白"在唐代就已成为贫寒之家饮食的代称，有些著作将它当作是苏东坡的发明，应当说是一个误会。当然，话说回来，主宾之间如果常常用这菹饭对毹饭，那是断然不成的，这种事一来一往足矣。否则，雅兴转而为败兴，就没了趣味。

　　北宋时一些高居相位的官员，也能以节俭相尚，十分难得。如撰写《资治通鉴》的史学家司马光，哲宗时被擢为宰相。此前他曾辞官在洛阳居住15年，也就是撰写《资治通鉴》的那阵子，他与文彦博、范纯仁等这些后来都身居相位的同道相约为"真率会"，每日往来，不过脱粟一饭，酒数行。相互唱和，亦以俭朴为荣。文彦博有诗曰"啜菽尽甘颜子陋，食鲜不愧范郎贫"；范纯仁和曰"盍簪既屡宜从简，为具虽疏不愧贫"；司马光又和曰："随家所有自可乐，为具更微谁笑贫？"充分表达了他们以俭救弊的大志。司马光居家讲学，也是奉行节俭，不求奢靡，"五日作一暖讲，一杯一饭一面一肉一菜而已"，这就是他所接受的招待。司马光为山西夏县人，他在归省祖茔期间，父老们为之献礼，用瓦盆盛粟米饭，瓦罐盛菜羹，他"享之如太牢"，觉得味过最高规格的饭食。司马光的俭朴大概与家教有关，他曾说他父亲为郡牧判官时，来了客人未尝不置酒，"或三行，或五行，不过七行酒"，吃的果品只有市上买来的梨栗枣柿，看馔则只有脯醢菜羹，器用皆为瓷器漆器，无有金银。据司马光说，当时的士大夫差不多都是如此，"人不相非"。人们更多讲究的是礼、情，所谓"会数而礼勤，物薄而情厚"（《比事摘录》）。

　　上面提到的范纯仁，就是范仲淹的儿子，他的俭朴也是承自父辈。范仲淹官拜参知政事，为副相，贵显之后，以清苦俭约称于世，子孙皆守其家法。范纯仁做了宰相，也不敢违背这家法。有一次他留下同僚晁美叔一起吃饭，美叔后来对人说："范宰相可变了家风啦！"别人问他何以见得，他回答说："我同他一起吃饭，那盐豉棋子面上放了两块肉，这不是变家风了吗？"人们听了都大笑起来，范纯仁待客既如此，自家的生活就可以想见其淡泊了。

　　俭朴蔚为成风后，时人对奢侈的士人免不了有一些非议。有时那些饮食稍丰的人，还会被歧视。宋朝有个知州名叫仇泰然，与自己手下的一个官员十分要好。有一日，仇泰然问这个官员："日用多少？"那人回答说："十口之家，日用一千。"仇知州感到惊诧，又问："怎么能一天用这么多钱呢？"回答是："早餐吃一点点肉，晚餐用菜羹。"知州听了，极不高兴地说："我身为知州，平日里都不敢吃肉，只是用菜。你老兄一个小小芝麻官，还敢天天弄肉吃，一定不是廉洁之士！"自此，知州便不再理会那官员了。

淡泊素雅虽为一种流行风度，但这并不意味着士大夫们一个个都是苦行僧。他们即便在这种淡泊之中，也在寻找着生活的无穷乐趣，高雅的"斫鲜之会"充分体现了这一点。据《春渚纪闻》中说，吴兴溪鱼极美，冠于他郡，郡城的人聚会时，必斫鱼为脍。斫脍须有极高的技艺，所以操刀者被人名为"脍匠"。又据《避暑录话》中说，过去斫脍属南食，汴京能斫脍的人极少，人们都以鱼脍为珍味。文学家梅圣俞为江南宣城（今属安徽）人，他家有一老婢，善为斫脍。同僚欧阳修是江西人，极爱食脍。他每当想到食脍时，就提着鲜鱼去拜访梅圣俞。梅圣俞每得可为脍的鲜鱼，必用池水喂养起来，准备随时接待同僚。所以他的文集中还存有这样的句子："买鲫鱼八九尾，尚鲜活，永叔（欧

赵佶文会图轴局部

阳修）许相过，留以给膳。"又："蔡仲谋遗鲫鱼十六尾，余忆在襄城时获此鱼，留以遗欧阳永叔。"

有时这斫鲜之会还以野宴的方式出现，更充满一种清新的情趣。据《东京梦华录》载，汴梁人在清明节时，都涌到城外郊游，"四野如市，往往就芳树之下，或园囿之间，罗列杯盘，互相劝酬"。城西皇家金明池琼林苑，三月一日起开禁，允许士庶在划定的游览区赏玩。池西垂杨蘸水，游人稀少，那里有一些兴致很高的垂钓者，他们事先在池苑管理处买得准钓的牌子，然后才得开钓。钓得的鱼有的当即高价卖给游人，游人随带脍具，乘鲜临水斫脍，用以佐酒，称为"一时珍味"。

又据《垄起杂事》所记，明代汴梁有些官员，一般政务都留给左右去处理，自己每天都以捕鱼为乐，得鱼即斫脍，自称"斫鲜之会"。这无疑是继承了宋人的传统。

老百姓在风调雨顺的年景，也会借助一些传统的年节来进行高层次的饮食活动，以满足口腹之欲。不仅如此，这些饮食活动由于打上了传统文化的烙印，它又是一种名副其实的文化活动，不单是为了满足口腹之欲而已。

宋代民间传统的节日，无非是新年、元宵、清明、端午、中秋、重阳、腊八、除夕等。宋人在这些节日中比较重于交际，一般不大乐意厮守家中，往往出游郊野，都城之中，更是倾城出动。尤其是清明、端午、重阳，亲友多以食物作为馈赠，以增进情谊。宋代还新立有一些传统没有的节日，如六月六日，正当炎夏，临安人此日都到西湖边，"纳凉避暑，恣眠柳影，饱挹荷香；散发披襟，浮瓜沉李。或酌酒以狂歌，或围棋而垂钓，游情寓意，不一而足"。甚至还有不少人留宿湖心，至月上始还。这一日的食物主要有荔枝、杨梅、新藕、甜瓜、紫菱、粉桃、金橘。杨万里《晓出净慈寺送林子方》诗曰："毕竟西湖六月中，风光不与四时同。接天莲叶无穷碧，映日荷花别样红。"写的便是此景。大热天如此多的人都跑到西湖去，是否能达到避暑的目的很难说，这也是"无可为玩"的玩法。西湖胜景，不论朝昏晴雨，四季皆有无穷情趣，杭城人无时不游，但一般以春游为盛。

十二月隆冬，遇到天降瑞雪，富贵人家则要开筵饮宴，制作雪灯、雪山、雪狮等，以会亲朋挚友；诗人才子，则要以腊雪煎茶，吟诗咏曲，更唱迭和。十二月二十五日（或二十四日），士庶之家要煮赤豆糖粥祀饮食之神，称为"人口粥"，或称"口数粥"。

口数粥等类饮食活动，表达了人们希求幸福与丰收的愿望，这类愿望同样也贯穿于其他一些与饮食有关的礼俗活动中，如婚嫁和育子，都是如此。

宋人婚娶，先凭媒人通帖，定帖之后，男方择日备酒礼，前往拜访女家。会面选择湖舫园囿之地，两亲相见，谓之"相亲"。男方用酒四杯，女方添备二杯，取男强女弱之意。如女子对男子中意，便以金钗插在头上，名为"插钗"。如不中意，就送彩缎三匹"压惊"。男子见出彩缎，就知婚事无望了。插钗已定，男方即用金银首饰、缎匹茶饼、金瓶酒樽等为定礼，送到女家。以后凡遇节令，男方要以羊酒送女家，女子照例有一定的回礼。待到举行婚礼，新人入洞房，用两个酒盏以彩结连之，互饮一盏，谓之"交杯酒"。饮完酒后，将酒盏掷于床下，一仰一合，以为"大吉"，如此会带来无边的福寿。

孕妇临产，娘家送来一些特别的物件，其中有彩画鸡蛋120枚，还有膳食、羊、生枣、栗果，称为"催生礼"。分娩之后，亲朋争送细米炭醋。三七日时，女家与亲朋都送来膳食，有猪腰、猪肚、蹄脚等物。以后小儿百日、周岁，均要开筵宴请亲朋，以示庆贺。这一类礼节大都延续到了现代，尤其在广大农村家庭中，这些礼仪一直都是世代相传的规范。

十、知味者说

任何事物的发展都有一个积累的过程，量的积累会引起质的飞跃。中国人由饮食体验出的经验，就是经历了一代代人的积累得来的。

《礼记》中的《中庸》一篇，相传是孔子的孙子孔伋所作，其中有这么一句话："人莫不饮食也，鲜能知味也。"就是说人人都要吃喝，却极少有懂得饮食之道的。魏文帝曹丕的《典论》中也说"三世长者知服食"，意思是有三代以上阅历的老者才懂得穿衣吃饭，可见饮食之道非一日所能悟得。

明代高濂《遵生八笺》卷十有一篇《饮食当知所损论》，谈到了明代文人的饮食之道，其中不少内容都是前人的经验之谈。高濂说：

> 饮食所以养生，而贪嚼无忌，则生我亦能害我。况无补于生，而欲贪异味以悦吾口者，往往隐祸不小。意谓一菜一鱼，一肉一饭，在士人则为丰具矣。……

> 吾意玉瓒琼苏与壶浆瓦缶，同一醉也；鸡跖熊蹯与粝饭藜蒸，同一饱也。醉饱既同，何以侈俭各别？……

> 养性之术，常使谷气少，则病不生矣。谷气且然，矧五味餍饫，为五内害哉？

这里说的都是饮食要从俭，不必贪多贪好，吃多了反会有损身体健康。此外，还要十分注意饮食卫生，高濂对此有较多的道理：

> 凡食，先欲得热食，次食温暖食，次冷食。食热、暖食讫，如无冷食者，即吃冷水一两咽，甚妙。若能恒记，即是养性之要法也。凡食，欲得先微吸取气，咽一两咽乃食，主无病。……

> 饱食无大语。大饮则血脉闭，大醉则神散。……

> 饱食讫即卧，病成背疼。饮酒不宜多，多即吐，不佳。醉卧不可当凉风，亦不可用扇，皆损人。……醉不可强食，令人发痈疽，生疮。

集饮食之道之大成者，当推清代的袁枚。袁枚字子才，号简斋，晚年号随园老人。他是浙江钱塘（今浙江杭州）人，年轻时做过几个县的知事，从四十岁起便退隐于南京小仓山房随园。《随园食单》是他大量著述中的一部，书中不仅介绍了清代流行的300余种南北菜肴、饭点及名酒，还在"须知单"中提出了20条厨事要求，在"戒单"中提出了14条饮食注意事项。这在当时来说，可谓尽善尽美了。

先看"须知单"：

（1）先天须知。首先要了解食物本来的特性，如猪宜皮薄，鸡宜骟嫩。同一物类，美恶之别如同冰炭，所以择料要慎重，"大抵一席佳肴，司厨之功居其六，买办之功居其四"。

（2）作料须知。作料即调味品，可比作妇女衣服首饰，不可不慎为选用。善于烹调的人，"酱用伏酱，先尝甘否；油用香油，须审生熟；酒用酒酿，应去糟粕；醋用米醋，须求清冽。且酱有清浓之分，油有荤素之别，酒有酸甜之异，醋有陈新之殊，不可丝毫错误"。其他葱、椒、姜、桂、糖、盐，俱宜选择上品。

（3）洗刷须知。原料的洗涤也有学问，要注意重点。举例说，"燕窝去毛，海参去泥，鱼翅去沙，鹿筋去臊。肉有筋瓣，剔之则酥；鸭有肾臊，削之则净。鱼胆破，而全盘皆苦；鳗涎存，而满碗多腥。韭删叶而白存，菜弃边而心出"。

（4）调剂须知。采取什么烹调方法，要看具体原料，有时用水，有时用酒，有时用盐，有时用酱，或酒水、盐酱并用。腥物要用醋喷，或用冰糖杀腥取鲜。有的食物是以干燥为宜，要使味入于内，须取煎炒之法；有的以汤多为宜，使其味溢于外，则取清炖之法。

（5）配搭须知。像什么样的女子就要配什么样的丈夫，烹成一味菜肴，也要佐以适宜的辅料。其配搭原则是："清者配清，浓者配浓；柔者配柔，刚者配刚。"如此方有和合之妙。

（6）独用须知。味过于浓重者，只宜独用，不可搭配。如鳗、鳖、蟹、鲥、牛、羊都宜于独食，因其味厚力大，须用许多作料才能取其长，去其短，很难再添枝加叶，配以他菜。

（7）火候须知。火候是烹饪的关键，有时须用武火，如煎炒；有时又要文火，如煨煮；有时须先武火后文火，如收汤。有的食物越煮越嫩，有的则一煮便好。"屡开锅盖，则多沫而少香；火熄再烧，则走油而味失。"这是烹调术的奥妙所在。

（8）色臭须知。眼和鼻是嘴的近邻，一道菜端上桌，眼一看，鼻一闻，不必齿咬舌尝，便知妙与不妙。须求色艳，可用糖炒，即艳如琥珀。如要求香，切不可滥用香料，否则反会坏了食物固有的美味。

（9）迟速须知。每日要预备一些急就的酒菜，如炒鸡片、炒肉丝、炒虾米、豆腐、糟鱼等，如果突然有客，也能很快应承，因速而见巧。这是待客一法，非贫人所能想望。

（10）变换须知。"一物有一物之味，不可混而同之。"有些平庸的厨人，动不动就将鸡、鸭、猪、鹅放进一口锅里煮，结果令客人不知所尝何味，味同嚼蜡。应当多设锅、灶、盘、碗，尽可能让食物体现出本味，使其各有特色。

（11）器具须知。美食还须美器。用过于贵重的餐具常会担心毁损，能求雅丽即可。盘碗大小要适宜，不必强求一律，"大抵物贵者器宜大，物贱者器宜小。煎炒宜盘，汤羹宜碗。煎炒宜铁锅，煨煮宜砂罐"。

（12）上菜须知。筵席上菜，要有一定的顺序，"盐者宜先，淡者宜后；浓者宜先，薄者宜后；无汤者宜先，有汤者宜后。"看到客人要吃饱了，便上些辛辣品味，刺激胃口；又担心客人饮酒过度，可上些酸甜品味，醒酒提神。

（13）时节须知。饮食不能忽略季节性的特点。"夏日长而热，宰杀太早，则肉败矣。冬日短而寒，烹饪稍迟，则物生矣。冬宜食牛羊，移之于夏，非其时也；夏宜食干腊，移之于冬，非其时也。"辅佐之物，夏宜用芥末，冬宜用胡椒。当三伏天而得冬腌菜，贱物也，而竟成至宝矣；当秋凉时而得行鞭笋，亦贱物也，而视若珍馐矣。有先时而见好者，三月食鲥鱼是也。有后时而见好者，四月食芋艿是也。有过时而不可吃者，萝卜过时则心空，山笋过时则味苦，刀鲚过时则骨硬。

（14）多寡须知。"用贵物宜多，用贱物宜少。"煎炒之物，多则火力不透，用肉最好不过半斤，用鸡、鱼不得过六两。"以多为贵者，白煮肉非二十斤以外，则淡而无味。粥亦然，非斗米则汁浆不厚。"

（15）洁净须知。讲求洁净，谨防串味。例如："切葱之刀，不可以切笋；捣椒之臼，不可以捣粉。闻菜有抹布气者，由其布之不洁也；闻菜有砧板气者，由其板之不净也。"作为一个好的厨师，先要多磨刀、多换布、多刮板、多洗手，然后治菜。要谨防"口吸之烟灰，头上之汗汁，灶上之蝇蚁，锅上之烟煤"掉在菜肴中，否则绝美的佳肴就会变成不干不净的东西，人们怕都会捂着鼻子走开了。

（16）用芡须知。豆粉为芡，如同拉船的纤。治肉作团不合，作羹不浓，即以粉芡合之。又如煎炒，恐肉贴锅焦而死，须用芡粉作护持。芡亦不可滥用，否则便成一锅糊涂。

（17）选用须知。菜肴要美，选料要精。如小炒肉用猪后腿精肉，做肉圆则用前夹心肉；炒鱼片用青鱼、鳜鱼；做鱼松用鲢鱼、鲤鱼；蒸鸡用雌鸡，煨鸡用骟鸡，取汁则用老母鸡。鸡用雌才嫩，鸭用雄才肥。

（18）疑似须知。"味要浓厚，不可油腻；味要清鲜，不可淡薄。"似与不似，失之千里。否则，如果徒贪肥腻，不如专食猪油；徒贪淡薄，不如饮白水。

（19）补救须知。名厨调味，能做到咸淡合宜，老嫩得法，但一般人很难做到，所以要明白这补救的办法。调味时要宁淡勿咸，淡还可加盐补救；又如烹鱼则宁嫩勿老，嫩时还可加火补救；等等。

（20）本分须知。请客要尽量发挥自家特长，否则易弄巧成拙。如"满洲菜多烧煮，汉人菜多羹汤"，满汉相请，"各用所长之菜，转觉入口新鲜"。若汉请满用满菜，满请汉用汉菜，有名无实，怕有画虎不成反类犬之嫌。这就像秀才上考场一样，总想按主考官的口味做文章，写不出自己的风格，恐怕一辈子也考不中。

再说"戒单"，为饮食者和厨师的戒律。

（1）戒外加油。一般厨师做菜，总是先熬好猪油一锅，临上菜时浇上一勺油，即便是燕窝也不例外。

（2）戒同锅熟。同锅混烧，百菜一味。这一条与前述"变换须知"相同。

（3）戒耳餐。耳餐指"贪贵物之名，夸敬客之意"。很多人"不知豆腐得味远胜燕窝，海菜不佳不如蔬笋"。鸡、猪、鱼、鸭，可称"豪杰之士"，各有本味，自成一家。而海参、燕窝好似"庸陋之人"，全无性情，还得靠别的东西来提味。如果徒装体面，大摆阔气，不如在碗里放上明珠百粒，价值虽高，却吃它不得。

（4）戒目食。目食指一味贪多，累盘叠碗，菜肴满桌。这样就好似不懂"名手写字，多则必有败笔；名人作诗，烦则必有累句"的道理。即便是名厨，一日能做出的好菜，不过四五味而已，要摆满一桌又如何能样样精好？就是多有几个帮手，也会各执己见，越多越坏事。肴馔杂乱无章，气味不正，让人看了不会有愉悦的感受。

（5）戒穿凿。食物都有自己的本性，不可矫揉造作，应当顺其自然。像本来就很好的燕窝，何必将它捶成丸子？海参也很好，又何必熬成酱吃？切开的西瓜，放的时间一长就会失去鲜味，却有人拿它作糕点的配料。苹果熟透了，吃起来会没了脆劲，可有人把它蒸熟后做成果饯，都是很不适用的。

（6）戒停顿。菜品的鲜味，全得于起锅的时刻。稍一耽搁，就会像霉了的衣裳，虽是锦缎绫罗，气味也会惹人生厌。有的人将一桌菜做好后都放入蒸笼，到时一齐上桌，这样还有什么佳味可言呢？这就像是得了好梨还要放进笼里蒸了再吃一样。有些美味必得现杀、现烹、现熟、现吃，不能延误。

（7）戒暴殄。不珍惜人力为暴，不爱惜物力为殄。鸡、鸭、鹅、鱼，从首至尾都可食用，不必少取多弃。有人烹甲鱼专取裙边，却不知味在肉中；蒸鲥鱼专取鱼肚，却不懂鲜在背鳍。"至于烈炭以炙活鹅之掌，剡刀以取生鸡之肝，皆君子所不为也。何也？物为人用，使之死，可也；使之求死不得，不可也。"

（8）戒纵酒。"事之是非，惟醒人能知之；味之美恶，亦惟醒人能知之。"酒徒们吃佳肴如同木屑，心不在味，一心想的是酒。其实人们可取中和之策，先好好品尝菜味，撤席后再去施展酒量。

（9）戒火锅。人们冬季待客，习惯用火锅。每菜各有一味，火候不同，一起放入火锅急煮，还怎么谈得上它们的本味呢？有人是怕菜凉了，于是配以火锅，其实那些滚热的上桌菜，如果客人不能很快吃尽，一直摆到发了冷，足见菜品滋味之恶劣了。

（10）戒强让。设宴请客，本是一种礼节。一桌菜摆上，理应由客人自己选择。各有所好，听从客便，何必强劝呢？主人常常用筷子夹许多菜堆到客人面前，硬让客人吃下去，令人生厌。以至发生过这样的事：有一好客而菜又不佳的主人，一个劲地往客人碗里夹菜，逼得客人无法，竟跪

江南老式厨房

在主人面前，请求主人以后请客时再不要邀请他了。赴这种宴会，有如受罪。

（11）戒走油。鱼、肉、鸡、鸭烹制时要使油脂存于肉中，不落入汤中，其味才能保持不散。油脂落入汤中，大体有三个原因：一是火太猛，水干后多次加水；一是忽然停火，重又点燃；一是开锅盖次数太多。

（12）戒落套。官场上的菜，名号有十六碟、八簋、四点心之称，有满汉全席之称，有八小吃之称，有十大菜之称。这些俗名在官场上作敷衍还行，如果家居宴客，吟诗唱和，万不能用这一套。必得用大大小小的盘碗，上菜有整有散，才显出名贵的气氛。

（13）戒混浊。看起来不黑不白，像缸中搅浑之水的汤；吃起来不清不腻，如染缸混浊之浆的卤。这样的色，这样的味，让人难以忍受，如何下咽？纠正之法，在于洗净食物本身，善加作料，审察火候，体验酸咸，不致使食客舌上有隔皮隔膜的感觉。

（14）戒苟且。做任何事都马虎不得，而饮食尤其如此。要帮助厨师总结成功的经验，寻找失败的教训。"咸淡必适其中，不可丝毫加减；久暂必得其当，不可任意登盘。厨者偷安，吃者随便，皆饮食之大弊。"可以把做学问"审问、慎思、明辨"的方法，运用于饮食之道，精益求精。

袁枚提出的这一系列烹饪与饮食原则，不少都是针对当时的流弊而言的。我们不难看出，袁枚的主张大都是合理的，其中有很多原则在今天仍然受到人们的重视。

十一、至味未必在舌尖

什么样的味道才是美味？这个问题好像没有确定的答案，因为各人的爱好与体验是不同的，美味不会有统一的标准。你喜爱辛辣，他喜爱酸甜，人们对五味的感受程度有明显的不同。

其实对于美味的体验同个人的经历和经验有着紧密的联系，首先是要会辨味。同样是饲养的鸡，出自农家小院的与出自机械化养鸡场的，味道又有不同，小院的不及鸡场的肥，养鸡场的又不及小院的香，这是因为饲养的方式与饲料不同。这样的区别一般人还是能体味出来的，不过达到这个程度还不能算是知味者。

一般的人都会有这样的经历，特别渴的时候，喝凉开水都会觉得甘甜非常，特别饿的时候，吃什么都会觉得味美适口。这个时候，人对滋味的感知会发生明显的偏差，正如孟子所说："饥者甘食，渴者甘饮，是未得饮食之正也，饥渴害之也。"

知味者不仅善辨味，而且善取味，不以五味偏胜，而以淡中求至味。明代陈继儒在《养生肤语》中说：有的人"日常所养，惟赖五味，若过多偏胜，则五脏偏重，不惟不得养，且以戕生矣。试以真味尝之，如五谷，如菽麦，如瓜果，味皆淡，此可见天地养人之本意，至味皆在淡中。今人务为浓厚者，殆失其味之正邪。古人称'鲜能知味'，不知其味之淡耳"。照此说法，以淡味和本味为至味，便是知味了。明代陆树声《清暑笔谈》中也说："都下庖制食物，凡鹅鸭鸡豕类，用料物炮炙，气味辛浓，已失本然之味。夫五味主淡，淡则味真。昔人偶断殽羞食淡饭者曰'今日方知真味，向来几为舌本所瞒'。"

以淡味真味为至味，以尚淡为知味，这是古时的一种追求，历代都有许多这样的人。《老子·六十三章》所谓的"为无为，事无事，味无味"，以无味即是味，也是崇尚清淡、以淡味为至味的表现。

什么味最美？并不是所有人都以清淡为美的，古人有"食无定味，适口者珍"的说法，也是一种很有代表性的味觉审美理论。这个认识大体是不错的，但不一定可以放之四海而皆准。有人本来吃的是美味，但心理上却不接受，吃起来很香，吃完却要吐个干净；有些本来味道不美的食物，有人却觉得很好，吃起来津津有味，觉得回味无穷。这里有一个心理承受的问题，味觉感受并不仅限于口受，不限于舌面上味蕾的感受，大脑的感受才是更高层次的体验。如果只限于口舌的辨味，恐怕还不算是真正的知味者。真正的知味应当是超越动物本能的味觉审美，如果追求一般的味感乐趣，那与猫爱鱼腥和蜂喜花香，也就没有本质区别了。

如果要谈一个例子的话，那臭豆腐是最能说明问题的了。对于臭豆腐，有人的体验是闻起来臭而吃起来香，而有人不仅决不吃它，而且讨厌闻它。食物本来以香为美，这里却有了以臭为美的事，实在不容易解释清楚。鲁彦的《食味杂记》说，宁波人爱吃腐败得臭不可闻的咸菜，作者也是爱好者之一，"觉得这种臭气中分明有比芝兰还香的气息，有比肥肉鲜鱼还美的味道"。咀嚼的是腐臭，感受到的却是清香。我们可以用传统和习惯来解释这种现象，但这种解释显然不够，那么这个传统与习惯形成的原因又是什么呢？

这是一种境界，可以看作饮食的最高境界，一种味觉审美的极高境界。古代的中国人，精味的确可以看作一种传统，人们把知味看作一种境界。历代的厨师，或高明者，或身怀绝技者，大概都可以算是知味者，他们是美味的炮制者。但知味者绝不仅仅限于庖厨者这个狭小的人群，而存在于更多的大范围的食客之中，历代的美食家都是知味者。《淮南子·说山训》中有下面一段话，讲的便是这个意思："喜武非侠也，喜文非儒也，好方非医也，好马非驵也，知音非瞽也，知味非庖也。"对药方感兴趣的不是医生，而是病人；喜爱骏马的并不是喂马人，而是骑手；真正的知音者不是乐师，是听众；真正的知味者也不是庖丁，是食客。

至味，最美的味道，那一定是有的，只是它未必是在舌尖上所能体味的。

第七章

味外之味

　　古人对于味中之味，既追求传统，也追求新奇。对于味外之味的追求，也非常用心，同样追求传统，也追求新奇。味外味是味中味的补充，有时会显得更有滋味。

　　传统将饮食活动作为人性教化的手段，圣人为饮食作则，不遗细节。对于味外之味，味外之器，亦是精益求精。有时甚至是不惜改变自己，以适应新的潮流。当然传统的规矩是必要的，变化也是要有的，人们就是在传统的熏陶中，在适应新变化中，提升着自己的味觉感受。

一、圣人食教

　　饮食作为一种物质生活，它是受思想的制约的，所以饮食活动常常表现有思想活动的特征。古时指导饮食活动的理论很多，起源也很早，它们的形成时代，可以追溯到先秦时期。

　　在东周时代的社会大动荡大变革中，涌现出许多学派，各学派的代表人物，从不同的阶层和集团的利益出发，著书立说，阐释哲理，交锋思想，形成百家争鸣的局面。其中影响较大的一些学派，大都有与学术思想相关联的饮食理论，这些理论直接影响到当时和后来的社会生活。在饮食理论上有代表性的学派主要有墨家、道家和儒家三家，其学术代表人物是墨子、老子和孔子。

　　先说墨子。他平日的生活极其俭朴，提倡"量腹而食，度身而衣"。他的学生，吃的是藜藿之羹，穿的则是短褐之衣，与一般平民无异。为了解决社会上"饥者不得食""寒者不得衣"和"劳者不得息"的"三患"问题，墨子除提倡社会互助外，又提出积极生产和限制消费的主张，反对人们在物质生活上追求过高的享受，认为吃饱穿暖即可。

当然墨子也反对不劳而食，甚至还攻击儒家"贪于饮食，惰于作务"。墨家以夏禹为榜样，自愿吃苦，昼夜不息，而且还造出一条圣王制定的饮食之法。也就是说，墨家不求食味之美和烹调之精，饮食生活维持在较低水平。

老子认为发达的物质文明没有什么好结果，主张永远保持极低的物质生活水平和文化水平。老子提倡"节寝处，适饮食"的治身养性原则，比起墨家来，似乎倒退得更远。老子学派的门徒末流既有变而为法家的，也有变为阴谋家的，更有变为方士的，他们以清虚自守，服食求仙，梦想长生。

孔子的饮食思想同他的政治主张一样著名，他把礼制思想融汇在饮食生活中，其中一些教条法则直到今天还在起作用。这是因为，就广泛的程度来说，儒家的食教比起道家和墨家的刻苦自制更易为常人接受，尤其易为统治者所利用，后世"罢黜百家，独尊儒术"之所以发生，也有着相似的原因。人们认为，儒学就是礼学，孔子所创立的儒学，

宋法常绘老子像

主要内容为礼乐与仁义两部分。礼实际是统治阶级所规定的一切秩序，亲亲、尊尊、长长、男女有别，是礼的根本，由此制定出无数礼文，用以处理人与人之间复杂关系，确定每一个人应受的约束，不得逾越。乐则是从感情上求得人与人相互间的妥协和中和，使各安本分。礼用以辨异，分别贵贱等级；乐用以求同，缓和上下的矛盾。礼既始于饮食，饮食发展了，礼仪也会有所变更，但更多表现出的还是传统的烙印，所以，我们可以从现代礼仪中找出两千多年以前的渊源来。

典籍中关于孔子饮食生活的实践内容，比起其他学派的代表人物既丰富又具体。《论语》一书是孔子及其弟子言行的记录，其中包含不少食教

内容，《乡党》一篇阐述尤为精辟。墨家攻击儒家为贪食之徒，其实很偏颇，孔子就不一定是这样。孔子曾说过："君子食无求饱，居无求安，敏于事而慎于言。"可以看出，他并没有将美食作为第一追求。他还说："士志于道而耻恶衣恶食者，未足与议也！"对于那些有志于追求真理，但又过于讲究吃喝的人，孔子采取不予理睬的态度。可是对苦学而不求享受的人，则给予高度赞扬，他的弟子颜回被他认为是第一贤人，他说：颜回要算是最贤的了！一点食物，一点饮料，身居陋巷，别人都忍受不了，可颜回却毫不在意。真是贤人，这个颜回！孔子所追求的也是一种平凡的生活，即粗饭蔬食，曲肱而枕之，乐在其中。

从另一方面讲，孔子的饮食生活确也有讲究之处，只要环境允许，他还是不赞成太随便。饮食注重礼仪礼教，讲究艺术和卫生，成为孔子特为饮食准备的守则大约有以下几条：

（1）平日三顿，一般只在早晨吃新鲜饭，中晚餐则是温剩饭，斋戒时要"变食"，破这个常规，每顿都吃新鲜的。也有人解"变食"为不饮酒，不食鱼肉。

（2）要求饭菜做得越精细越好，并不指一味追求美食。

（3）不吃那些变质的饭食和腐败的鱼肉。

（4）烹饪不得法，菜肴颜色不正、气味不正，都不要吃。

（5）火候过度，食物过烂，不食。

（6）如果不是在常规进餐时间，不吃东西，也即是不吃零食，免伤肠胃。

（7）切割不得法的食物，也不吃。《韩诗外传》说孟子母亲怀孕时，也是席不正不坐，割不正不食，可见不独孔子如此。"正"并不一定指方方正正，泛指刀工好。

（8）各类肉食都配有规定的肉酱，没有所需的酱便不吃肉。这几条颇有贵族风度，孔子因此而受到不少责难。

（9）食以谷为主，肉可多吃，但不能超过饭食的分量。

（10）酒虽可多量，但不可狂饮致醉。

（11）不随便在街市上买食物吃，不逛酒肆，不上饭馆。这大概是为了饮食卫生。

（12）古时士大夫都有陪同国君祭祀的机会，行祭当日清晨宰牲，次日有时复祭，祭毕便让各人把自己带来参加祭祀的牲肉拿回去。这牲肉自宰杀之日起，存放不能超过三日，过三日便不再食用。三日一过，恐怕早已臭败了。

（13）吃饭、睡觉时不要说话，为的是吃得卫生、睡得安稳。饭桌上高谈阔论，唾沫横飞，非但不雅，更为不洁。

（14）尽管吃的是粗制的饭菜，但也要十分虔诚地祭食，怀念发明饮食的先圣。

（15）行乡饮酒之礼，必得让年长者先出，然后自己才出，以示尊老。

（16）如果国君赐给食物，回家一定要坐端正了再吃，不可造次，以示敬重。如果所赐为生食，要做熟了先敬年长者受用。如果所赐为活物，应当先喂养起来，作为纪念。陪侍国君吃饭，国君亲自祭食，陪者不必祭，但须先于国君吃饭，叫作尝饭。

（17）朋友间馈送礼物不管多么贵重，如大到车马之类，如果不是祭肉，都不须行正规的谢礼。祭肉为通神明所用，因此被看得高于一切。

（18）孔子坐在服丧的人旁边吃饭，从未吃饱过。要有恻隐之心，因为服丧者不饱食，所以其他人也不能狼吞虎咽。

被尊为圣人的孔子，对于自己的一套饮食说教，大部分是身体力行的，在个别情况下，才有某些违越。如有时赴宴，主人不按礼仪接待他，他也以无礼制非礼。不合礼法，给肉、鱼也不吃；若以礼行事，蔬食也当美餐。如据《说苑》记载，鲁国有一个生活俭朴的人，用瓦鬲做了一顿饭，吃起来觉得很香美，于是他把饭盛在一个土碗内，拿去送给孔子吃。孔子很高兴地接受了这碗饭，就好似吃牛羊肉一样。他的弟子问他："这土碗不过是低贱的物件，这饭食也不过是粗糙的食物，先生见了为何如此之高兴？"孔子回答说："我听说好谏的人总会想着他的国君，吃到好食物的人会想起自己的亲人。我并不是以为他送来的饭好，而是因为他吃了觉得味美而想到我，所以我才感到高兴。"

东周陶鬲，平民食器

　　齐国的晏婴说孔子礼节繁缛，几辈子也学不完。晏婴为齐国正卿，执政 50 余年，饮食上奉行节俭，维护旧有礼制，他也是一个极为崇拜孔子的人。

　　晏子反对无客而饮酒，也反对长夜之饮。有一次，齐景公与大夫们一起饮酒，饮到兴头上，景公端起杯子说："今天和大夫们同欢，请不必拘于礼节。"晏子听了这话，顿时变了脸色，他严肃地说："您这话可不对了，群臣固然希望国君不要用太繁的礼法来约束他们，但国君应该明白，以臣下之勇完全可以弑君代立，他们之所以不这么做，就因为有礼法。否则，强者为君，那与禽兽有什么区别？"景公不听晏子的话，仍和大夫们狂饮。景公因事出入筵席，晏子视而不见，不起立迎送；景公与他碰杯，他又抢先一饮而尽。景公十分生气，双手插在腰间，两眼圆瞪，责怪晏子无礼。晏子说："刚才您说可以不拘礼节，无礼便是我这个样子。"景公这才明白是自己的错，表示听从晏子的劝告。

　　东周饮食礼仪确实十分严格，不用心研习，就难免在社交场合出岔子，《左传》上便记有许多官员在外交场合因不习礼仪而闹出笑话的事。宴会上既不能有傲气，又不能有惰气，还不能叹气，不许坐错位置，更不许有不雅不敬的姿态。但是，事情总有正反两面，有讲礼的，也有无礼的。尤其在春秋末年"礼崩乐坏"的局面形成以后，在有些场合，礼仪规范不像过去那样受人重视。从齐人淳于髡与齐威王的对话中，可以看出礼仪并不是无所不在，人们以前那种不讲礼不如去死的观念已越来越淡薄了。

淳于髡列举了饮酒出现的几种情形，表明人们并不乐于接受礼俗的约束，不愿处于被动的状态。如赴国宴时，筵席上不仅有纠察非礼的官吏，而且有随时记录的御史，人们心里有一种恐惧感，俯伏着饮几杯酒便完事，不敢开怀。如在家里陪侍尊客饮酒，要规规矩矩为客人祝酒，也不敢造次。但如果是朋友往来，尤其是久别相逢，互诉衷曲，不仅酒量无限，也没有太多拘束。要是碰上乡里聚会，男女杂坐，游乐嬉戏，甚会出现"握手无罚，目眙不禁，前有堕珥，后有遗簪"的混乱景象。到了晚上，男女围着酒壶坐在一起，"履舄交错，杯盘狼藉"，饮得解襟脱衣，那就一点儿也看不到官场上严肃礼仪的影子了。

可以认为，儒学是中国古代文化发展的核心，以孔子为代表的儒家饮食思想与观念也可以说是古代中国饮食文化的核心，它对中国饮食文化的发展起着重要的指导作用。儒家所追求的平和的社会秩序，也毫不含糊地体现在饮食生活中，这也就是他们所倡导的礼乐的重要内涵所在。

"食不语，寝不言"，孔子的话语至今还在我们的耳边回响。随着社会的发展，儒家学说也经历了渐次改造与发展的过程，始终是中国古代传统文化的主干，始终对中国饮食文化的发展产生着重大影响。

二、养身兼养性

唐宋时，人们常将穷秀才戏称为"措大"。《东坡志林》记载了这样一个关于措大的寓言故事。有一天，两个措大一起大谈自己的抱负，其中有一个说："我平生最不足的是吃饭和睡觉，他日若得志，一定要吃饱了就睡，睡醒了又吃。"另一个则更出奇言："我与你有所不同。我要是得志，就得是吃了又吃，哪还有空暇去睡觉？"这二人除了吃，别无他求。

自古以来，饮食文化的发展不可避免地受到各种思想和认识的支配，这样形成了不同时代的饮食思想，构成饮食文化的一个重要内容。不论是酒徒，还是苦行僧，都有自己的一套饮食理论，不同的人信奉的教条往往不同。那两个措大，可算是一种典型的单纯追求滋味的人，按照他们的哲学，人生就是为了吃。宋代还有一位自称措大的人，虽身居相位，却并不贪吃，他就是北宋名臣杜衍。杜衍在家中只用一面一饭，有人称赞他的俭朴，他说："我本是一个措大，我所享用的都是国家给的，所得俸禄多余的不敢贪用，都送给了亲戚朋友中的穷困者。我常担心自己会成为白吃百姓的罪人。要是一旦失了官位，没有俸禄，还不依然是个措大吗？现在纵情享受，到那时又怎么过下去呢？"在宋代，一些身居高位的人都立身俭约，有着与杜衍相同的饮食观，大概与他们出身贫苦有一定关系。

北宋文学家兼书法家黄庭坚，曾在朝中任秘书丞兼国史编修官，也曾在外做过两州知事，屡遭贬谪。他虽非措大出身，却有着与杜衍相似的观点。黄庭坚写过一篇《食时五观》的短文，表达了自己对饮食生活的态度，他认为"士君子"都应本着这"五观"精神行事。这五观是：

"一，计功多少，量彼来处。"即想到要经过耕种、收获、舂碾、淘洗、炊煮等许多劳动，还有畜养杀牲等事，自己一人饮食，须得十人劳作。在家吃的是父祖所积攒的钱财，当官吃的是民脂民膏。意思是食物来之不易，不可不知。只有懂得了这一点，方能有正确的饮食态度。

"二，忖己德行，全缺应供。"要检讨自己德行的高下，具体表现在对亲人的孝顺，对国家的忠贞，对自身的修养，如果这三方面都尽了力，那就可以对所用的饮食受之无愧。如果欠缺其一，则应感到羞耻，不可放纵食欲，无休止地追求美味。

"三，防心离过，贪等为宗。"认为一个人修身养性，须先防备饮食"三过"，指"贪、嗔、痴"，即见美食则贪，恶食则嗔，终日食而不知食之所来则痴。《论语·学而》说"君子食无求饱"，如果背离这一条，那就大错特错了。

"四，正事良药，为疗形苦。"要认识到五谷五蔬对人的营养作用。身体不好的人，饥渴是其主要症状所在，所以要以食当药。懂得了这一点，就能做到"举箸常如服药"。

"五，为成道业，故受此食。"孔子说过，"君子无终食之间违仁"。是说任何时候都应当有远大的抱负，使自己所做的贡献与所得的饮食相称。《诗经·伐檀》所说的"彼君子兮，不素餐兮"也是这个意思。

难得这个黄庭坚竟有如此高论，通篇劝导士大夫们积极上进，建功立业，不要一味追求饮食的丰美。他的思想在当时也许具有一定的代表性。这些观点放到今天也还颇有可取之处。

南宋曾任礼部尚书的倪思，也极赞赏黄庭坚的观点。他谈到当时佛寺僧人每食必先淡吃三口：第一口为的是体会饭的正味，如果食馔品，就会因其调和了五味而难得体会到本味；第二口为的是思衣食之源；第三口则是为体谅农夫的艰难。这虽是处贫之道，也代表了包括一部分士大夫在内的人们的思想。

黄庭坚出自苏东坡门下，苏东坡的饮食思想可能对黄庭坚产生过一定影响。东坡极为豪放酒脱，他不求富贵，不合流俗，他饮食生活的点点滴滴就像是一首首妙诗，令人回味无穷。

有人馈送东坡六壶酒，结果送酒人在半路跌了一跤，六壶酒全都洒光。东坡虽然一滴酒也没尝到，却风趣地以诗相谢，诗中说"岂意青州六从事，翻成乌有一先生"。"青州从事"是美酒的代名。东坡早年不喜饮酒，自称是个看见酒盏便会醉倒的人。后来虽也喜饮，而饮亦不多。他写过一篇《书东皋子传后》的文字，十分生动地描述了自己对饮酒所取的态度。他说：自己虽整日饮酒，加起来也不过五合。在天下不能饮酒的人当中，他们都要比我强。不过我倒是极愿意欣赏别人饮酒，一看到客人高举起酒杯，缓缓将美酒倾入口腔，自己心中便有如波涛泛起，浩浩荡荡。我所体味到的舒适，远远超过了那饮酒的人。如此说来，天下喜爱饮酒的，恐怕又没有超过我的了。我一直认为人生最大的快乐，莫过于身无病而心无忧，我就是一个既无病且无忧的人。我常常储备有一些药品，而且也极善酿酒。有人说，你这人既无病又不善饮，却要预备许多药和酒，这是为何？我笑着对他说：病者得药，我也随之轻体；饮者醉倒，我也一样酣适。

东坡爱饮酒，也爱吃猪肉。有人烧好猪肉请他去吃，等他到场，肉却已被人偷吃，他曾戏作小诗以记其事："远公沽酒饮陶潜，佛印烧猪待子瞻。采得百花成蜜后，不知辛苦为谁甜？"东坡自己也会烹肉，他在黄州写过一首《猪肉颂》诗，谈到了自己独到的烹调技法："黄州好猪肉，价钱如粪土。富者不肯吃，贫者不解煮。慢著火，少著水，火候足时它自美。"后人将他创制的这道菜称为"东坡肉"，名虽欠雅，内涵甚丰。

现代人烹制的"东坡肉"

宋代江南流行"拼死吃河豚"的话，东坡先生虽不是江南人，也不怕冒此风险。宋人孙奕的《示儿编》记有这样一事：东坡谪居常州时，极好吃河豚，有一士人家烹河豚极妙，准备让东坡来尝尝他们的手艺。苏东坡入席后，这士人的家眷都藏在屏风后面，想听听这苏学士如何品题。只见苏学士光顾埋头大嚼，并无一句话出口，这使家人十分失望。失望之中，忽听东坡大声赞道："也值得一死！"是说吃了这美味，死了也值得。河豚因为有毒，所以一般人不大敢吃它；又因其味道绝美，又使许多人馋涎欲滴。人们摸索出了许多洗割烹制河豚的方法，其关键在于去毒。

虽然如此，苏东坡并不是一个一心追求美味的人，他晚年力主蔬食养生的学说，可以算是切身的体验。他的《送乔仝寄贺君六首》一诗，有两句是这样写的："狂吟醉舞知无益，粟饭藜羹间养神。"他拿着自己的经验去劝诚别人。在《东坡志林》中，有一篇《养生说》，体现了苏东坡的饮食观。东坡说："已饥方食，未饱先止。散步逍遥，务令腹空。当腹空时，即便入室，不拘昼夜，坐卧自便，惟在摄身，使如木偶。"要在腹空时安静地待在室里，数它八万四千下，这样就能"诸病自除，诸障渐灭"。东坡提倡止欲养生法，在另一篇小记中，题目即为《养生难在去欲》。

在《赠张鹗》一笺中，苏东坡开列了养生"四味药"："一曰无事以当贵，二曰早寝以当富，三曰安步以当车，四曰晚食以当肉。夫已饥而食，蔬食有过于八珍。而既饱之余，虽刍豢满前，惟恐其不持去也。"强调清心寡欲，做适量运动以养身。

苏东坡还有一篇《记三养》，文中说："东坡居士自今日以往，不过一爵一肉。有尊客，盛馔则三之，可损不可增。有召我者，预以此先之，主人不从而过是者，乃止。一曰安分以养福，二曰宽胃以养气，三曰省费以养财。"晚年，他越发感到摄生的重要，下决心在平日一天不过一杯酒一盘肉；来了客人盛馔不过三盘，可少不可多；有人邀请，先把自己的进餐标准告诉主人，主人不听而筵宴过于丰盛，那就罢宴。这种养福、养气、养财的三养论，是东坡先生64岁时才悟出的道理。他的这种节食制欲的决心不知是否下晚了一些，正当他要彻底改变自己老饕的本性时，却在65岁时在常州去世了。

像苏东坡这样提倡节食养生的人，在宋代非止一二，在宋人的一些著作中，也常常可以读到与东坡先生相似的论点。如沈作喆的《寓简》说："以饥为饱，如以退为进乎！饥非馁也，不及饱耳。已饥而食未饱而止，极有味，且安乐法也。"他将食不过饱，作为一种安乐法来施行。张耒也反对饱食，他在晚年务平淡，口不言贫，在其《续明道杂志》一书中，还列举了当时几个少食得长生的例子。他说：我看到不少老人饮食很少，如内侍张茂则，每餐不过粗饭一盏许，浓腻食物绝不沾口，老而安宁，活了 80 多岁。张茂则还常常劝告别人："且少食，无大饱。"还有翰林学士王晳，他是食必求精，但不求多，一次吃不足一碗，吃包子也不过一两个，结果也活了 80 岁，老时更见康强，精神不衰。王学士还曾说："食取补气，不饥即已。饱生众疾，至用医物消化，尤伤和也。"吃得过饱，易生百病，确为至理名言。又如秘书监刘几，食物更是淡薄，仅饱即止，也活到了 80 岁。这刘几与他人不同之处在于他喜欢饮酒，每次饮完酒就不再吃饭，只吃一点水果而已。

宋人还认为，食不仅不必多，也不必强求精细。周煇在《清波杂志》中说："食无精粝，饥皆适口。故善处贫者，有晚餐当肉之语。"也就是说，饥饿时吃什么都会觉得香甜可口。林洪在《山家清供》中记有这样一事：宋太宗赵匡义问翰林学士承旨苏易简说："食物中最珍美无比的，是什么东西？"苏易简回答说："食无定味，适口者珍。臣的体会是，齑汁最美。"太宗听了，不甚明白，又问究竟。苏易简接着说："臣在一个非常寒冷的夜里，抱着暖炉温好酒，痛饮大醉，上床盖了两三层被子就睡了。忽然醒来，觉得口中干渴得很，于是穿衣下床，乘着月光走到庭院中。我一眼看到，在残雪中立着一个装齑的盎，顾不上唤来侍童，自己用雪洗了洗手，倒出酸酸的齑汁就喝了几满缸。臣感到即使是天上仙厨的鸾脯凤脂，也比不上那齑汁的滋味。"林洪将这齑汁称为"冰壶珍"，不过是用清面菜汤浸以菜而成，但有止醉渴的功效，所以苏易简醉后会觉得它味美无比。

林洪在《山家清供》中还提到一种"石子羹"，可以从中看出文人们所追求的往往并非珍美的滋味，而是某种高雅的意境。这白石羹是用清溪流水中取来的一二十枚小石子汲泉煮成，饮者觉着有泉石之气，如此而已。林洪提倡素食，宋代的士大夫有很多都是素食主义者，陈达叟就是其中著名的一位。陈达叟所著《本心斋蔬食谱》，记其师本心翁素食二十品，体现了山林居士们在品味过程所达到的精神境界。这二十品素食是：豆腐、菜羹、米糕、春韭、麦面、山药、荔枝、炊饼、泡菜、汤圆、竹笋、雪藕、萝卜、熟栗、煨芋、枸杞、甘荠、绿粉、野蕈、白粲。他说，古代的圣人都用菜羹瓜果祭祀祖先，用素食招待客人，不用说这是最高的礼遇了。他还说，雪白的莲藕，出污泥而不染，不仅滋味爽口，更是人们修身养性的最好借鉴。他又说，只有吃得了萝卜咸菜，经得了清贫生活的人，才能成为大有作为的人。这话虽说得有些片面，但也并非全无道理。陈达叟在书末还说，这二十品素食不必全备，有四分之一足矣，尤其是前面五品，均见诸儒家经典，必须摆在重要的位置上，以示尊经。这样看来，作者的心境表露得很清楚，证实宋人在饮食上有新的追求，这是一种精神上的追求。

三、美味配美器

古人云"美食不如美器"。这话里表达的意境并不是器美胜于食美，也不是提倡单纯的华美的器具，而是说食美器也美，美食要配美器，求美上加美的效果。有了这种追求，又有了生产力的发展和科学进步为背景，许多不同质料的器具不断被发明出来。餐桌上的菜肴不断变换着花样，餐具同样也变换着花样。

中国饮食器具之美，美在质，美在形，美在装饰、美在与馔品的谐和。中国古代食具之美，从不同时代发明的陶器、瓷器、铜器、金银器、玉器、漆器和玻璃器上得到充分展现。作为食具使用的陶器，伴随人类饮食生活的时间最长。中国新石器时代的食具往往是陶器中最精致的产品，倾注了先民们的巧思。当时惯常使用的饮食器具主要有杯、盘、碗、盆、钵、豆（高足盘）、小鼎几类，出土数量很多。这些器类在地域分布

大汶口文化时期的彩陶豆

上有一些明显的特点，如东部地区多鼎、豆、杯，西部地区多碗、盆、钵，南部地区多杯、盘、碗，反映出各地饮食方式上的传统差异。

随着制陶工艺的发展，新石器时代的食具烧制的质量越来越好，不论是由质料、造型，还是由装饰风格这个角度，即便用现代的眼光看，许多器具都颇具欣赏价值。

现代最普遍的食器是瓷器，瓷器耐高温，光洁度好，有很高的文用价值和欣赏价值。瓷器的制作与使用已风靡全球，中国是它的诞生地，是古代中国人的智巧勤劳，为全人类造就了如此合宜的食器，这在中国饮食史上算得上是最光彩的篇章之一。

瓷器的发明，是建筑在制陶工艺发达的基础之上的，早在3000多年前的商代，中国就烧制成功原始瓷器。标准的瓷器出现在东汉时代，挂青色釉，所以称为青釉瓷器。北方在北朝时代起，开始烧制白釉瓷器，到唐代白瓷工艺已相当成熟。南方仍以制作青瓷为主，所以唐代的制瓷的这种地域性特点称之为"南青北白"。唐代还出现了高温釉下彩的技术，瓷器的美化趋势开始显露出来。

到了宋元时代，已是中国瓷器发展的繁荣时期。宋代饮食器具普遍使用瓷器，食器、酒具、茶具都以瓷器充任，所以瓷器需求量极大。宋代名窑众多，体现出鲜明的地特点，异彩纷呈。五大名窑之一的定窑以产优质白瓷风靡一时，烧制出大量宫廷用瓷。定瓷以刻花和模印作为主要装饰手段，刻纹有折枝、缠枝、云龙、莲荷，印花有牡丹、石榴、菊花、宣草、鸳鸯、孔雀等，秀美典雅。定瓷饮食类器皿主要有碗、盘、杯、碟等，不乏小巧精致的珍品。磁州窑是北方最大的民间瓷窑，烧制大量平民用饮食器具，色彩丰富。耀州窑也是规模很大的民间瓷窑，以青釉为主，也有黑釉白袖。耀瓷刻花精巧，纹饰优美，有范金之巧，如琢玉之精。钧窑作为五大名窑之一，它也属北方青瓷系统，钧瓷的釉色主要有茄皮紫、玫瑰紫、葡萄紫、朱砂红、海棠红、鸡血红、宝石红、霁红、桃花片、葱翠青、鹦哥绿、雨过天青、月白风清等，以朱砂红最为珍贵。被列为五大名窑之首的汝窑，以烧制青瓷贡品而闻名。汝瓷胎质细洁，采用玛瑙入釉，烧成十分纯正的天青色，并首创人工开片纹。汝瓷传世品和发掘品数量都不多，所以就更显其珍贵了。

南方瓷窑最著名的是龙泉窑和景德镇窑。龙泉窑属青瓷系统，主要烧制民用饮食器皿，釉色有可与翡翠媲美的梅子青，有

宋代汝瓷温碗

雅如青玉的粉青釉，它的釉色工艺是古代青瓷制作的最高水准。景德镇窑烧制具有独到风格的青白瓷，釉色在青白之间，青中见白而白中泛青，又称为"影青"，有"晶莹如玉"的美誉。元代中期以后，景德镇开始烧制大量精美绝伦的青花瓷，奠定了它的瓷都地位。青花瓷的出现，被认为是中国瓷史上的划时代事件。青肌玉骨的青花瓷最具东方民族风格和艺术魅力。青花瓷不仅受到国内大众的喜爱，而且还大批销往国外，直到今天，它也仍是餐饮用瓷的主要品种之一。

中国古代最美的瓷品中，值得提到的还有明清的彩瓷。明代的彩瓷成就表现在"斗彩"的烧制成功，器皿釉上釉下都绘彩，给人一种争妍斗美的新奇感。清代又有了珐琅彩，这是一种御用瓷。此外又有粉彩，也是一种釉上彩，具有极高的艺术欣赏价值。

历代饮食类瓷器的造型，大都小巧精致，注重实用。在上流社会使用的瓷器，更注重艺术欣赏价值，这些瓷器往往都是价值无数的珍品。可以说美食美器的传统，主要是由贵族们代代相传的。

最能体现贵族风度的，还是庄重沉练的青铜器。商代早期的青铜饮食

器具只有爵和斝，外表素面无饰，都是酒器。中期增加了鼎、簋、觚、卣、盘等，有了简单的纹饰。晚期出现了许多新的器形，有了繁缛的纹饰，盛行狰狞的兽面纹，体现出一种庄重之美。西周早期的青铜器具基本沿用了商代的传统，风格较为相似中期出现简朴的发展趋势，造型多变的重型礼器逐渐消失，出现了列鼎等成套礼器。晚期铜器更趋简朴，小件实用饮食器具发现较多。纹饰比较简洁，不过习惯加铸长篇铭文，所以铸器的纪念意义更为明显。

陕西宝鸡出土的西周象形尊

东周铜器种类又有明显变化，酒器明显减少，食器数量增加，列鼎制度仍在沿用。铜器纹饰也有很大改变，过去常见的兽面纹已不时兴，代之而起的是动植物纹、几何纹和大场面的图像纹。装饰还广为采用了镶嵌、鎏金、金银错、细线刻等新工艺，使铜器更显富丽堂皇。

自汉代开始，作为饮食器具的铜器并没有完全退出人们的食案，不过无论种类、数量、纹饰，都不能同商周时代相提并论了。

在青铜器开始衰落的东周时代，一种新质料的器具普遍流行开来，这就是漆器。细想起来，漆器的普及客观上加速了青铜器的衰落过程，造成了一个新饮食时代的到来。

漆工艺的出现可以上溯到新石器时代，商周时代漆器工艺得到进一步发展，有了金银箔贴花和最早的螺钿技术，使得饮食类漆器更富有光彩。到战

战国漆耳杯

国时代，漆器工艺发展到前所未有的繁盛时期。漆器应用到生活的各个方面，属于饮食所用的有耳杯、豆、樽、盘、壶、盂、鼎、卮、食具箱和酒具箱等。漆色十分丰富，有鲜红、暗红、浅黄、黄、褐、绿、蓝、白、金诸色。纹饰也相当丰富，以图案和绘画作装饰，透出一种秀逸之美。

古代漆器工艺发展的鼎盛时期是西汉时代，汉代漆器出土数量很多，不少保存得也很好，而且大多为饮食器皿。汉代以后，作为饮食器皿的漆器数量锐减，这当与瓷器的兴起有关。不过各代仍能制出一些漆器精品，如唐代华丽的金银平脱和雕漆（剔红、剔犀）漆器、宋代一色和螺钿漆器、明清的描金、雕填、戗金、百宝嵌漆器等。百宝嵌是用各种珍贵材料如珊瑚、玛瑙、琥珀、玳瑁、螺钿、象牙、犀角、玉石做成嵌件，在漆器表面镶成绚丽华美的浮雕画面，显示出一种别类漆器不见的珠光宝气效果。

古代高级的饮食器皿，还有所见不多的玻璃器。玻璃器出现在先秦时代，

汉代已有了玻璃杯盘，同时也输入了一些罗马玻璃器皿。两晋南北朝时代，除罗马玻璃器外，又输入了一些萨珊玻璃器。北朝时中国已掌握吹制玻璃技术，到唐代时有了不少本土生产的玻璃器皿。

玻璃杯在唐代是备受欢迎的高级饮器，它的亮丽之美是其他器皿所不能比拟的。有关唐朝的典籍中就有不少外国遣使贡玻璃杯的记载，也有一些使用玻璃杯的记述，如《杨太真外传》中就有"妃持玻璃七宝杯，酌西凉州葡萄酒"的话，表明玻璃杯在当时也不是一般人所能享用得了的。

下面重点讲讲金银食器。

将黄金白银制成饮食器具，这个历史虽然可以上溯到2500年以前，然而它的发展却相当缓慢，这主要是由于金银的稀有和珍贵。直到进入唐代，金银器的制作和使用才在上层社会得到普及，甚至形成了一股不小的风潮。

早在西汉时期，方士李少君就曾建议汉武帝刘彻用黄金制作饮食器皿，说"黄金成以为饮食器则益寿。益寿而海中蓬莱仙者可见，见之以封禅则不死"（《史记·孝武本纪》）。这种以金银器求长生不死的思想，也为唐代统治者所接受。这既能满足骄奢淫逸的生活，又能满足其保命千秋的心理，于是金银器便成了统治者营求不倦的法宝。

唐代长安设有相当规模的官办金银作坊院，从各地以徭役形式征调许多技艺熟练的工匠。作坊院制成大量金银器，充斥到社会生活的许多方面。统治者常以贵重的金银器作为赏赐，用以笼络人心。如翰林学士王源中与其兄弟们踢了一场毬，文宗皇帝李昂一时兴起，一次便赐给他美酒两盘，每盘上置有十只金碗，每碗容酒一升，"宣令并碗赐之"，不仅赐酒，连盛酒的二十只金碗也一起赐给了王源中等人。玄宗李隆基更是慷慨，他曾因有人为他敲了一阵羯鼓，而赐给那人金器一整橱；又因为有人为他跳了一曲醉舞，而赐给那人金器五十物。高宗李治想立武则天为皇后，不料他舅舅、宰相长孙无忌屡言不妥，于是"帝乃密遣使赐无忌金银宝器各一车，绫锦十车，以悦其意"（《旧唐书·长孙无忌传》）。悄悄地将这么多金银财宝送人，这不大像是赏赐，实际是别有用意，皇上给大臣送礼，历史上还真不多见。

臣下为升官邀宠，常常要向皇帝贡奉大批金银器皿，而且在这些器皿上镌有进贡者的名姓和官衔。每逢大年初一，皇上命人将这些贡品陈设于殿庭，作为考查官吏政绩的重要依据。这样做的结果，使得各地官吏肆意搜刮民财，竞相打造金银器进奉。大臣王播在被罢免盐铁转运使一职后，为谋求复职，他广求珍异进奉。敬宗李湛给他复职后，他在进京朝见时，一次就进奉给敬宗大小银碗3400件，结果又被加封为太原郡公。

近几十年来，从地下出土的唐代金银器已有千件以上，其中以都城长安遗址附近所见最多，印证了文献上记载的事实。有许多金银器皿都是被作为窖藏埋入地下的，大多是因为意外的事变使得主人没能再将它们挖掘出来。有时一个埋藏地点可发现200多件精美的器具，数量相当惊人。

出土的金银器皿中，大多为饮食用具，主要有盘、碟、碗、杯、茶托、盆、酒注、壶、罐、盒等。这些器皿大多都装饰有精美的纹饰，工艺水平极高。其中有一些银器刻饰鎏金花纹，尤为精巧，称为"金花银器"，这是唐代以前所未曾出现的新兴金银工艺佳品。

1970年，西安南郊何家村发掘出一座唐代窖藏，一次就出土金银器270件，包括碗62件、盘碟59件、环柄杯6件、高足杯3件、铛4件、壶1件、锅6件、盒28件、石榴罐4件、盆6件、罐6件等，绝大部分都是

陕西西安出土的唐代金杯

陕西西安出土的唐代錾纹银杯

饮食用具，是一次空前的发现。在其他地点的一些唐代墓葬中，也见到一些随葬的金银器，证实唐代上层社会生活中普遍使用过金银器皿。

隋唐时代的饮食器皿，比较珍贵的除了金银制品外，还有玉石、玛瑙、玻璃和三彩器。有一些玻璃器可能是西域来的商品，唐人诗句中的"夜光杯"，大约也包括这类玻璃器。如王翰《凉州词》："葡萄美酒夜光杯，欲饮琵琶马上催。"葡萄酒和夜光杯，作为异国情调很受唐人推崇。

从金银器、玻璃器和秘色瓷上，可以看出唐代上层饮食器具发生了很大变化，这对当时的饮食生活都产生过一定的影响。如果说这些珍贵的饮食器具只不过是统治者阶层的专利品，它给唐人饮食生活所带来的变化并不足观的话，那么高桌大椅的出现，则可以说给当时饮食方式带来了革命性的变化，这个变化又为中国烹饪的发展开辟了新的前景。

中国古代饮食器具不限于前述这几种质料，但一些主要品种大体包括在其中了。彩陶的粗犷之美，瓷器的清雅之美，铜器的庄重之美，漆器的秀逸之美，金银器的辉煌之美，玻璃器的亮丽之美，都曾给使用它的人以美好的享受，而且是美食之外的又一种美的享受。

美器的传统，有以古朴为美，也有以新奇为美；有以珍贵为美，也有以简素为美，美的境界并不相同，不能一概而论。美器与美食的谐和，是饮食美学的最高境界。李白《行路难》中"金樽清酒斗十千，玉盘珍羞直万钱"的诗句，将美食美器并称，这显然是统治者阶级的传统，属于以珍贵为美的一类。陆游《小宴》诗中"洗君鹦鹉杯，酌我葡萄醅"句，则是平民阶层的传统，也体现有一种美，属于自然素朴之美。

四、胡瓶改变了什么

古代文化东西交流，饮食是首选项。相距遥远的两地，有物种交流，也有器具交流，还有饮食方式上的交流。你东来的有麦子，我西去的有小米。我运去晶莹光洁的瓷器，你运来明光晃晃的金银玻璃器。

古代中国制器，强调传统风格的继承，器物形制变化比较缓慢。一旦与外域产生交流，偶尔也会青睐外来品，也会对传统带来明显冲击。例如酒具中的酒壶，由先秦经汉晋，我们有一两种比较固定的器形，也有固定的饮酒方式，可因为由域外传进的一种"胡瓶"，这个传统就被打破了，盛酒器具改变之时，也是饮酒姿势改变之时，随之又改变了传统的饮茶方式。

　　我们知道，汉唐时期统称西域人为"胡人"，商人曰"胡商"，所用之物常冠以"胡"字。由于丝绸之路的开通，中西文化交流频繁，新奇的域外文化带来极大的冲击力。汉唐人特别是帝王与上层贵族，崇尚胡俗、胡妆、胡服、胡器、胡食、胡乐、胡舞，胡风流行朝野。

　　随着胡风传入的还有一种胡瓶。所谓胡瓶，是指由外域传入中国的一种贮酒器具，它最初的材质为金银制，传入本土后用陶瓷等工艺仿制改造。因它来自于西方，又多为胡人使用，故称胡瓶。当然胡地产制的瓶，在胡地不会叫作胡瓶。

　　考古中除了见到胡瓶实物，还见到一些相关的图像资料，可以使人对胡瓶的用途用法得到直观的认识。

　　陕西西安北郊发掘的北周安伽墓，墓中围屏石榻雕刻图像中频繁出现胡瓶，有侍者手持的胡瓶，有置于地面上的胡瓶。安伽墓东北方位发掘的北周史君墓，墓中石椁浮雕上也雕刻有胡瓶数件。唐李晦墓石椁线刻侍女图，侍女左手托盘，右手提着胡瓶。甘肃省天水市石马坪发现墓葬一座，墓中出土屏风式石棺床雕刻有胡瓶。在山西太原发掘的隋代虞弘墓，宴饮图石雕上出现有硕大的胡瓶。墓中出土有1件男侍石俑，怀中持有胡瓶。

　　研究者统计唐以前的胡瓶资

虞弘墓持胡瓶石雕像

料，认为北周以来出土有胡瓶或雕刻有胡瓶图像的墓葬，一般都是胡人墓葬，说明隋唐以前胡瓶多在胡人圈使用。

研究者认为胡瓶传入虽然较早，但到唐代胡瓶的使用才开始流行起来。唐代文献中也能寻到胡瓶的记载，唐中宗李显的《赐突厥书》说："可汗好心，远申委曲，深知厚意，今附银胡瓶盘，及杂彩七十匹，至可领取。"

唐代时，胡瓶之名明确见于正史文字记述。如《旧唐书·吐蕃列传》记载：开元十七年（729年），吐蕃赞普向唐廷上表求和，"谨奉金胡瓶一、金盘一、金碗一、马脑杯一、零羊衫段一，谨充微国之礼"。吐蕃送来的礼物中有金胡瓶一，而且在上表中还列在首要位置。

又见《新唐书·李大亮传》说："太宗报书曰：有臣如此，朕何忧！古人以一言之重订千金，今赐胡瓶一，虽亡千镒，乃朕所自御。"唐太宗用过胡瓶，当然也特别喜欢这异域的物件，他将自己所常用的一件胡瓶赐给了李大亮，也算是一个很高的奖赏了。

李大亮是大唐开国功臣，在任凉州都督时，太宗遣台使往凉州，见到凉州有名鹰，台使就暗示他献给皇帝。李大亮上奏太宗直言，说陛下很久不打猎了，使者要我献猎鹰，如果不是皇上的意思，这使者就太不够意思了。唐太宗回书称赞了李大亮，并送去了一个胡瓶表示赞赏之意。

在通往西域的途中，胡瓶不会是稀罕之物，西域商人要用，官员要用，军士也要用。读一读唐王昌龄的《从军行》，我们看到了军旅中的胡瓶：

　　　　胡瓶落膊紫薄汗，碎叶城西秋月团。

　　　　明敕星驰封宝剑，辞君一夜取楼兰。

骑着战马，挎着宝剑，胳膊上还挂有一个胡瓶。壮士一瓶酒，星夜取楼兰。朋友饯行，酒是不会少劝的，那胡瓶也是少不得的道具，所以卢纶在诗《送张郎中还蜀歌》中说：

　　　　垂杨不动雨纷纷，锦帐胡瓶争送君。

　　　　须臾醉起箫笳发，空见红旌入白云。

又有顾况《李供奉弹箜篌歌》这样写道："银器胡瓶马上驮，瑞锦轻罗满车送。"一个地位极高的宫廷乐师，天天见天子，连王侯将相都要下马相迎，弹奏之后得到的谢礼有满车的丝绸锦绣，马背驮走的自然也少不得有银器胡瓶。

胡瓶作为外来器物来到中国，彻底改变了古中国人的饮酒方式。

先秦两汉盛酒、挹酒、饮酒，用的是尊、勺、杯一组器具，饮酒比较重要的是中间环节，要用勺子将尊中酒舀进杯中，谓之"斟酌"。胡瓶出现了，它逐渐取代了尊和勺的作用，直接就可以将酒注入杯中，它其实就是具有现代意义的酒壶。

到了宋、辽时期，标准的胡瓶已不多见，本土化的酒壶大量出现，名称也开始改称酒注、酒壶，用法与胡瓶相同。

宋代文献中偶尔也还寻到胡瓶踪影，如宋人陈庚的诗《谢友人惠犀皮胡瓶》，讲述了胡瓶的制作。关于胡瓶的使用，宋末元初郑思肖的《一旦》诗说："金杯暂饮胡瓶酒，玉铉谁调御鼎羹。"甚至到了明代，胡瓶一名在历史中并没有消失。如王恭的诗《宪从事新宁陈氏归隐卷》说："胡瓶膢酒介轩楼，红烛离堂孔彰席。"

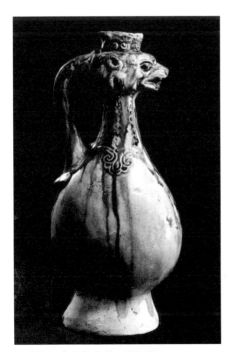

河南洛阳出土的唐代三彩胡瓶

朋友在酒楼钱别，使胡瓶饮腊酒，也是一乐事。

胡瓶的传入，改变了传统的饮酒方式，其实它的意义还不只是如此，它同时改变的还有我们的饮茶方式。

唐代后期饮茶出现一种新方法，将茶末放入茶盏，用一种带嘴的茶瓶在炭火上将生水煮沸，向盏中冲注，这方法被称为"点茶法"。煮茶用鍑，点茶用瓶，这种瓶又叫汤瓶。据研究，茶瓶最早的实物是西安出土的王明哲墓中的那一件，茶瓶肩腹伸出短嘴，为茶汤的出水口。

唐末至宋，茶瓶的嘴开始逐渐加

长，宋徽宗在《大观茶论》中专论茶瓶形制，说"瓶宜金银，小大之制，惟所裁给。注汤害利，独瓶之口嘴而已。嘴之口差大而宛直，则注汤力紧而不散；嘴之末欲圆小而峻削，则用汤有节而不滴沥。盖汤力紧，则发速有节，不滴沥则茶面不破"。特别强调茶瓶制作嘴形的作用，它是注出好茶汤的关键。中国国家博物馆收藏的北宋厨娘画像砖上，表现有用茶壶煮茶汤的厨娘，候汤的厨娘用火箸拨炭，炭炉中煨着一只长嘴的茶壶（见171页图）。

　　唐代这样的茶瓶茶壶，其实与酒壶并不易区别，但可以想象茶瓶是借用了酒瓶（壶）的样式，饮茶方式的变化应当是受到饮酒方式的启发，茶瓶也是模仿胡式酒瓶的样式改制而成。

清宫金酒具

这样说来，胡瓶的传入，不仅彻底改变了古代中国人的饮酒姿势，让斟酌这样的词汇只存在于记忆之中，还顺带着造成一个意想不到的变革，即革新了古中国的饮茶方式。不用说，这种饮茶方式又影响到了域外，促进了茶文化的传播。

五、御筵上的规矩

在古代正式的筵宴中，座次的排定及宴饮仪礼是非常认真的，有时显得相当严肃，有的朝代皇帝还曾专门下诏整肃，不容许随便行事。

例如《宋史·礼志十九》便提到，宋淳化三年（992年），曾令有司"申举十五条"，对朝官上朝失礼行为进行了批评，其中就提及"廊下食行坐失仪"之事，并声明对再犯者要进行严厉惩处，那些吃朝廷免费午餐的官员如果太放肆，就要罚扣薪俸一个月，如果经过教育还不改正，还有降职的可能。当然，朝中散漫现象不会因一两次整肃而完全消失，还得三令五申，不断敲警钟。所以十多年后，宋真宗亲自下诏批评朝中筵宴仪容不端的现象，事见《宋史·礼志十六》的记述：规定正式的宴会，令御史台预定位次，与宴者不得喧哗，还要派专人在宴会上巡视。在朝中参加一次宴会，在如此严密的监视下饮酒吃肉，确实很不自在。这时的礼与法已等同起来，不遵礼即是违法。

朝中筵宴，与宴者动辄成百上千，免不了会生出一些混乱，所以组织和管理就非常重要。史籍上有关这方面的记载并不太多，我们可以由《明会典》上读到相关的文字，可以想见古代的一般情形。如"诸宴通例"中提到，明代朝中在宴会之先，礼部通知各衙门开具与宴官员职名，画好座次图悬挂在长安门公告。在时还要开写职衔、姓名，贴注席桌上。一般官员要等待大臣就座后，方许依次照名就席，不得预先入座。

宴会三日之前，座次即已排好，而且画成座位图分别悬挂在醒目处，每个与宴官员在图上可以寻找到自己的席位。在每个席位上也贴注着与宴官的姓名、职衔，入座时列队而行，不会发生混乱。

清宫紫光阁赐宴图

　　我们现在的盛大国宴，则是在请柬上注明应邀者的姓名和席位号码，简单明了。与宴者只要按照席号入位，一般是不会发生差错的。

　　明代普通百姓的饮食，往往都有一些不成文的规矩，总体来看，以节俭为主要风尚。如有红白喜事需要摆筵席招待宾客，桌上的肴馔不超过六盘。若是在穷乡僻壤，六盘菜中只有五盘能吃，另一盘是鱼，这鱼是用木头雕成，只是摆摆样子，当然不能吃。不过有时也会往木鱼上浇些卤汁，客人们可以象征性地动动筷子。等到宴会散了，还要将木鱼洗净晾干，等下次有机会再摆上筵席。这使笔者想起家乡湖北的筵席，其中也有一道菜是鱼，午宴端上的鱼通常是不吃的，散席时完完整整地又端回厨房。客人们也都知道这个规矩，所以谁也不会把筷子伸到鱼盘中。晚宴时，这盘鱼又会重新出现在餐桌上，不过这次可以吃了，不必再端回去。这种吃法，恐怕同明代的木鱼有些渊源。

　　明代陆容在他写的《菽园杂记》一书中，也曾谈到江西民间崇尚节俭的食风。他说，江西人吃饭时，第一碗饭不许吃菜，吃第二碗饭时才允许吃菜，称为"斋打底"。吃荤一般只买猪内脏等，因为没有骨头可扔给狗吃，所以称为"狗静坐"。酒席宴上摆有不少果品，不过大都是用木头雕成，只有一种时令水果可供食用，这称为"子孙果盒"，意为可代代相传。更有甚者，祭神时所用的畜牲也都是临时从饭铺借来，完事后再完璧送还。这一方面是俭朴，另一方面也反映了人们生活穷困，穷困又不愿舍礼，所以不得已而为之。

六、净盘与怀归

中国饮食文化中有一种现象：以"吃不完"来显示主人的盛情。将剩下的饭菜打包，在今天已是常态。其实在古代，吃不完的饭也并非统统倒掉，有时是要打包的。

一些人常常以肴馔的量来定义筵宴的丰盛程度。宴席的准备都是以"吃不完"作为标准的，这也是判断主人盛情的一个标志。吃不了怎么办？打包。这样的传统可以追溯到周代。周代有许多食礼仪规，将各类筵宴的细节规定得仔仔细细，从这些礼文中我们可以知道打包的情节。以《仪礼·公食大夫礼》为例，所谓"公食大夫礼"，为国君宴请他国使臣的宴饮之礼。宴饮的程序是：国君先派大夫去宾馆迎请使臣，告以将行宴饮之事。使臣三辞不敢当，最后要跟着大夫到达宴会之所。这时宴会的准备工作自然早已开始，大殿卜陈列着十鼎、洗盘和匜等器具。座席铺正，几案摆好，酒浆和馔品也已齐备。国君身穿礼服，迎宾于大门内。宾主揖让再三，答拜接连，然后落座。

很快，膳夫和仆从献上鼎俎鱼肉和醢酱，这些馔品和饮料的种类及摆放的位置都有一定规范，不得错乱。有经学家根据《仪礼》上的记载，将"公食大夫礼"所用饮馔的陈列格式进行了复原研究，十分壮观，而且非常有条理。最后献上的是饭食和大羹，摆设完毕，大宴开始。宾主又是互拜一番，宾祭酒食，开始进食。

宴饮结束，使臣告辞，国君送于门边。膳夫等人则将没有吃完的牛、羊、豕肉块盛装起来，一起送到来使下榻的宾馆。在古代，看馔可以打包，茶饮也可以打包，唐代就有这样的例证。据《云仙杂记》说，觉林院僧志崇饮茶时按品第分为三等，他待客以"惊雷荚"，自奉以"萱草带"，供佛以"紫茸香"。他以最上等茶供佛，以下等茶自饮，中等茶用于待客。他的中等茶也一定有特别之处，有客人赴他的约会，都要用油囊盛剩茶回家去饮，舍不得废弃。喝不了，兜着走，也是因为太珍贵了。这油囊就是一个防渗布袋，功用与现在的食品袋相同。

古代官员有机会赴御宴，自然会觉得风光无限，有时还会设法悄悄带回一些馔品，让家人品尝。悄悄地，就当是窃食吧，唐代窃食御宴已成风气，不过谁也不将这行为当盗窃看待。皇上自然也乐得做个人情，不仅下了可以怀归余食的御旨，而且还让太官（官名，掌管百官之馔）专门备两份食物，让百官带回家去孝敬自己的父母。明代陆深的《金台纪闻》，述及此事时这样写道：

> 廷宴余物怀归，起于唐宣宗。时宴百官罢，拜舞，遗下果物。怪问，咸曰："归献父母及遗小儿。"上敕太官：今后大宴文武官给食两份，一与父母，别给果子与男女，所食余者听以帕子怀归。今此制尚存，然有以怀归不尽而获罪者。

瞧瞧，那些悄悄放在怀中和袖里的食物，在臣子跪拜皇恩时撒落了一地，好难得一见的特别风景。唐宣宗动了情，下了"怀归令"，从此御宴上没吃完的东西，臣子都可以大大方方地带回去了。按陆深的说法，明代御宴上的食物，你要吃不了还非得兜着走，不然还要治你一个罪名，也许就是"不孝"之罪吧。

皇上办起筵席来，有时是很慷慨的，大臣酒足饭饱之后，还可以带回没吃完的食物，或者加带两份预备好的食物，这就是"怀归"。而且，有时怀归的不仅有食物，甚至还有使用的餐具，有时是瓷器，有时也可能是贵重的金银器。清人孙承泽《春明梦余录》中谈到明代的情形说："朝廷每赐臣下筵宴，其器皿俱各领回珍贮之，以为传家祭器。"

有了"怀归令"，御宴上碗净盘光。时下餐馆涌起"光盘"风，也是一道好风景。这"光盘"之风，还可以更强劲一些。由今及古，由"怀归"及"光盘"，我们可以改变一下自己的观念，不必准备让人吃不完的筵席，真吃不了时，那就"兜着走"吧。

陕西法门寺地宫出土的唐代琉璃盘

七、吃饭的用处

饥求食，渴思饮，为人之常情，也是作为动物的人的本能。对于文明时代的人类来说，饮食的功能并不能仅用果腹充虚概而言之，它还有在解饥止渴之外的更为深邃的内涵。

饮食的作用，可以在十分广泛的范围内体现出来。祭先、礼神，期友、会亲，报上、励下，安邦、睦邻，养性、健身，这些重要的事情有时主要是通过饮食活动完成的。人们通过饮食活动，调节人与神、人与祖、人与人、人与自然、身体与心性之间的关系，饮食就是这样一种万用的润滑剂。

从更高的层次看，人类的进化、文化的发达、哲理的积淀、传统的扬弃，都离不了饮食活动。饮食不仅是一切社会活动的基本保障，还是所有人类成就的重要源泉。钱锺书先生写的《吃饭》一文，对饮食的功用做过深入浅出的剖析，他这样写道："吃饭还有许多社交的功用，譬如联络感情、谈生意经等等，那就是'请吃饭'了。社交的吃饭种类虽然复杂，性质极为简单。把饭给自己有饭吃的人吃，那是请饭；自己有饭可吃而去吃人家的饭，那是赏面子。交际的微妙不外乎此。反过来说，把饭给予没饭吃的人吃，那是施食；自己无饭可吃而去吃人家的饭，赏面子就一变而为丢脸。"钱先生的话似乎显得有些尖刻，但却是再明白不过了。在现代社会生活中，人们都自觉不自觉地利用"请吃"这个方式，来调节彼此之间的关系，维系一种心理上的平衡。

以饮食之礼来调和人际关系，并不是现代人的新发明，自古以来，便是如此。读读《礼记》，一切也就明白了。《礼记·乐记》中说：盛大的筵宴，并不是单纯为了好吃好喝一饱口福，相反还要吃些凉水生鱼淡羹之类，以此教化民心，返璞归真。又《礼记·仲尼燕居》中说："子曰：郊社之义，所以仁鬼神也；尝禘之礼，所以仁昭穆也；馈奠之礼，所以仁死丧也；射乡之礼，所以仁乡党也；食飨之礼，所以仁宾客也。"这些名目的礼仪，常常要以饮食活动作为一个中介，正所谓无酒不成礼。《礼记》还援引孔子的话说："明乎郊社之义、尝禘之礼，治国其如指诸掌而已乎！"说知道了这些礼仪的内涵，治理国家那只是举手之劳了，用不着费什么牛劲了。

又见《礼记·经解》所载孔子的话说："朝觐之礼，所以明君臣之义也；聘问之礼，所以使诸侯相尊敬也；丧祭之礼，所以明臣子之恩也；乡饮酒之礼，所以明长幼之序也；昏姻之礼，所以明男女之别也。……故昏姻之礼废，则夫妇之道苦，而淫辟之罪多矣；乡饮酒之礼废，则长幼之序失，而争斗之狱繁矣；丧祭之礼废，则臣子之恩薄，而倍死忘生者众矣；聘觐之礼废，则君臣之位失，诸侯之行恶，而倍畔侵陵之败起矣。"

这是说与饮食相关的一系列礼仪规范，一点儿都忽略不得，否则人际关系失调，天下将会大乱。这是关系到治国安民的大事，这些被认为是孔子所曾讲过的道理，并不是危言耸听。吃饭问题，关系到口腹，关系到身外，关系到亲邻友善，关系到信仰，关系到科学艺术，也关系到家国生存，还有种族的繁衍、文化的延续……

饮食的用处，可谓大矣！

后记

　　这一本书终于要面世了，觉得首先要感谢组稿编辑，是中原出版传媒集团的杨秦予主任。她在这一套书运作之初，就在我的老朋友王忻先生的引导下专程来北京见我，请我承担这一本书的写作工作。

　　虽然我们一起吃了饭，啃了大棒子骨，但我并没有立时答应承担这个急迫的任务。我的理由当然是时间太紧，事情也太多，应接有难度。当时并没有说定，只是答应考虑一下，觉得杨主任那次离开北京的心情，一定没有畅快的感觉。

　　此后没过多久，我收到了杨主任代拟的写作提纲。她翻阅了相关出版物，写出这样的提纲，一定费了不少心力，让我从中看到了她的毅力，她特别想促成此事。后来合同是签订了，觉得这一份提纲所起的作用，不可小觑。

　　这期间，我们仔细商定了写作的框架，又做了一些细部调整。其实在几个月的写作中，也不断有所调整。现在印成的本子，有杨主任和河南科学技术出版社编辑的贡献，在这里真诚地道一声谢谢！

　　出版社的期望很高，我自己也努力领会精神，但觉得距离高标准有不小差距。主要是时间太紧，事务也比较杂乱，没有太多时间仔细打磨。读者阅读过程发现的问题，与编辑无关，如果以后有机会，一定会改正，谢谢各位。

王仁湘

二〇二一年八月于京中寓所